信息安全

技术大讲堂

从实践中学习

手机抓包与数据分析

大学霸IT达人◎编著

机械工业出版社
China Machine Press

图书在版编目（CIP）数据

从实践中学习手机抓包与数据分析 / 大学霸IT达人编著. —北京：机械工业出版社，2020.11
（信息安全技术大讲堂）

ISBN 978-7-111-66828-2

Ⅰ. 从… Ⅱ. 大… Ⅲ. ①计算机网络–通信协议 ②计算机网络–数据处理
Ⅳ. ①TN915.04 ②TP393

中国版本图书馆CIP数据核字（2020）第206965号

从实践中学习手机抓包与数据分析

出版发行：机械工业出版社（北京市西城区百万庄大街 22 号 邮政编码：100037）

责任编辑：陈佳媛

责任校对：姚志娟

印 刷：中国电影出版社印刷厂

版 次：2020 年 11 月第 1 版第 1 次印刷

开 本：186mm×240mm 1/16

印 张：17

书 号：ISBN 978-7-111-66828-2

定 价：79.00 元

客服电话：（010）88361066 88379833 68326294

投稿热线：（010）88379604

华章网站：www.hzbook.com

读者信箱：hzit@hzbook.com

前言

随着信息技术的发展，手机作为人们必备的电子设备，完全融入了人们的生活和工作中。现在的手机都搭载了完备的操作系统，如Android和iOS等。这些系统上运行着几十万种应用程序，用来满足用户的各种需求，如出行、娱乐和工作等。其中，大部分应用程序都通过网络传输数据，完成用户的各种任务。

网络数据传输是手机的必备功能，分析手机传输的数据也因此而成为一项重要工作。例如，应用开发人员需要抓取和分析数据，验证数据传输的正确性；信息安全人员需要通过分析数据，排查恶意软件，防范信息泄露；普通网络爱好者则需要借此学习网络运行机制和网络协议。

不同于桌面操作系统，Android和iOS系统为了自身的安全，限制软件对系统底层的操作，从而造成数据抓包的各种困难。基于这些问题，本书首先介绍手机抓包的基础知识，如实施的目的和意义、网络基础和联网管理，然后详细讲解各种抓包方式，如直接抓包、热点抓包、USB共享抓包、监听抓包、路由器镜像抓包，最后讲解常见的协议数据包分析方式以及Xplico快速分析方式。

本书特色

1. 内容可操作性强

在实际应用中，数据抓包是一项操作性极强的技术，本书秉承这个特点，合理安排内容。从第1章开始，本书就详细讲解操作类内容，如设置联网模式、限制其他程序、获取网络信息等。在后续章节中，对每个技术要点都配以操作实例，带领读者动手练习。

2. 详细剖析手机抓包的各种方式

出于安全考虑，Android和iOS系统对数据抓包做了各种限制，如何抓取手机数据包因而成为难点。本书对数据传输的各个环节依次进行分析，讲解多种数据抓包方式，包括直接从手机上抓取数据、利用无线网卡和蓝牙构建热点抓包、利用USB线共享网络抓包、利用Wi-Fi广播原理监听抓包，以及利用路由器的镜像端口抓包。

3．由浅入深，容易上手

本书从概念讲起，帮助读者明确手机数据抓包的目标和操作思路，同时详细讲解如何准备手机环境，如设置联网模式、限制网络访问等。这些内容可以让读者快速上手，从而理解手机数据抓包的技巧。

4．环环相扣，逐步讲解

手机抓包和分析是一个理论、应用和实践三者紧密结合的技术，涉及的任何一个有效实施策略都由对应的理论衍生应用，并结合实际情况而产生。本书力求按照这个思路讲解每个重要内容，帮助读者在学习中举一反三。

5．提供完善的技术支持和售后服务

本书提供 QQ 交流群（343867787）和论坛（bbs.daxueba.net），供读者交流和讨论学习中遇到的各种问题。读者还可以关注我们的微博账号（@大学霸 IT 达人），以获取图书更新信息及相关技术文章。另外，本书还提供了售后服务邮箱 hzbook2017@163.com，读者在阅读本书的过程中若有疑问，也可以通过该邮箱获得帮助。

本书内容

第 1 章主要介绍手机抓包的各项准备工作，如手机抓包的意义和目的、法律边界、网络连接方式、网络协议基础、数据捕获方式和联网管理等。

第 2 章主要介绍如何从手机上抓取数据，包括使用 Packet Capture 抓包，使用 bitShark 抓取 Android 手机数据，以及使用 Xcode 抓取苹果手机数据等。

第 3 章模主要介绍如何搭建 Android 模拟器进行抓包，包括自建模拟器、配置模拟器环境、安装 App、捕获数据包、使用夜神模拟器等。

第 4 章主要介绍如何在手机外部的数据传输通道上进行抓包，包括 Wi-Fi 热点抓包、蓝牙热点抓包、USB 网络抓包、Wi-Fi 网络监听抓包和路由器镜像抓包等。

第 5～7 章主要讲解如何分析手机上抓取的数据包，不仅包括常见的 DNS、TCP、UDP、HTTP 和 HTTPS 等协议的数据包分析，而且还包含使用 Xplico 工具进行数据快速分析和提取的方法。

配套资源获取方式

本书涉及的工具和软件需要读者自行获取，有以下几种途径：

- 根据书中对应章节给出的网址自行下载；
- 加入本书 QQ 交流群获取；
- 访问论坛 bbs.daxueba.net 获取；
- 登录华章公司网站 www.hzbook.com，在该网站上搜索到本书，然后单击“资料下载”按钮，即可在本书页面上找到“配书资源”下载链接。

内容更新文档获取方式

为了让本书内容紧跟技术的发展和软件更新的步伐，我们会对书中的相关内容进行不定期更新，并发布对应的电子文档。需要的读者可以加入 QQ 交流群获取，也可以通过华章公司网站上的本书配套资源链接下载。

读者对象

- 渗透测试技术人员；
- 网络安全和维护人员；
- 信息安全技术爱好者；
- 在校大学生；
- 对计算机安全感兴趣的自学者；
- 手机应用程序开发人员；
- 专业培训机构的学员。

阅读建议

- 手机数据抓包的方式较多，优缺点并存，建议先通读第 2、3、4、6 章，再根据自己的实际情况选择合适的抓包方式。
- 在实施抓包的过程中，建议重复多次操作，进行对比分析，发现正确的数据。
- 在抓取数据之前，建议了解相关法律，避免侵犯他人的权益或触犯法律。
- 数据分析需要读者具备一定的网络协议知识和 Wireshark 使用经验，建议阅读相关图书。

售后支持

本书由大学霸 IT 达人团队编写。感谢在本书编写和出版过程中给予笔者大量帮助的各位编辑！由于作者水平所限，加之写作时间有限，书中可能还存在一些疏漏和不足之处，敬请各位读者批评、指正。

目录

第1章　基础知识

在实施手机抓包之前，用户需要先了解一些相关的基础知识，如抓包的目的和意义、法律边界、数据传输方式及捕获方式等，这样可以更有效地实施数据包捕获和分析。本章讲解手机抓包的一些基础知识。

1.1　手机抓包概述

如果要实施手机抓包，需要先了解抓包的目的和意义、法律边界等，这样可以避免在捕获数据包时，导致一些不必要的麻烦。

1.1.1　目的和意义

使用手机抓包的目的和意义，主要是为了学习和了解 App 工作机制、发现恶意程序及防止信息泄露。

1. 学习和了解App工作机制

通过抓包并分析数据包，用户可以了解 App 的工作机制。例如，App 与哪些服务器建立了连接，从哪些主机上获取数据资源等。通过分析数据，可以了解 App 内部的工作机制，如 App 检测更新方式、身份验证方式、视频资源数据来源等。

2. 发现恶意程序

用户通过抓包，可以发现手机上运行的所有程序，尤其是隐藏运行的程序，然后通过分析捕获的数据包，可以找出是否有恶意程序发送的数据包，进而推断出对应的恶意程序。

3. 防止信息泄露

用户通过抓包并分析数据包，可以发现有哪些程序发送了手机的敏感信息，如短信信息、通讯录和相册信息等。此时，用户可以通过卸载或升级程序来保护信息的安全。

1.1.2 法律边界

在实施抓包时，用户需要注意数据抓包授权和分析相关的法律问题，规避面临的法律诉讼风险。下面将介绍关于手机抓包的两个法律边界问题。

1. 禁止“嗅探”他人网络和数据

在捕获数据包时，禁止“嗅探”他人网络和数据。如果想要“嗅探”他人的网络和数据，需要提前获取目标用户的正式授权；否则会侵犯他人隐私，造成不必要的麻烦。

2. 禁止破坏自己设备正常应用的通信

用户不能随意篡改自己设备正常应用的通信数据，避免影响相关服务器的正常运行。一旦影响服务器的正常运行，不但会带来经济损失，同样将面临法律风险。

1.2 网络基础

当用户对手机抓包的概念了解清楚后，则可以准备捕获数据包。为了尽可能地捕获有用的数据包，本节介绍手机的网络连接方式、数据传输方式及捕获方式等内容。下面首先介绍网络基础知识。

1.2.1 网络连接方式

在手机上，通常使用的网络连接方式就是运营商的数据连接和 Wi-Fi 连接。下面分别介绍这两种网络连接方式的概念及启用方法。

1. 数据连接

数据连接也就是人们常说的移动数据流量上网，是指通过 GPRS、EDGE、TD-SCDMA、HSDPA、LTE 等移动通信技术上网，在此过程中将产生数据流量。目前，数据流量主要由三大电信运营商提供，分别是中国移动、中国联通和中国电信。

【实例 1-1】 在 OPPO 设备上，设置使用数据连接方式上网。具体操作步骤如下：

（1）启动“设置”程序，将打开“设置”界面，如图 1.1 所示。

（2）单击“双卡与移动网络”选项，将显示“双卡与移动网络”界面，如图 1.2 所示。

图 1.1 “设置”界面

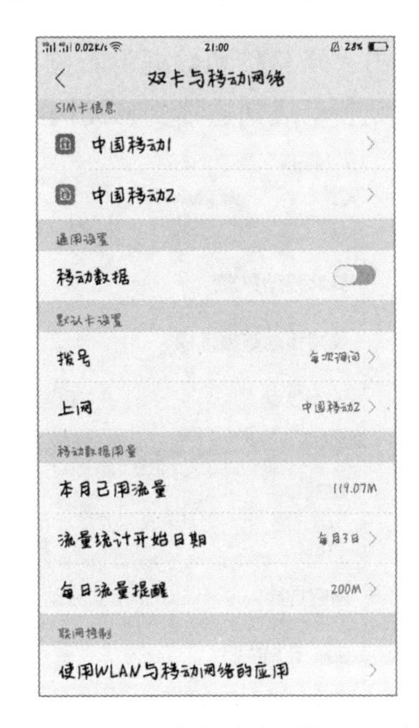

图 1.2 “双卡与移动网络”界面

（3）单击“移动数据”右侧的滑动按钮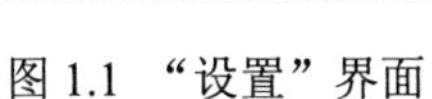，即可启用移动数据功能，此时表示已成功启动移动数据连接方式，如图 1.3 所示。

【实例 1-2】在苹果手机 iPhone 6 上，设置使用数据连接方式上网。具体操作步骤如下：

（1）在苹果手机上打开“设置”程序，将显示“设置”界面，如图 1.4 所示。

（2）单击“蜂窝移动网络”选项，将显示“蜂窝移动网络”界面，如图 1.5 所示。

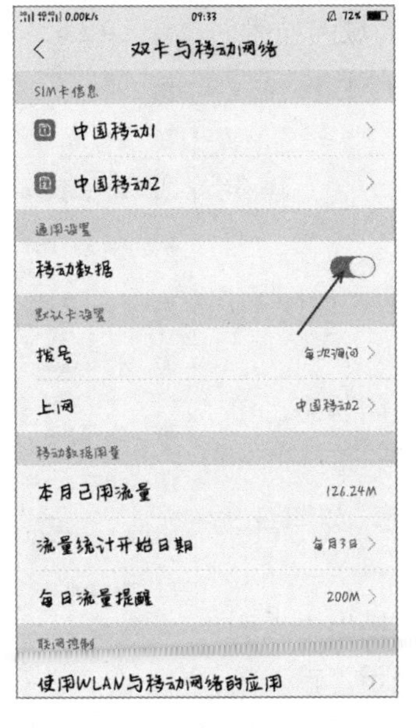

图 1.3　移动数据连接方式

图 1.4 “设置”界面

（3）单击“蜂窝移动数据”右侧的滑动按钮，即可启用数据连接方式，如图 1.6 所示。此时则表示成功连接到移动网络，即使用数据流量来上网。

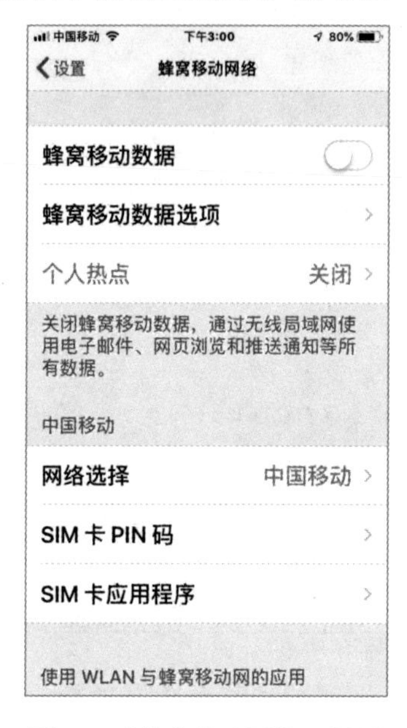

图 1.5 “蜂窝移动网络”界面

图 1.6 成功连接到移动网络

2. Wi-Fi连接

Wi-Fi 连接也就是无线局域网连接，在中文里又称作“行动热点”，它是一种基于 IEEE 802.11 标准的无线局域网技术。用户只需要一个无线路由器，手机即可使用 Wi-Fi 网络上网，而且不用担心大量通信费的产生。

【实例 1-3】在 OPPO 设备上启用 Wi-Fi 连接方式。操作步骤如下：

（1）启动“设置”程序，将打开“设置”界面，如图 1.7 所示。

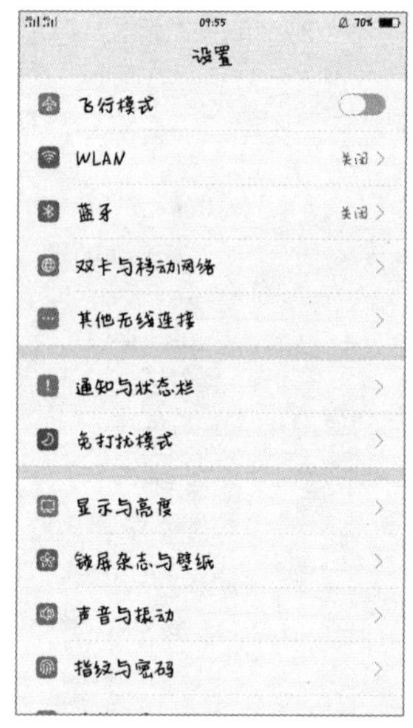

图 1.7 “设置”界面

（2）从“设置”界面中可以看到 WLAN 为关闭状态。单击 WLAN 选项，将显示 WLAN 界面，如图 1.8 所示。

（3）单击滑动按钮，将启用 WLAN 功能，如图 1.9 所示。

（4）此时，WLAN 功能已成功启动，并且扫描出附近的所有 Wi-Fi 网络。选择要连接的 Wi-Fi 网络，将显示“输入密码”界面。例如，选择连接名为 CU_655w 的 Wi-Fi 网络，将显示如图 1.10 所示的界面。

图 1.8　WLAN 界面

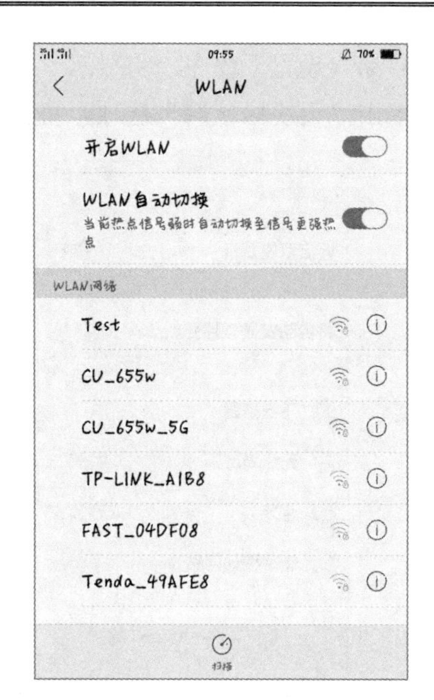

图 1.9　扫描到的 Wi-Fi 网络

（5）在“输入密码”界面输入 Wi-Fi 网络的密码，并单击“连接”按钮，即可成功连接到 Wi-Fi 网络，如图 1.11 所示。

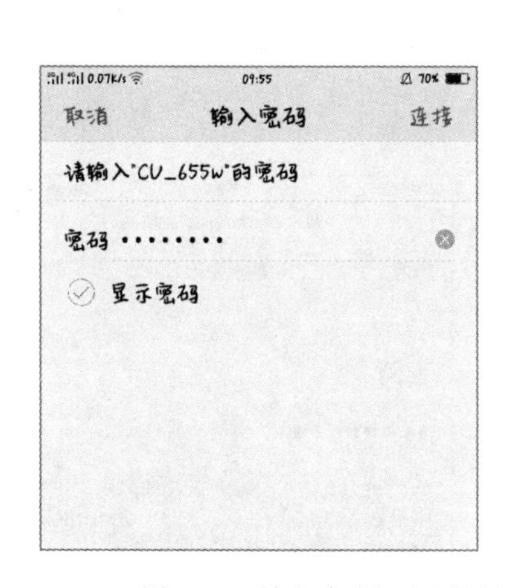

图 1.10　输入密码

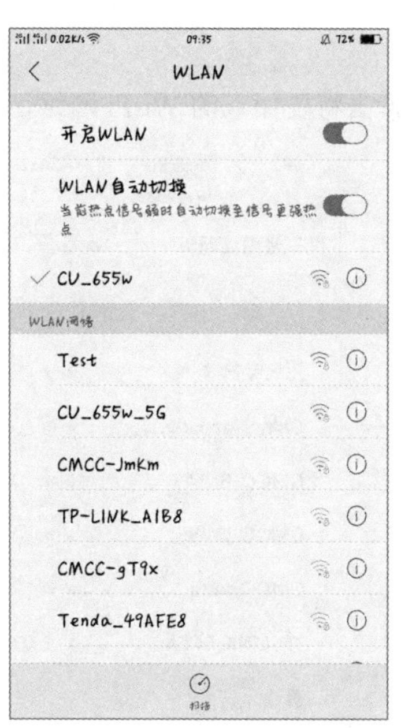

图 1.11　成功连接到 Wi-Fi 网络

【实例 1-4】在苹果手机 iPhone 6 上，设置使用 Wi-Fi 连接方式上网。具体操作步骤如下：

（1）启动“设置”程序，将显示“设置”界面，如图 1.12 所示。

（2）单击“无线局域网”选项，将显示“无线局域网”界面，如图 1.13 所示。

图 1.12 “设置”界面

图 1.13 “无线局域网”界面

（3）单击滑动按钮，启用无线局域网，此时将开始扫描周围所有的 Wi-Fi 网络，如图 1.14 所示。

（4）单击将要加入的 Wi-Fi 网络，将弹出“输入密码”界面，如图 1.15 所示。

图 1.14 扫描到的无线网络

图 1.15 输入密码

（5）输入连接的 Wi-Fi 网络密码，并单击“加入”按钮，即可成功连接到 Wi-Fi 网络，如图 1.16 所示。

图 1.16　连接成功

1.2.2　协议基础

协议（Protocol）是网络协议的简称。为了使数据在网络上从源到达目的地，网络通信的参与方必须遵循相同的规则，这套规则便称为协议。在抓包和分析中，它最终体现为在网络上传输的数据包的格式。协议往往分成几个层次进行定义，分层定义是为了使某一层协议的改变不影响其他层的协议。简单地说，网络中的计算机要能够互相顺利地通信，就必须“讲”同样的语言。协议就相当于语言，它分为 Ethernet、NetBEUI、IPX/SPX 及 TCP/IP。其中，TCP/IP 是目前最流行的网络协议，也是最基本的通信协议。

传输控制协议/网际协议（Transmission Control Protocol/Internet Protocol，TCP/IP）是指能够在多个不同网络间实现信息传输的协议簇，即 TCP/IP 不仅指的是 TCP 和 IP 两个协议，而是指一个由 FTP、SMTP、TCP、UDP、IP 等协议构成的协议簇，只是因为在 TCP/IP 中 TCP 和 IP 最具代表性，所以被称为 TCP/IP。

1.2.3　数据传输方式

数据传输是指数据从一个网络主机通过网络线路传输到另外一个网络主机上。当用户了解数据传输方式后，就知道在哪里可以捕获需要的数据包了。其中，手机数据传输方式如图 1.17 所示。

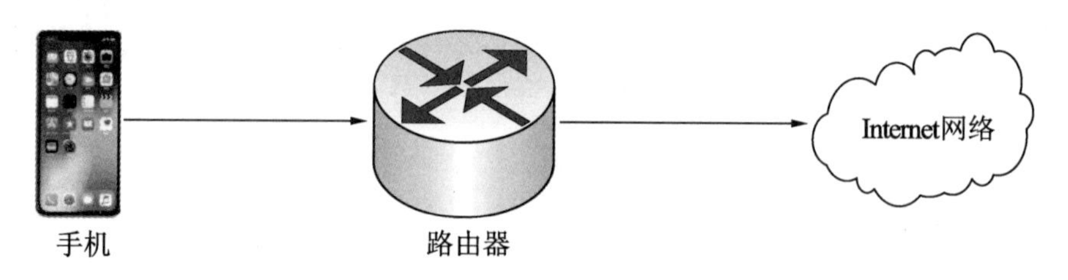

图 1.17　手机数据传输方式

从图 1.17 中可以看到，手机是通过路由器连接到互联网进行数据传输的。当手机上运行某个程序后，所有的数据包都由路由器转发到互联网。所以，数据经过的设备有手机和无线路由器。因此，用户可以在手机和无线路由器上捕获数据包。另外，在线路中间也可以使用无线监听或 USB 连接线来捕获数据包。

1.2.4　数据捕获方式

如果要捕获手机数据包，则需要了解数据捕获方式。手机上数据的传输方式可以分为 3 种，分别是手机内部、线路中间和路由器。下面分别介绍这 3 种数据捕获方式。

1．手机内部

手机内部表示直接在手机上捕获数据包。当用户只有一部手机时，可以通过在手机上安装抓包工具来捕获数据包。如果没有对应型号的手机，可以通过模拟器的方式虚拟一部手机。

2．线路中间

线路中间表示在数据传输的线路上捕获数据包。由于手机是通过无线网络来传输数据包的，所以用户可以进行无线监听，以捕获手机数据包。如果用户有计算机和手机的话，还可以通过 USB 连接线的方式来捕获数据包。

3．路由器

目前，一些路由器提供了一个镜像端口功能，它可以将一个或多个源端口的数据流量转发到某一个指定端口来实现对网络的监听，指定的端口称之为“镜像端口”。所以，如果其他用户的手机和自己的计算机在同一个网络中，则可以使用路由器的镜像端口来捕获数据包。

1.3　联网管理

手机上的大部分 App 都是需要连接到网络才可以使用，而且，默认情况下允许所有程序连接网络。为了尽可能捕获有用的数据包，则需要对 App 的联网进行相关设置。本节讲解管理联网的相关设置。

1.3.1　设置联网模式

如果要捕获 App 的数据包，则必须连接到网络。所以，用户在捕获数据包之前，一定要确定 App 所使用的联网模式。如果 App 没有使用正确的联网方式，则可能捕获不到其数据包。下面介绍设置 App 联网模式的方法。

【实例 1-5】 在 OPPO 设备上，设置 App 为 Wi-Fi 联网模式。操作步骤如下：

（1）在手机上打开“设置”程序，将显示“设置”界面，如图 1.18 所示。

（2）单击“双卡与移动网络”选项，将显示“双卡与移动网络”界面，如图 1.19 所示。

图 1.18　“设置”界面

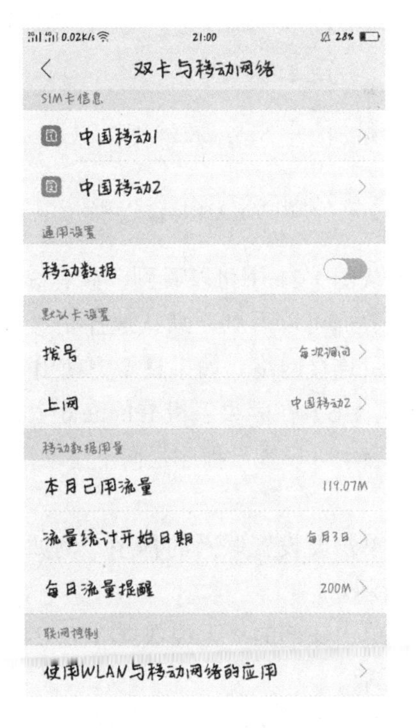

图 1.19　“双卡与移动网络”界面

（3）在“联网控制”部分单击“使用 WLAN 与移动网络的应用”选项，将显示“使用 WLAN 与移动网络的应用”界面，如图 1.20 所示。

（4）从图 1.20 中可以看到手机上的所有程序。此时，选择任意一个程序，即可设置其联网方式。例如，修改爱奇艺播放器的联网方式为 Wi-Fi，则单击“爱奇艺”程序，将显示爱奇艺程序联网设置界面，如图 1.21 所示。

图 1.20 “使用 WLAN 与移动网络的应用”界面

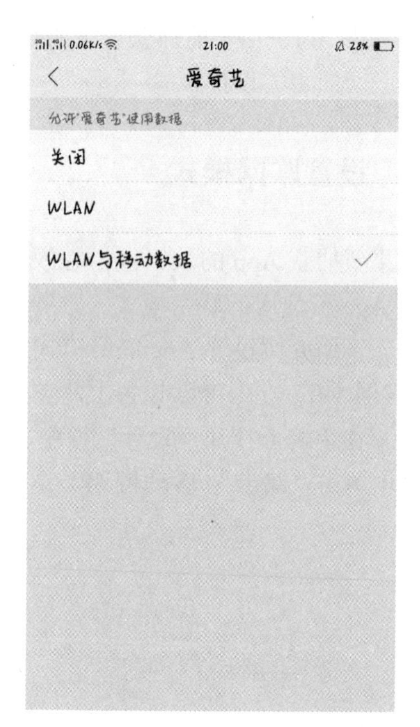

图 1.21 切换为使用 WLAN

（5）从图 1.21 中可以看到，共有 3 个选项，分别是关闭、WLAN、WLAN 与移动数据。从该界面可以看到，默认选择是“WLAN 与移动数据”选项，表示允许使用 Wi-Fi 和数据流量连接网络。如果只希望使用 Wi-Fi 联网的话，则单击 WLAN 选项。

【实例 1-6】在苹果手机 iPhone 6 上，设置 App 的联网模式。具体操作步骤如下：

（1）启动“设置”程序，向下滑动屏幕，即可看到手机中安装的所有程序，如图 1.22 所示。

（2）单击要设置联网的程序，例如“爱奇艺”程序，将显示该程序的设置界面，如图 1.23 所示。

（3）单击底部的“无线数据 WLAN 与蜂窝移动网”选项，将显示联网设置界面，如图 1.24 所示。

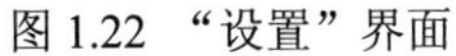
图 1.22　“设置”界面

图 1.23　“爱奇艺”设置界面

（4）在图 1.24 中包括 3 个选项，分别是关闭、WLAN、WLAN 与蜂窝移动网，这里选择 WLAN，表示使用 Wi-Fi 连接方式。

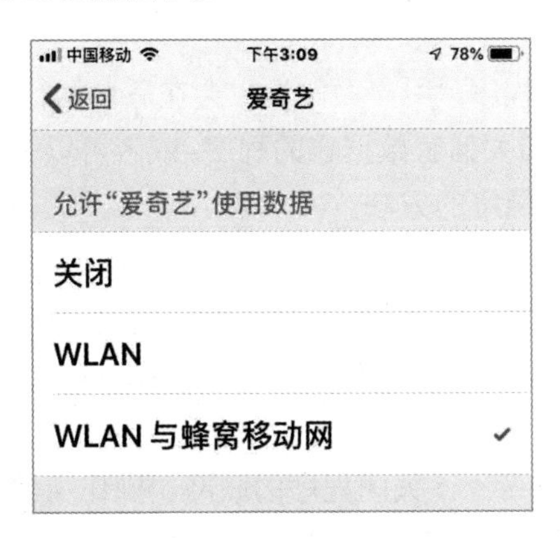

图 1.24　设置联网方式

还可以在无线局域网的连接界面，单击“使用 WLAN 与蜂窝移动网的”选项，将显示所有的程序，如图 1.25 所示。此时，单击要设置联网的程序，例如“爱奇艺”程序，将显示该程序的网络设置界面，如图 1.26 所示。

此时，单击 WLAN 选项，即可设置“爱奇艺”程序的联网方式为 Wi-Fi 方式。

图 1.25　所有程序

图 1.26　设置联网方式

1.3.2　限制其他程序

在手机上运行的大部分程序，用户关闭后也会在后台运行。为了避免干扰，用户可以关掉其他程序的联网，只开启要捕获数据包的程序；或者可以强制将后台运行的程序关闭。下面介绍限制其他程序访问网络的方法。

1. 关闭程序的联网

关闭程序的联网后，该程序将无法发送和接收数据。这样在捕获数据包时，便不会捕获该程序的数据包。

【实例 1-7】在 OPPO 设备上，关闭程序的联网。操作步骤如下：

（1）在手机中依次单击“设置”|“双卡与移动网络”|“使用 WLAN 与移动网络的应用”选项，将显示“使用 WLAN 与移动网络的应用”界面，如图 1.27 所示。

（2）从该界面中可以看到手机上的所有程序。此时，选择任意一个程序，即可设置其联网方式。例如，要关闭爱奇艺播放器的联网，单击“爱奇艺”程序，将显示爱奇艺联网设置界面，如图 1.28 所示。

（3）单击“关闭”选项，即可停止爱奇艺程序使用网络。

图 1.27　“使用 WLAN 与移动网络的应用”界面

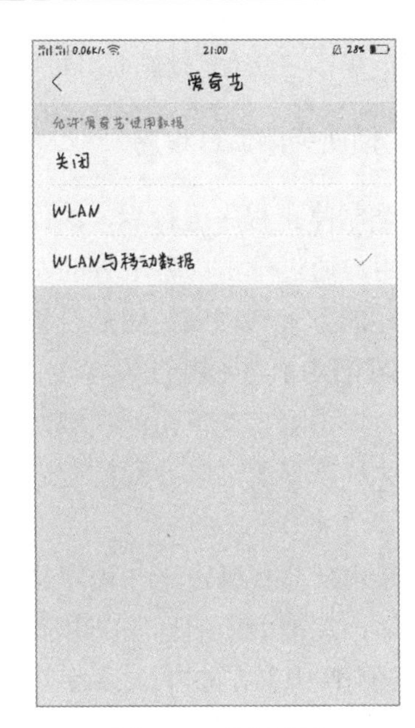

图 1.28　关闭联网

【实例 1-8】在苹果手机 iPhone 6 上，设置关闭程序的联网方式。具体操作步骤如下：

（1）启动“设置”程序，并依次单击“无线局域网”|“使用 WLAN 与蜂窝移动网的”选项，将显示所有的程序，如图 1.29 所示。

（2）选择要关闭网络的程序。例如要关闭爱奇艺播放器的网络，单击“爱奇艺”程序，将显示联网设置界面，如图 1.30 所示。

图 1.29　所有程序

图 1.30　设置联网方式

（3）单击“关闭”选项，即可关闭爱奇艺的网络。

2．彻底关闭后台程序

当强制停止程序运行后，该程序将不会运行，包括后台，这样也可以避免干扰捕获数据包。用户通过单击屏幕下方的左键（部分机型需要上滑出快捷键）快捷方式，或者强行停止程序的方式来彻底关闭后台程序。

【实例 1-9】在 OPPO 设备上，关闭所有后台程序。具体操作步骤如下：

（1）单击屏幕左下角的左键，将显示最近运行的应用程序列表，如图 1.31 所示。

（2）从该界面可以看到最近运行的所有程序。此时，单击关闭按钮，将关闭所有后台程序。

如果用户想要确定一些程序是否有重要信息保存的话，左右滑动屏幕即可查看所有程序。然后，选择关闭的程序，并向上滑动屏幕即可关闭。

【实例 1-10】在 OPPO 设备上，关闭其他程序的联网。具体操作步骤如下：

（1）在手机中打开“设置”程序，将显示“设置”界面，如图 1.32 所示。

图 1.31　最近运行的应用程序列表

图 1.32　“设置”界面

（2）单击“其他设置”选项，将显示“其他设置”界面，如图 1.33 所示。

（3）单击“应用程序管理”选项，将显示所有的应用程序信息，如图 1.34 所示。

（4）从图 1.34 中可以看到，包括“正在运行”、“已安装”、“全部”3 个选项卡。从“正在运行”的选项卡中可以看到当前正在运行的所有程序。此时，选择任意一个程序，即可将其强行停止。例如，要强行停止 Packet Capture 程序，单击 Packet Capture 程序，将显示该程序的“应用信息”界面，如图 1.35 所示。

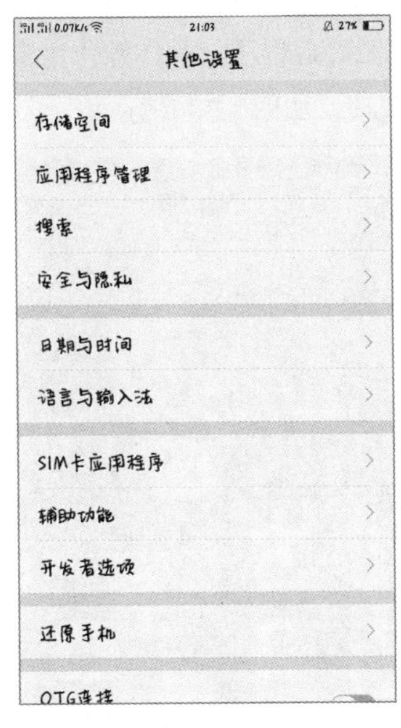

图 1.33　“其他设置”界面

图 1.34　正在运行的程序

（5）在图 1.35 中，用户可以清除数据缓存及强行停止程序。这里单击“强行停止”按钮，将弹出“要强行停止吗？”对话框，如图 1.36 所示。

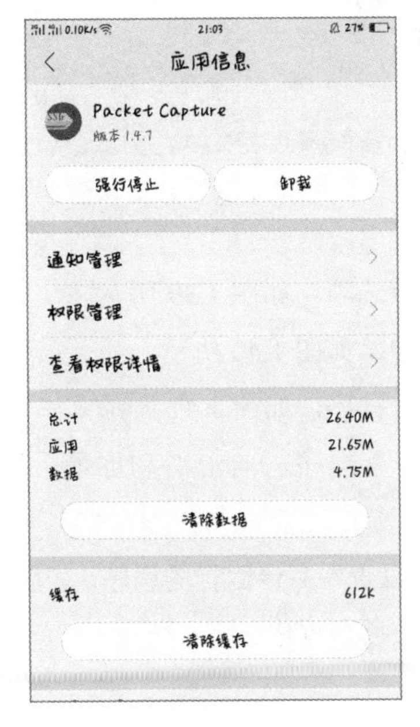

图 1.35　强行停止程序

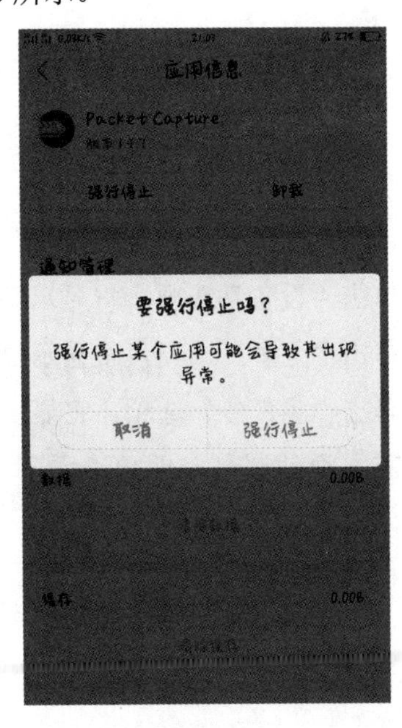

图 1.36　“要强行停止吗？”对话框

（6）单击“强行停止”按钮，即可停止 Packet Capture 程序，如图 1.37 所示。此时，在“正在运行”选项卡中已经没有 Packet Capture 程序了，即成功将其停止运行。

【实例 1-11】在苹果手机 iPhone 6 上，彻底关闭后台程序。具体操作步骤如下：

（1）单击手机桌面上的小白点，将显示更多选项，如图 1.38 所示。

图 1.37　程序已停止

图 1.38　更多选项

（2）单击“设备”选项，将显示更多设备调整选项，如图 1.39 所示。

（3）单击“更多”选项，将显示更多选项界面，如图 1.40 所示。

（4）单击“多任务”选项，将显示所有的后台程序，如图 1.41 所示。

（5）左右滑动屏幕，即可查看后台运行的所有程序。向上滑动屏幕，即可关闭相应程序。

通过双击苹果手机屏幕下方的 Home 键，也可以查看后台运行的程序，如图 1.42 所示。此时，选择程序后向上滑动屏幕，即可关闭该后台程序。

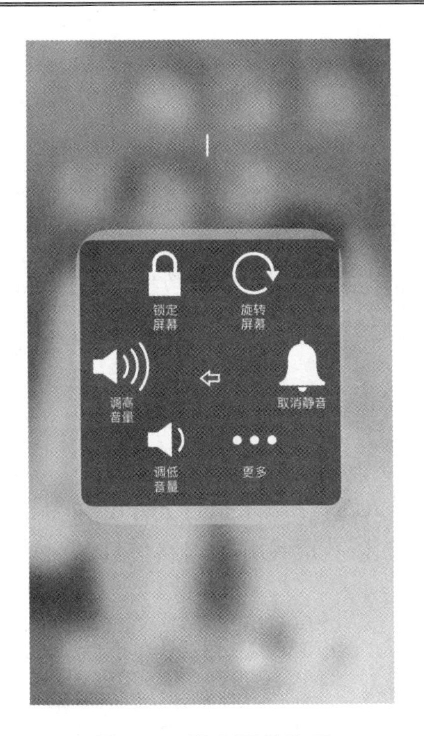

图 1.39　设备调整选项

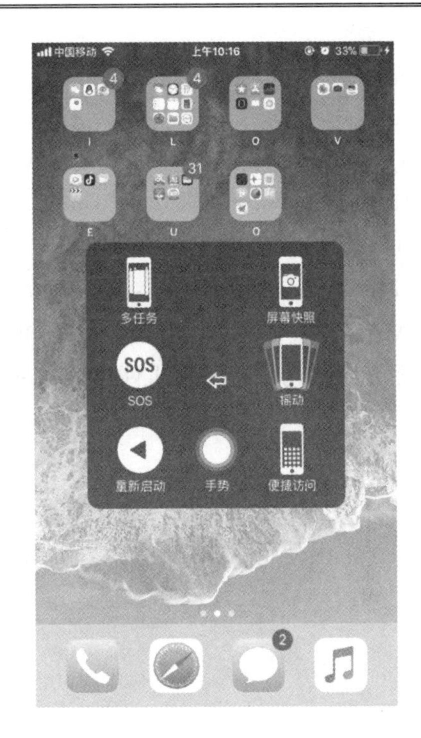

图 1.40　更多选项

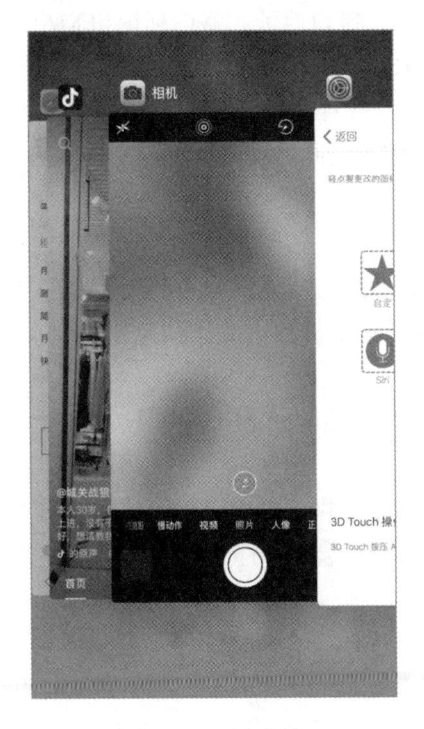

图 1.41　后台程序

图 1.42　后台运行的所有程序

1.3.3 获取网络信息

在捕获数据包之前，最好先确定下手机的网络信息，如查看手机的 IP 地址和 MAC 地址，便于后期的识别和过滤。例如，为了避免捕获太多的冗余数据包，用户可以使用 IP 地址或 MAC 地址捕获过滤器仅捕获指定设备的数据包。当分析数据包时，可以根据 IP 地址或 MAC 地址进行显示过滤。在手机上可以通过命令或图形界面两种方式查看网络信息。下面介绍这两种获取手机网络信息的方法。

1. 使用命令

在手机上，用户可以在终端模拟器上或使用 ADB 工具来执行 netcfg 命令查看网络信息。例如，下面使用 ADB 工具执行 netcfg 命令，以获取设备的网络信息。

```
C:\Users\Administrator>adb shell netcfg
dummy0        DOWN     0.0.0.0/0          0x00000082 F2:DE:76:8E:58:49
wlan0         UP       192.168.1.41/24    0x00001043 1C:77:F6:60:F2:CC
rmnet_ipa0    UP       0.0.0.0/0          0x00000041 00:00:00:00:00:00
sit0          DOWN     0.0.0.0/0          0x00000080 00:00:00:00:00:00
p2p0          UP       0.0.0.0/0          0x00001003 1E:77:F6:60:F2:CC
lo            UP       127.0.0.1/8        0x00000049 00:00:00:00:00:00
```

输出信息共包括 5 列，分别为接口名、状态、接口地址、路由标识和 MAC 地址。其中，状态列为 DOWN 表示接口关闭，为 UP 表示接口启用。因为当前设备是使用 Wi-Fi 连接网络的，所以这里的 wlan0 接口状态为 UP，并且分配的 IP 地址为 192.168.1.41。从最后一列可以看到，该手机的 MAC 地址为 1C:77:F6:60:F2:CC。

2. 图形界面

用户通过图形界面也可以快速查看手机的网络信息。在 Android 手机上，依次单击“设置”|“关于手机”|“状态信息”选项，将显示手机的“状态信息”界面，如图 1.43 所示。

从“状态信息”界面便可以看到当前手机的 IP 地址和 MAC 地址。其中，IP 地址为 192.168.1.41；MAC 地址为 1C:77:F6:60:F2:CC。

【实例 1-12】在苹果手机 iPhone 6 上，查看 Wi-Fi 网络的 IP 地址。具体操作步骤如下：

（1）启用“设置”程序，并单击“无线局域网”选项，打开“无线局域网”界面，如图 1.44 所示。

（2）单击详细信息按钮ⓘ，将显示网络信息界面，如图 1.45 所示。

从网络信息界面中可以看到，当前获取的 IP 地址为 192.168.1.7，子网掩码为 255.255.255.0，路由器地址为 192.168.1.1。

图 1.43　状态信息

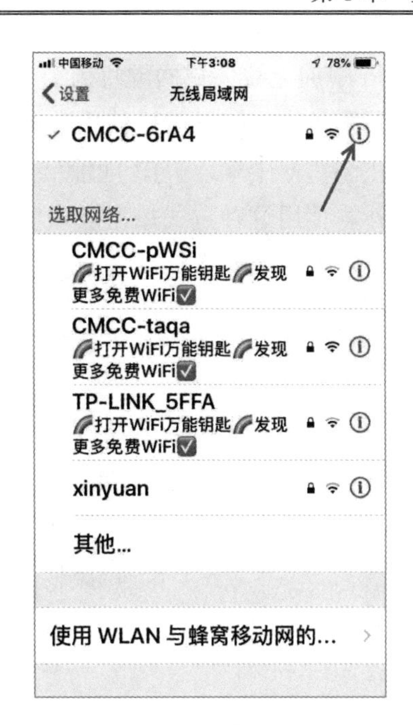

图 1.44　无线局域网列表

【实例 1-13】查看苹果手机的 MAC 地址。具体操作步骤如下：

打开“设置”程序，并依次单击“通用”|“关于本机”选项，打开“关于本机”界面，如图 1.46 所示。

图 1.45　网络信息

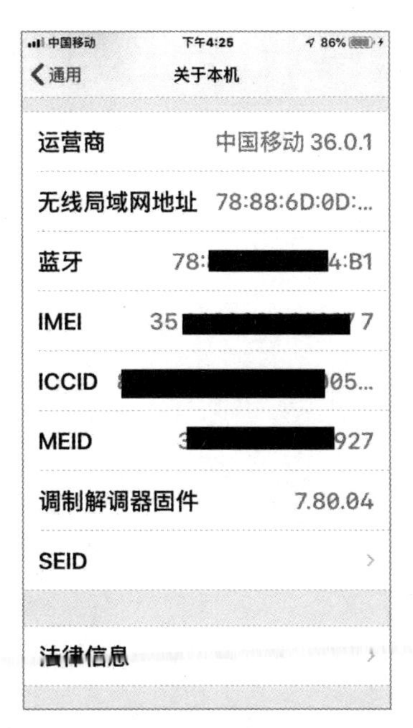

图 1.46　MAC 地址

图 1.46 中的无线局域网地址就是当前设备的 MAC 地址。

在苹果手机上，如果用户使用数据流量的方式来上网，将无法查看到本机的 IP 地址。用户可以在浏览器中输入“IP 地址”关键字查看，但是获取的是外网 IP 地址，如图 1.47 所示。另外，使用这种方式每次获取的 IP 地址可能不同。

图 1.47　IP 地址

第 2 章　手机直接抓包

利用手机应用软件或计算机软件可以直接从手机上抓取数据包。这种方式可以抓取手机上各个接口的数据，尤其是通过运营商传输的移动数据或蜂窝数据。目前，主流的手机系统分为 Google 的 Android（安卓）和苹果的 iOS 两种，本章讲解如何在这两种操作系统的手机上进行直接抓包。

2.1　使用 Packet Capture 抓包

Packet Capture 是一款免费的 Android 手机数据包捕获应用程序。该软件主要利用系统的 VPNService 接口开启 VPN 服务，这样系统便会产生一个虚拟的网络接口。HTTP 数据都会通过该网络接口发送给 Packet Capture，在经过该 App 处理后，再把数据发送到真实的网络接口上。该工具无须进行 Root 操作，并可以显示文本或十六进制的数据。本节介绍如何使用 Packet Capture 应用程序捕获手机数据包。

2.1.1　安装 Packet Capture

Packet Capture 是第三方应用程序，在使用前需要先下载并安装该程序。下面讲解如何安装 Packet Capture。

【实例 2-1】安装并启动 Packet Capture 程序。操作步骤如下：

（1）在 Android 手机的软件商店或应用宝搜索 Packet Capture 程序，找到该软件，如图 2.1 所示。

（2）图 2.1 显示了 Packet Capture 的详细信息。单击“下载”按钮，开始下载该软件包。下载完成后将显示安装界面，如图 2.2 所示。

（3）单击“安装”按钮，开始安装 Packet Capture 程序。安装完成后将显示安装完成界面，如图 2.3 所示。

（4）从安装完成界面中可以看到，Packet Capture 程序安装完成。单击“完成”按钮，将关闭安装界面。如果想立即启动该程序，单击“打开”按钮，将显示运行初始界面，如

图 2.4 所示。

图 2.1　下载 Packet Capture 程序

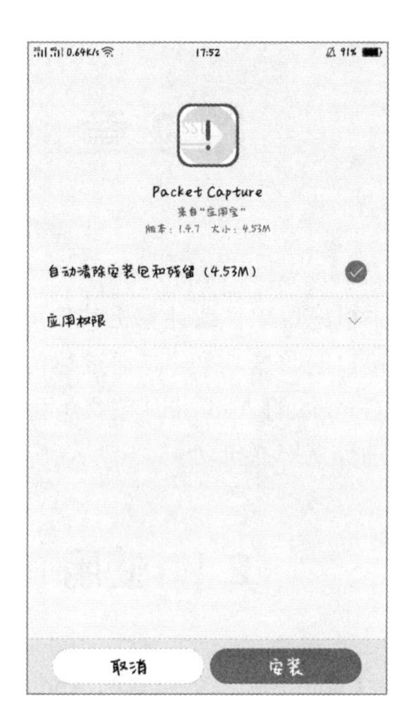

图 2.2　安装 Packet Capture 程序

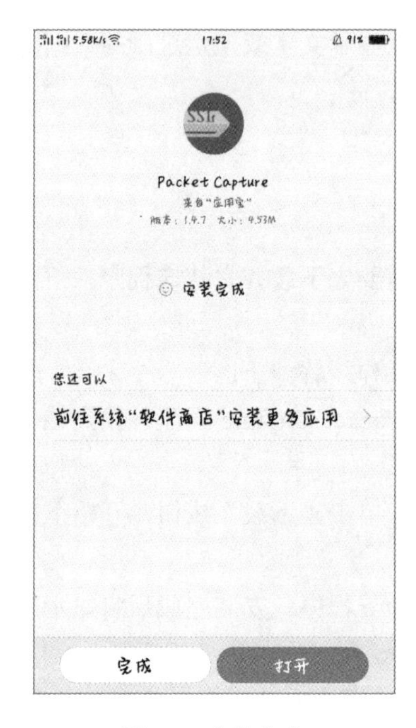

图 2.3　安装完成

图 2.4　启动 Packet Capture

（5）单击 Get Started 按钮，将显示免 Root 提示界面，如图 2.5 所示。

（6）从图 2.5 中可以看到，Packet Capture 程序将调用操作系统的 VPNService 功能，所以不需要 Root 权限。单击 Continue 按钮，将显示 SSL 解密界面，如图 2.6 所示。

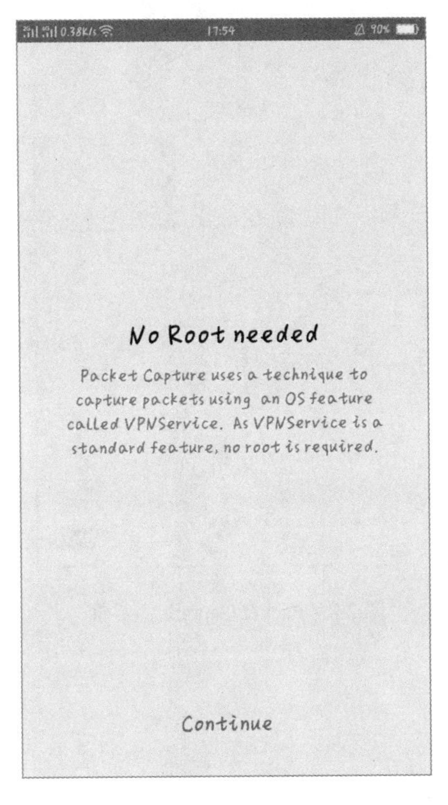

图 2.5　免 Root

图 2.6　SSL 解密

（7）图 2.6 提示如果要解密 SSL 数据，则需要安装 CA 证书。单击 Install Certificate 按钮，将显示证书信息界面，如图 2.7 所示。

（8）证书信息界面显示了证书的信息，如证书名称、凭据用途。单击“保存”按钮，证书安装成功。当证书安装成功后，将显示 Packet Capture 程序的主界面，如图 2.8 所示。

此时，Packet Capture 程序就安装好了，并能成功启动。接下来，用户就可以使用该程序捕获数据包了。

提示： Packet Capture 程序只有在第一次启动时，才会弹出安装证书等界面。另外，Packet Capture 只能捕获 HTTP 和 HTTPS 的数据包。

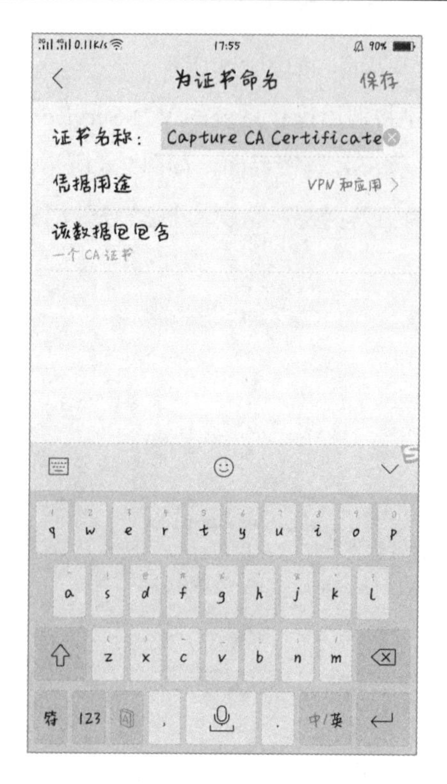

图 2.7　证书信息

图 2.8　Packet Capture 主界面

2.1.2　捕获数据包

当用户在 Android 手机上安装 Packet Capture 程序后，即可使用该程序直接抓取手机上的数据包。下面介绍具体的捕获数据包的方法。

【实例 2-2】 使用 Packet Capture 程序捕获数据包。具体操作步骤如下：

（1）启动 Packet Capture 程序，将显示空白的主界面，如图 2.9 所示。

（2）单击开始捕获按钮▶，弹出一个警告对话框，如图 2.10 所示。

（3）警告对话框提示是否允许创建 VPN 连接，单击“允许”按钮，将创建一个 VPN 连接，此时即开始捕获当前手机中的数据包，如图 2.11 所示。

（4）从捕获的数据包界面中可以看到，显示了一个捕获包的时间和数据包数。此时已捕获 29 个包（29 captures），由此可以说明正在捕获数据包。单击该捕获数据包的时间，即可查看捕获的所有数据包，如图 2.12 所示。

图 2.9　Packet Capture 主界面

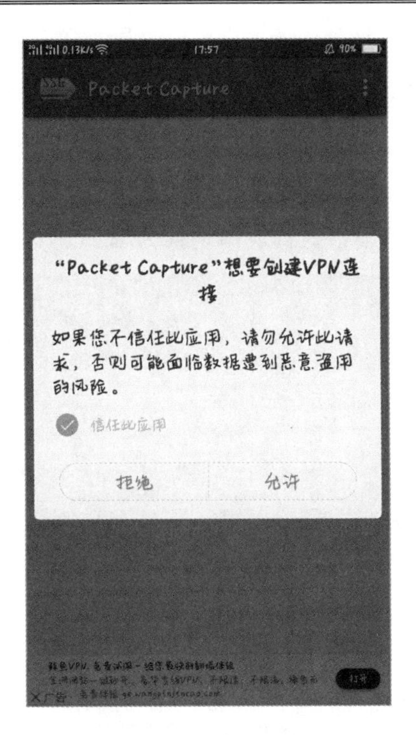

图 2.10　警告对话框

图 2.11　正在捕获数据包

图 2.12　捕获的数据包

（5）从图 2.12 中可以看到，捕获了当前手机中微信程序的数据包。如果数据包中标记有 SSL 字样，则表示该数据包是 SSL 加密数据包。单击任意一个数据包，即可查看该包的详细信息，如图 2.13 所示。

（6）默认数据包解码格式为 HTTP（heuristic），用户可以单击 DECODE AS 按钮，在打开的解码格式列表中切换为 HTTP（strict）或 RWA 格式，如图 2.14 所示。

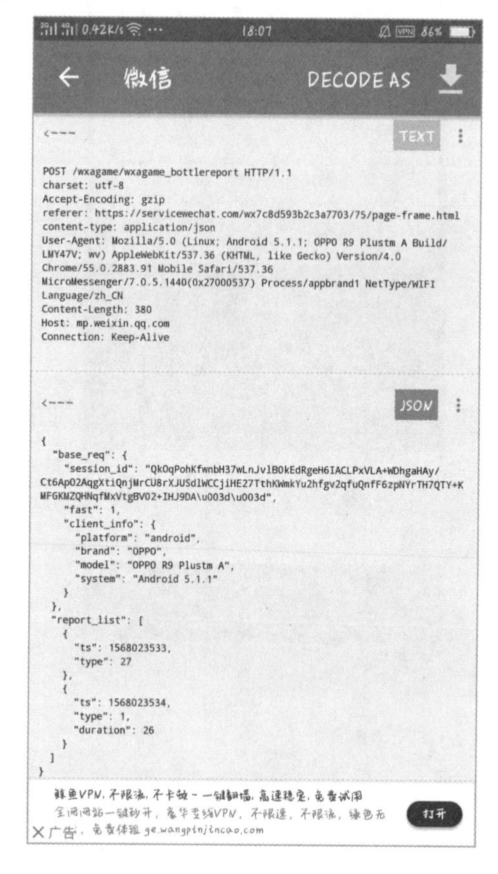

图 2.13　数据包详细信息

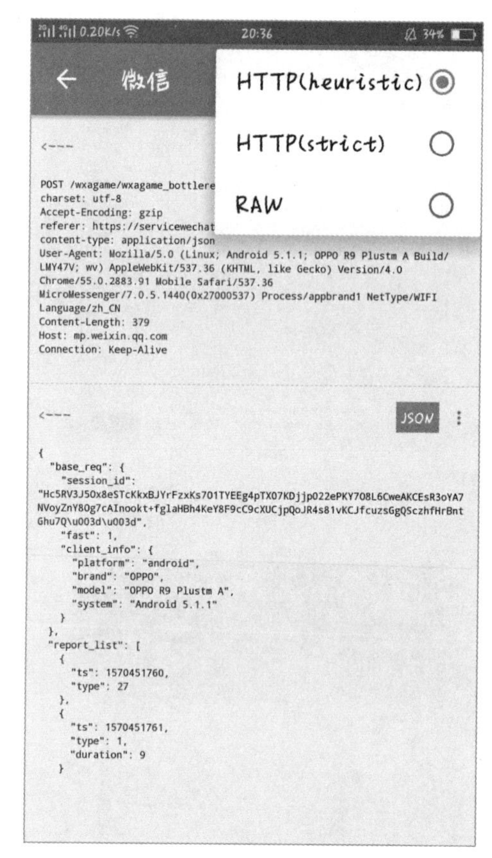

图 2.14　解码格式列表

（7）如果希望使用原始格式，则选中 RAW 单选按钮，将显示如图 2.15 所示的界面。

（8）从图 2.15 中可以看到，以原始格式（RAW）显示了数据包的详细信息。此时，单击右上角的按钮⋮，将显示一个下拉列表，可以切换以 Text（文本）或 Hex（十六进制）格式显示的数据包信息，如图 2.16 所示。其中，默认是以 Text 格式显示数据包的。

（9）选中 Hex 单选按钮，将以十六进制格式显示数据包信息，如图 2.17 所示。

（10）当不需要捕获数据包时，返回捕获数据包界面，单击停止捕获按钮■将停止捕获数据包，如图 2.18 所示。

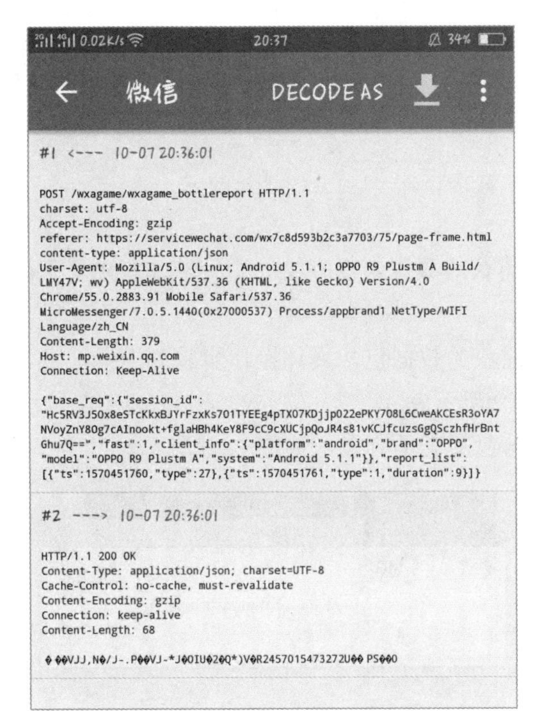

图 2.15　RAW 格式

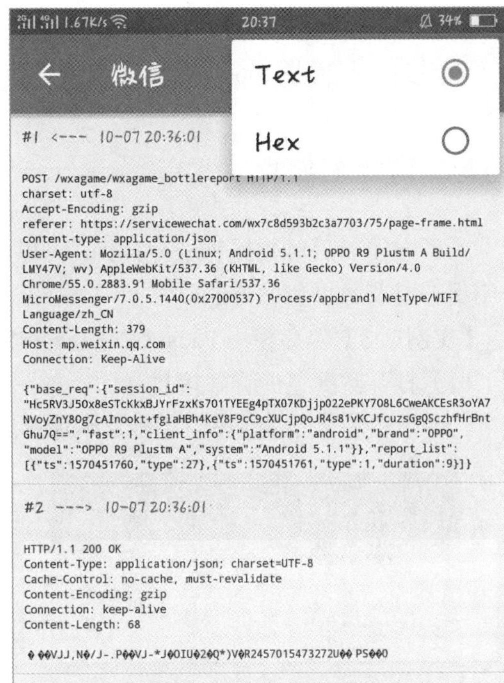

图 2.16　选择显示格式

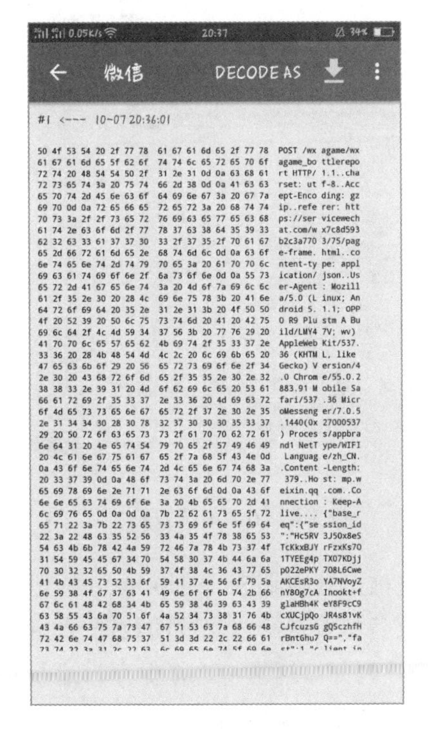

图 2.17　十六进制格式显示数据包

图 2.18　停止捕获数据包

此时，表示已成功停止捕获数据包，并且显示了捕获的数据包数。从该界面显示的信息可以看到，共捕获 106 个数据包。

2.1.3 保存数据包

为了方便以后对数据包进行分析，可以将捕获的数据包保存到一个捕获文件中。下面介绍保存捕获数据包的方法。

【实例 2-3】 保存使用 Packet Capture 程序捕获的数据包。具体操作步骤如下：

（1）打开数据包的详细信息界面，如图 2.19 所示。

（2）单击右上角的按钮，将显示保存数据包的菜单列表，如图 2.20 所示。

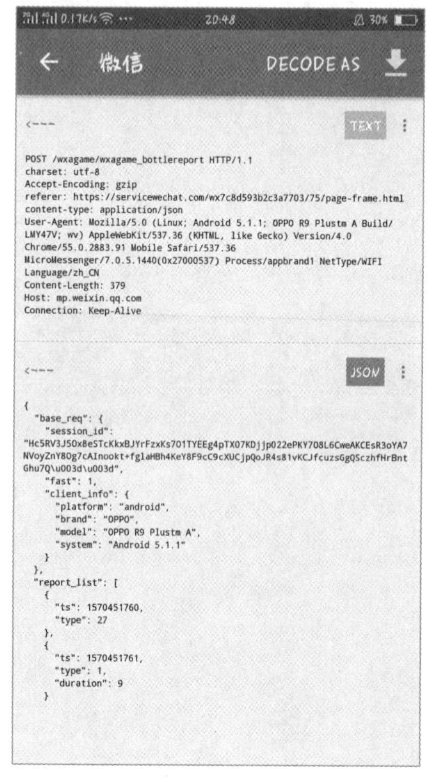

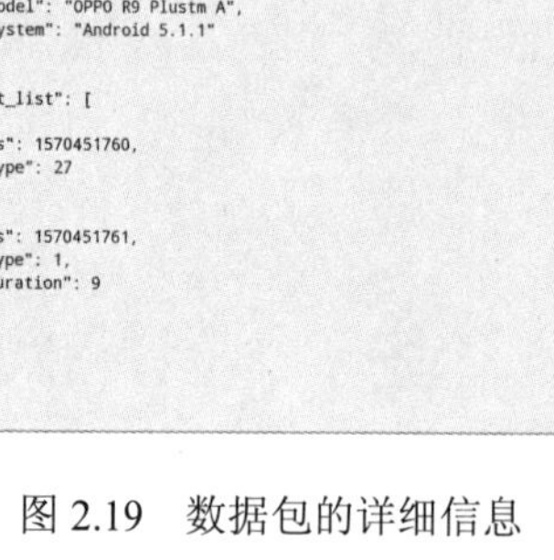

图 2.19　数据包的详细信息

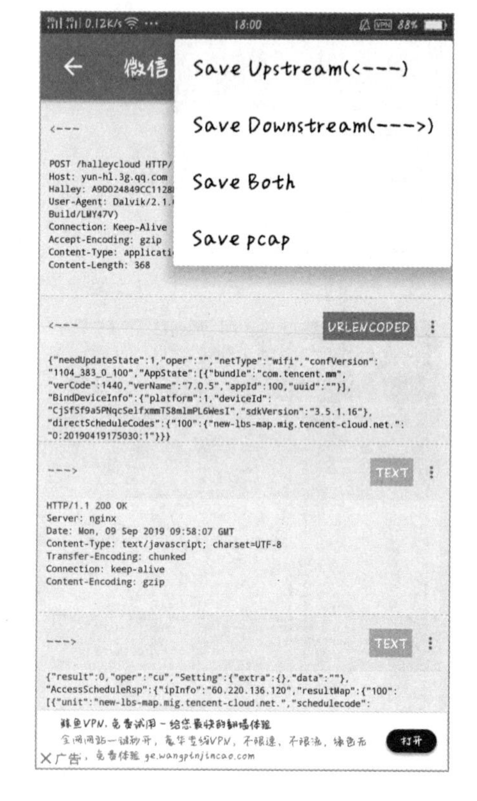

图 2.20　菜单列表

（3）在如图 2.20 所示的列表中包括 4 个菜单选项，分别是 Save Upstream（保存客户端发送给服务器的数据）、Save Downstream（保存服务器发送给客户端的数据）、Save Both（保存所有数据）和 Save pcap（保存为捕获文件）。例如，这里将选择保存为捕获文件，单击 Save pcap 选项，将显示保存为捕获文件界面，如图 2.21 所示。

图 2.21　保存为捕获文件

（4）在保存为捕获文件界面指定保存数据包的位置和文件名，这里指定文件名为 weixin.pcap，然后单击 SAVE 按钮，将成功保存捕获的数据包。

2.2　使用 bitShark 抓包

bitShark 是一款轻量级的 Android 数据抓包软件，该软件可以直接抓取手机各个网络接口的数据。该工具的优点是可以捕获各个协议的数据；缺点是运行的手机需要 Root，并且支持的 Android 版本只到 4.3。本节介绍使用 bitShark 工具捕获数据包的方法。

2.2.1　安装 bitShark

bitShark 也是一个第三方程序，所以需要先下载并安装该程序。下面讲解如何安装 bitShark 程序。

【实例 2-4】安装并启动 bitShark 程序。操作步骤如下：

（1）在 Android 手机的软件商店中或百度手机助手上搜索 bitShark 程序并下载。下载成功后将显示安装界面，如图 2.22 所示。

（2）单击“安装”按钮即可开始安装，安装完成后显示“应用安装完成”界面，如图 2.23 所示。

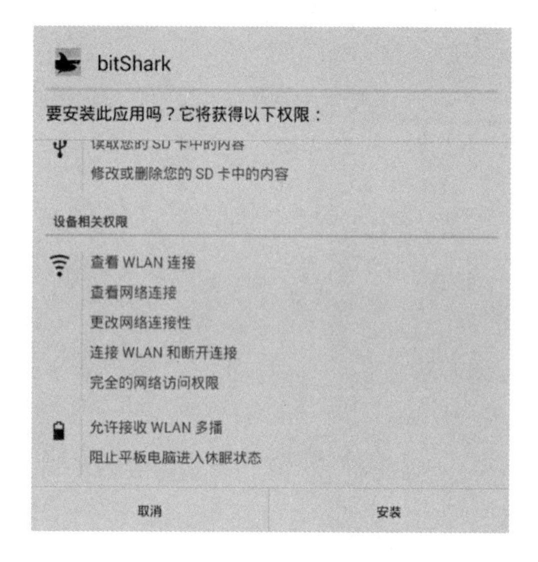

图 2.22 安装界面

图 2.23 安装完成

（3）从该界面可以看到，bitShark 已安装完成。单击“完成”按钮，退出安装界面。

2.2.2 捕获数据包

当成功安装 bitShark 工具后，即可开始捕获数据包。具体操作步骤如下：

（1）在手机上启动 bitShark 程序，将弹出“正在申请 Root 授权”对话框，如图 2.24 所示。

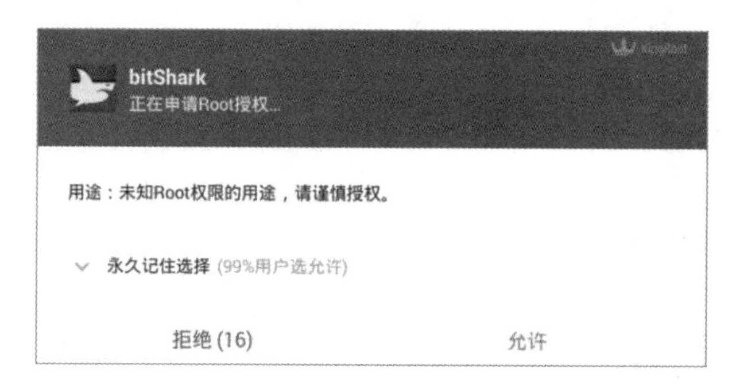

图 2.24 “正在申请 Root 授权”对话框

（2）单击“允许”按钮，表示允许获取 Root 权限，将开始对 Root 权限及依赖的软件库进行检测，如图 2.25 所示。

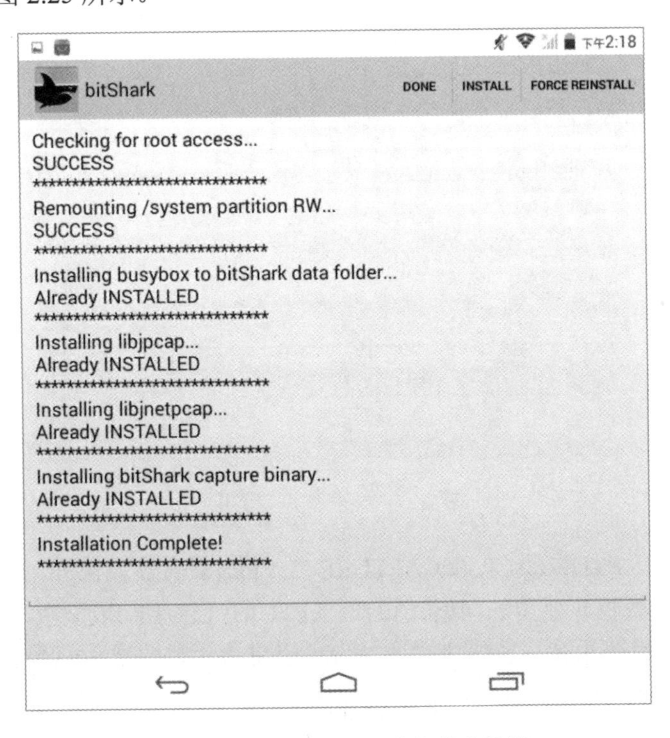

图 2.25　Root 权限及相关依赖库检测

（3）从图 2.25 中可以看到，该工具已经允许 Root 访问，而且依赖的软件库都已成功安装。单击右上角的 DONE 按钮，将显示 bitShark 主界面，如图 2.26 所示。

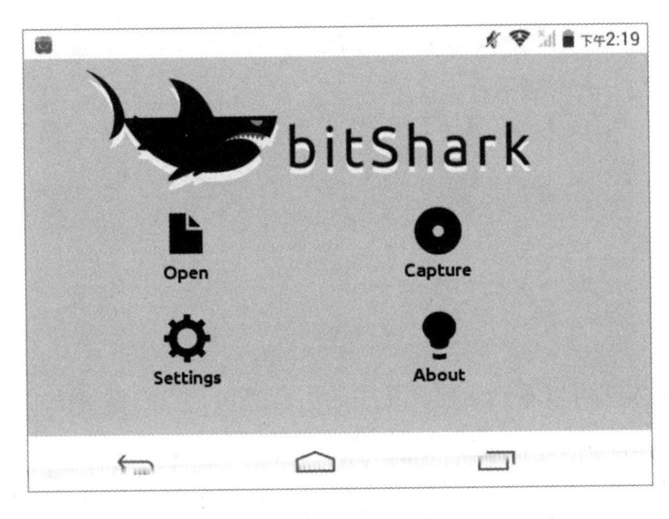

图 2.26　bitShark 主界面

（4）在 bitShark 主界面中显示了 4 个按钮，分别是 Open（打开）、Capture（捕获）、Settings（设置）和 About（关于）。单击 Capture 按钮，将显示捕获包设置界面，如图 2.27 所示。

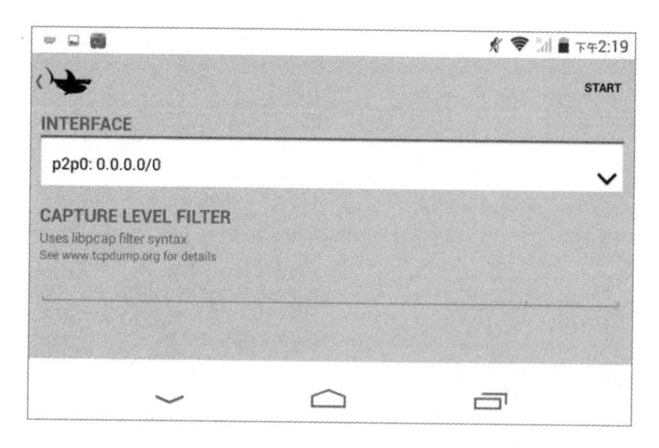

图 2.27　捕获包设置界面

（5）该界面包括 INTERFACE 和 CAPTURE LEVEL FILTER 两部分。其中，INTERFACE 部分用来指定捕获数据包使用的网络接口；CAPTURE LEVEL FILTER 部分用来指定捕获过滤器，其语法格式和 libpcap 过滤器语法相同。如果用户不清楚，可以查看 www.tcpdump.org 网站。单击 INTERFACE 下拉列表，选择捕获接口，如图 2.28 所示。

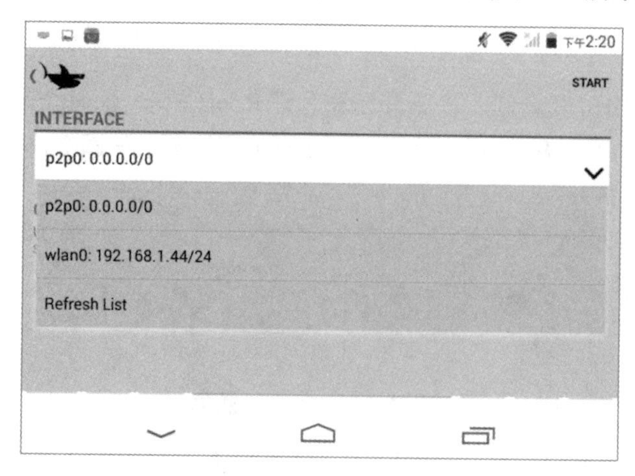

图 2.28　可选的网络接口

（6）从下拉列表中可以看到当前设备中的所有接口。当前设备使用的是 Wi-Fi 网络，所以选择接口 wlan0，将显示如图 2.29 所示的界面。

（7）从图 2.29 中可以看到，选择了 wlan0 网络接口，其 IP 地址为 192.168.1.44。单击右上角的 START 按钮，开始捕获数据包，如图 2.30 所示。

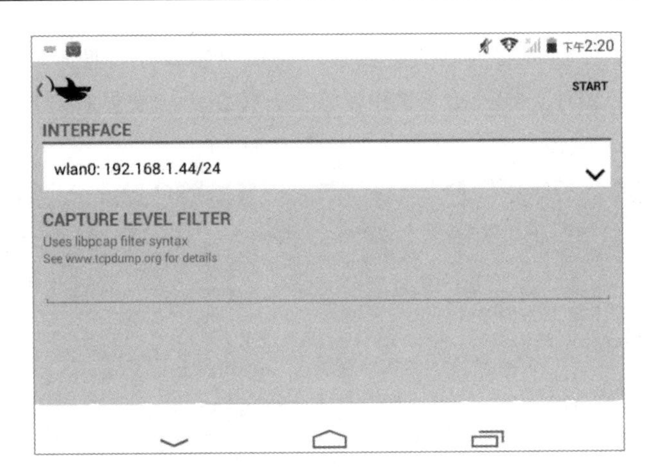

图 2.29　选择网络接口

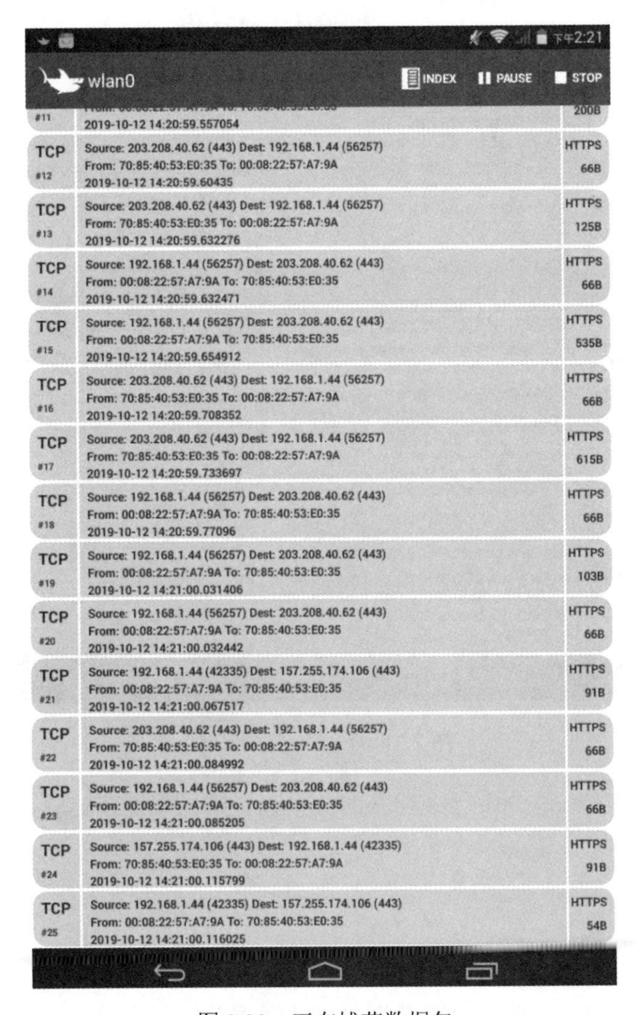

图 2.30　正在捕获数据包

（8）从图 2.30 中可以看到捕获的数据包。当用户想要查看捕获的数据包时，可以单击右上角的 PAUSE（暂停）按钮或 STOP（停止）按钮。如果查看之后还要继续捕获包的话，可以单击 PAUSE 按钮，先暂停捕获，如图 2.31 所示。

下午2:26
wlan0
INDEX
PLAY
STOP
UDP #7161 Source: 192.168.1.44 (2823) Dest: 192.168.1.1 (53) From: 00:08:22:57:A7:9A To: 70:85:40:53:E0:35 2019-10-12 14:23:08.253772 DNS 88B
TCP #7162 Source: 124.163.195.218 (80) Dest: 192.168.1.44 (60440) From: 70:85:40:53:E0:35 To: 00:08:22:57:A7:9A 2019-10-12 14:23:08.264053 60B
TCP #7163 Source: 192.168.1.44 (60440) Dest: 124.163.195.218 (80) From: 00:08:22:57:A7:9A To: 70:85:40:53:E0:35 2019-10-12 14:23:08.264248 54B
TCP #7164 Source: 124.163.195.218 (80) Dest: 192.168.1.44 (60440) From: 70:85:40:53:E0:35 To: 00:08:22:57:A7:9A 2019-10-12 14:23:08.264418 1506B
TCP #7165 Source: 124.163.195.218 (80) Dest: 192.168.1.44 (60440) From: 70:85:40:53:E0:35 To: 00:08:22:57:A7:9A 2019-10-12 14:23:08.264603 1506B
TCP #7166 Source: 124.163.195.218 (80) Dest: 192.168.1.44 (60440) From: 70:85:40:53:E0:35 To: 00:08:22:57:A7:9A 2019-10-12 14:23:08.264755 1438B
UDP #7167 Source: 192.168.1.1 (53) Dest: 192.168.1.44 (2823) From: 70:85:40:53:E0:35 To: 00:08:22:57:A7:9A 2019-10-12 14:23:08.265646 DNS 186B
UDP #7168 Source: 192.168.1.44 (1421) Dest: 192.168.1.1 (53) From: 00:08:22:57:A7:9A To: 70:85:40:53:E0:35 2019-10-12 14:23:08.267626 DNS 88B
TCP #7169 Source: 124.163.195.218 (80) Dest: 192.168.1.44 (60440) From: 70:85:40:53:E0:35 To: 00:08:22:57:A7:9A 2019-10-12 14:23:08.27315 60B
TCP #7170 Source: 192.168.1.44 (60440) Dest: 124.163.195.218 (80) From: 00:08:22:57:A7:9A To: 70:85:40:53:E0:35 2019-10-12 14:23:08.273328 54B
UDP #7171 Source: 192.168.1.1 (53) Dest: 192.168.1.44 (1421) From: 70:85:40:53:E0:35 To: 00:08:22:57:A7:9A 2019-10-12 14:23:08.275558 DNS 250B
TCP #7172 Source: 192.168.1.44 (60440) Dest: 124.163.195.218 (80) From: 00:08:22:57:A7:9A To: 70:85:40:53:E0:35 2019-10-12 14:23:08.277853 54B
TCP #7173 Source: 192.168.1.44 (60440) Dest: 124.163.195.218 (80) From: 00:08:22:57:A7:9A To: 70:85:40:53:E0:35 2019-10-12 14:23:08.279554 54B
TCP #7174 Source: 192.168.1.44 (60440) Dest: 124.163.195.218 (80) From: 00:08:22:57:A7:9A To: 70:85:40:53:E0:35 2019-10-12 14:23:08.281928 54B
TCP Source: 192.168.1.44 (50629) Dest: 60.221.17.3 (80)

图 2.31　暂停捕获数据包

（9）此时，即可查看及分析已经捕获的数据包。如果想继续捕获数据包，单击右上角的 PLAY 按钮即可。

2.2.3　分析数据包

当成功捕获数据包后，即可对其数据包进行详细分析。本节分析使用 bitShark 捕获的数据包。

1. 打开捕获的数据包

如果用户没有退出 bitShark，则可以直接分析捕获的数据包。如果退出 bitShark 后希望查看之前捕获的数据包，则需要打开捕获文件。其中，bitShark 默认将捕获的数据包保存在/storage/sdcard0/bitshark/Captures 目录下。下面介绍打开捕获文件的方法，具体操作步骤如下：

（1）在 bitShark 主界面单击 Open 按钮，将显示文件选择界面，如图 2.32 所示。

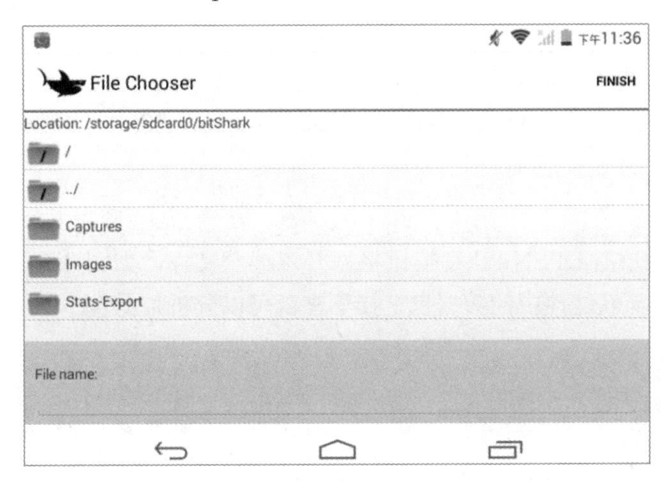

图 2.32　文件选择界面

（2）文件选择界面包括三个文件夹，分别是 Captures、Images 和 Stats-Export。其中，Captures 文件夹中保存了捕获的数据包文件；Images 中保存了导出的图片文件；Stats-Export 中保存了导出的统计数据文件。这里单击 Captures 文件夹，将显示捕获文件列表界面，如图 2.33 所示。

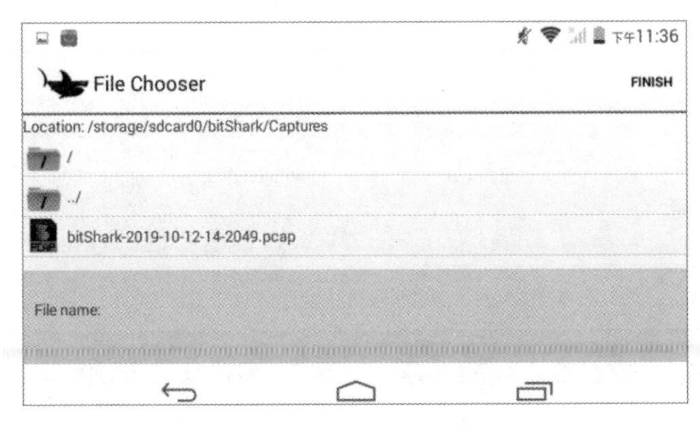

图 2.33　捕获文件列表

（3）从捕获文件列表中可以看到有一个捕获文件 bitShark-2019-10-12-14-2049.pcap，选择该捕获文件，在底部将看到选择的捕获文件名，如图 2.34 所示。

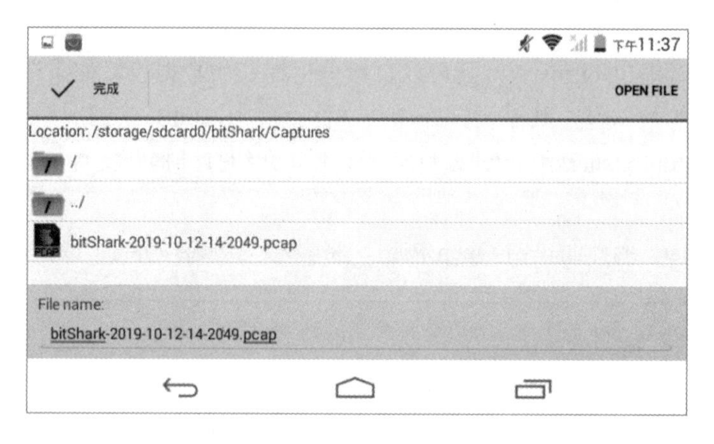

图 2.34　已选择要打开的捕获文件

（4）单击右上角的 OPEN FILE 按钮将打开该捕获文件，如图 2.35 所示。从图中可以看到，成功显示了捕获文件中的数据包。接下来就可以分析数据包了。

图 2.35　成功打开捕获文件

2. 查看包详细信息

当在 bitShark 中成功打开一个捕获文件后即可分析其数据包。下面以前面打开的捕获文件为例，进行数据分析。其中，捕获的数据包列表如图 2.36 所示。

图 2.36　捕获的数据包列表

在捕获的数据包列表中包括三列，分别是协议类型和数据包编号、数据包摘要信息、应用的协议及包大小。例如，在该界面选择编号为 0 的数据包，将显示该数据包的详细信息，如图 2.37 所示。

在包详细信息界面，包括 Packet Info（包详细信息）、Ethernet（以太网协议）、Ip4（IPv4 协议）和 Tcp（TCP）4 部分信息。从 Packet Info 部分可以看到包的详细信息，如包编号、大小、时间戳及主机名等；其他部分则是对应协议层的详细信息。需要注意的是，不同协议的数据包，其对应的协议层结构也不同。

3. 快速查询数据包

在数据包列表界面，可以通过向上或向下滑动来查看捕获的数据包。如果数据包较多，会特别浪费时间。此时可以使用快速查询数据包的方式来查找想要分析的数据包。下面介绍快速查询数据包的方法。

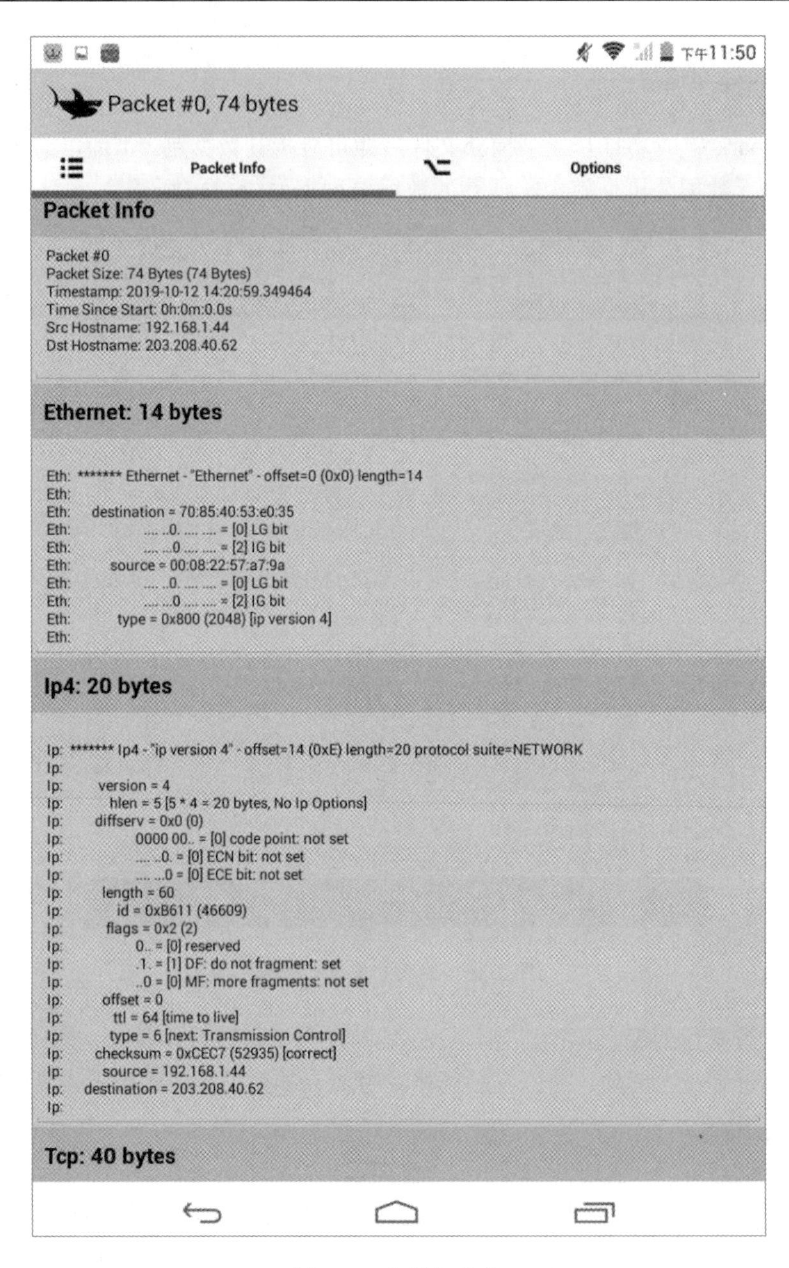

图 2.37　包详细信息

【实例 2-5】快速查找编号为 2571 的数据包。具体操作步骤如下：

（1）在数据包列表界面，单击右上角的 INDEX 按钮，将会在屏幕底部出现一个滚动条，如图 2.38 所示。

（2）此时通过单击或者左右滑动滚动条，即可快速查找数据包。当左右滑动时，即可看到浏览的数据包数。由于捕获的第一个数据包编号为 0，所以编号为 2571 的数据包索引为 2572，如图 2.39 所示。从图 2.39 中可以看到，快速找到了的编号为 2571 的数据包。

图 2.38　滚动条

图 2.39　查找的数据包

2.2.4 过滤数据包

使用 bitShark 的默认设置捕获数据包，将会捕获大量数据包。如果想要分析需要的数据包，则查找起来比较困难。此时可以使用过滤器对数据包进行“显示过滤”。下面介绍过滤数据包的方法。

1．创建过滤器

如果要使用过滤器，则需要先创建过滤器。下面介绍创建过滤器的方法，具体操作步骤如下：

（1）在捕获包列表界面单击 FILTER 按钮，将弹出一个菜单列表，如图 2.40 所示。

（2）在菜单列表中共包括三个选项，分别是 Open Filtered View（打开过滤器视图）、Create New Filter（创建过滤器）和 View Filters（查看过滤器）。这里单击 Create New Filter 选项，将显示创建过滤器界面，如图 2.41 所示。

图 2.40　菜单列表

（3）在创建过滤器界面显示了所有可以创建的过滤器种类，默认值都为 ANY。为了方便用户创建过滤器，这里将对每个选项的含义进行介绍。

- Datalink Protocol：创建数据链路层协议过滤器。
- Network Layer Protocol：创建网络层协议过滤器。
- Transport Protocol：创建传输层协议过滤器。
- Application Protocol：创建应用层协议过滤器。
- Source IP Address：创建源 IP 地址过滤器。
- Destination IP Address：创建目标 IP 地址过滤器。
- Source Port：创建源端口过滤器。
- Destination Port：创建目标端口过滤器。
- Packet Size(Bytes)：创建包大小过滤器。

- Arrived Before Time：创建指定时间前的过滤器。
- Arrived After Time：创建指定时间后的过滤器。

当对每个选项含义了解清楚后，则可以创建其过滤器。用户通过单击过滤器的下拉列表，即可看到可以创建的过滤器。例如，创建显示过滤 TCP 目标端口为 80 的过滤器，因为 TCP 属于传输层协议，所以单击 Transport Protocol 下拉列表，即可看到可以选择的协议，如图 2.42 所示。

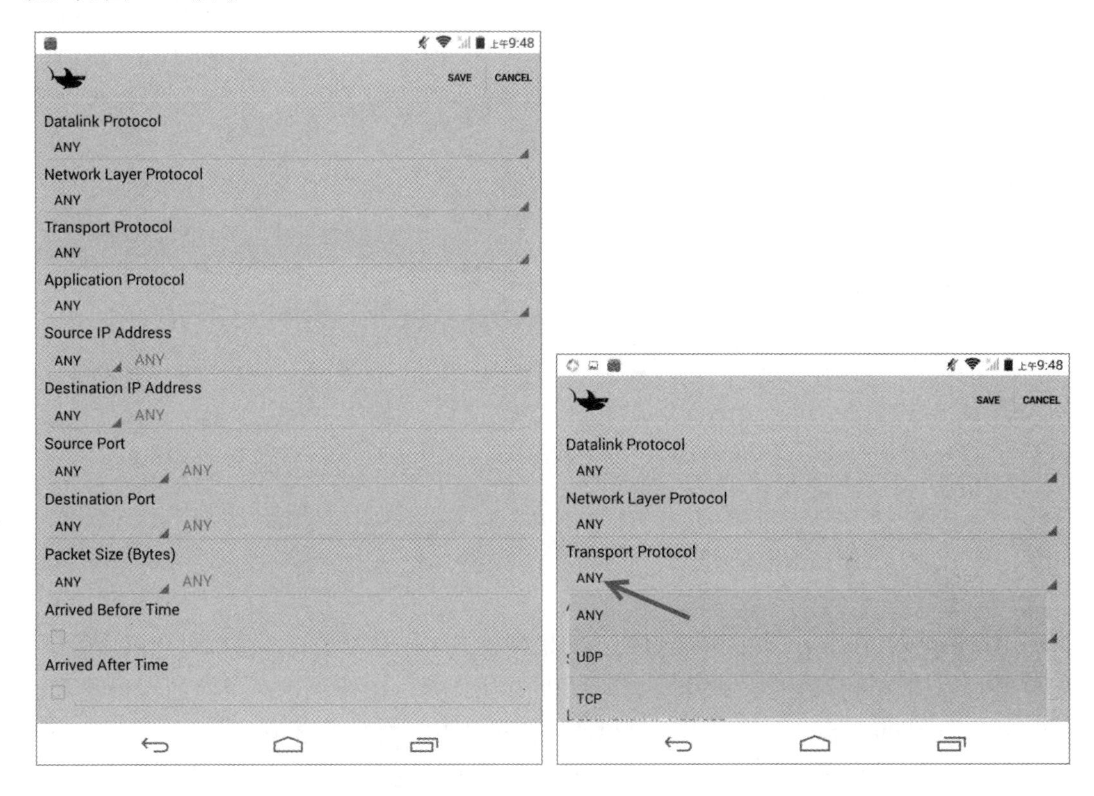

图 2.41　创建过滤器　　　　图 2.42　传输层协议列表

（4）从 Transport Protocol 下拉列表中看到，可以选择的选项有 ANY、UDP 和 TCP，这里选择 TCP 过滤器。然后单击 Destination Port 下拉列表，将显示可设置的端口选项，如图 2.43 所示。

（5）在端口下拉列表中，包括 ANY（任意）、EQUALS（等于）、NOT（不等于）、GREATER THAN（大于）和 LESS THAN（小于）5 个选项。这里选择 EQUALS，并指定端口为 80，如图 2.44 所示。

（6）单击右上角的 SAVE 按钮，保存创建的过滤器。使用以上方法，可以创建其他过滤器。

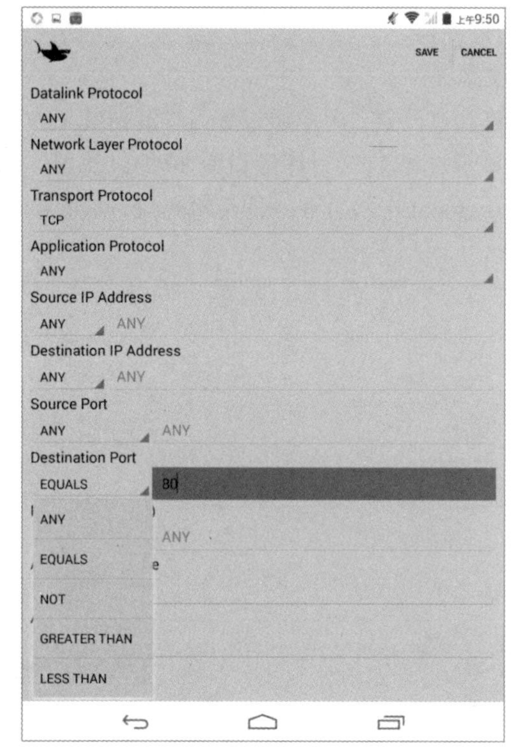

图 2.43　设置端口选项

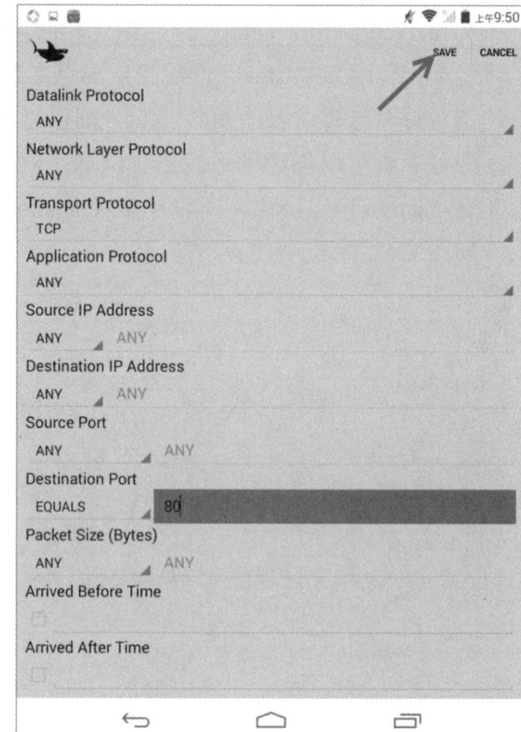

图 2.44　新建的过滤器

2. 选择过滤器

用户创建的过滤器，默认将会启动。如果创建多个过滤器的话，将同时应用。所以，如果要对数据包进行过滤，则需要选择启用的过滤器。在捕获包列表界面，依次单击 FILTER|View Filters 命令，即可看到创建的过滤器列表，如图 2.45 所示。

从该界面可以看到刚创建的过滤器，其名称为 FILTER#1，而且该过滤器默认已经启用。如果不想要启用的话，取消选中 Enabled 复选框。另外，选择该过滤器，还可以进行编辑或删除。如果想要进行编辑的话，选中 FILTER#1 单选按钮，将显示 EDIT 按钮，如图 2.46 所示。

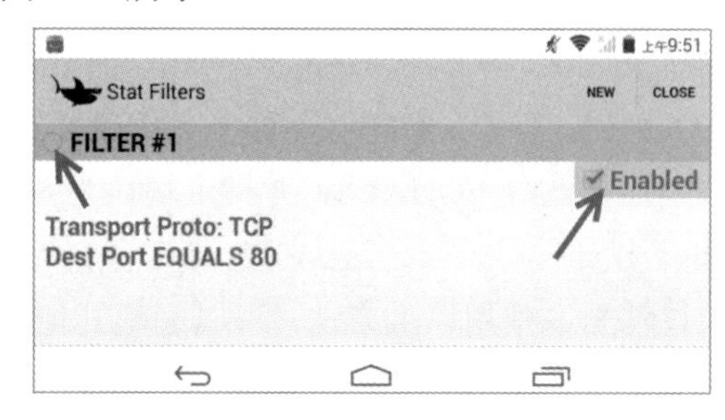

图 2.45　过滤器列表

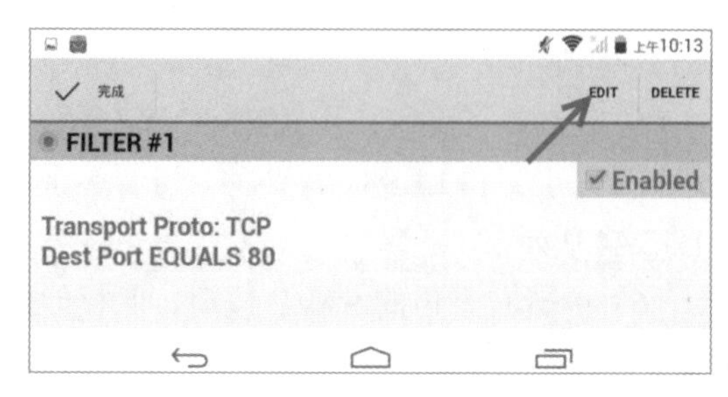

图 2.46　EDIT 按钮

此时，单击 EDIT 按钮，即可编辑该过滤器。如果不再需要该过滤器时，单击 DELETE 按钮，即可删除该过滤器。

3. 应用过滤器

通过前面的方法，用户已经选择好使用的过滤器。此时，在捕获包列表界面依次单击 FILTER|Open Filtered View 命令，即可应用其过滤器。当成功应用过滤器后，将显示匹配的数据包，如图 2.47 所示。

图 2.47　匹配的数据包

从该界面的协议列可以看到，所有的数据包都是 TCP；从包摘要信息列可以看到，目标端口都为 80。由此可以说明，已成功应用其过滤器。而且，从捕获包列表顶部可以看到，共过滤出 2047 个数据包。

2.2.5　导出数据包

bitShark 会捕获很多数据包，但有用的包只是极小部分。为了方便后续分析或者存储，可以将有用的数据包进行导出。导出的时候，可以导出单个数据包，也可以导出多个数据包。下面详细讲解 bitShark 的数据包导出。

1. 导出单个包

在分析捕获数据包的时候，有时候会遇到特殊的数据包，可以将这个特殊的数据包单独导出，以便下次查看，如包含用户名和密码的包。例如，这里导出一个 HTTP 包（包编号为 339），具体操作步骤如下：

（1）在捕获包列表中单击编号为 339 的数据包，将显示该数据包的详细信息，如图 2.48 所示。

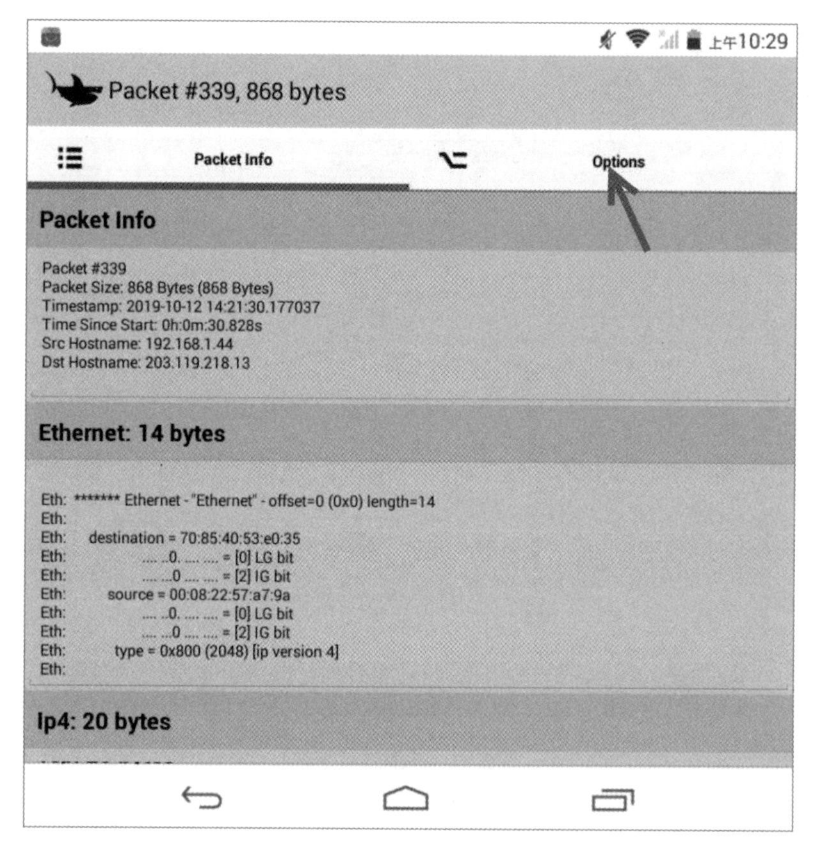

图 2.48　包详细信息

（2）用户通过向左滑动屏幕，或者选择 Options 选项卡，将显示数据包选项界面，如图 2.49 所示。

（3）从数据包选项界面可以看到，可以执行的操作有两个，分别是 CREATE FILTER 和 EXPORT PACKET。其中，CREATE FILTER 选项用来创建过滤器；EXPORT PACKET 选项用来导出数据包。单击 EXPORT PACKET 选项，即可成功导出数据包，如图 2.50 所示。

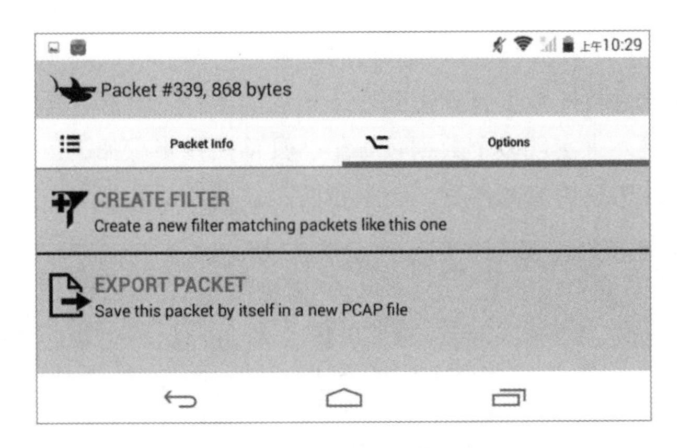

图 2.49　数据包选项界面

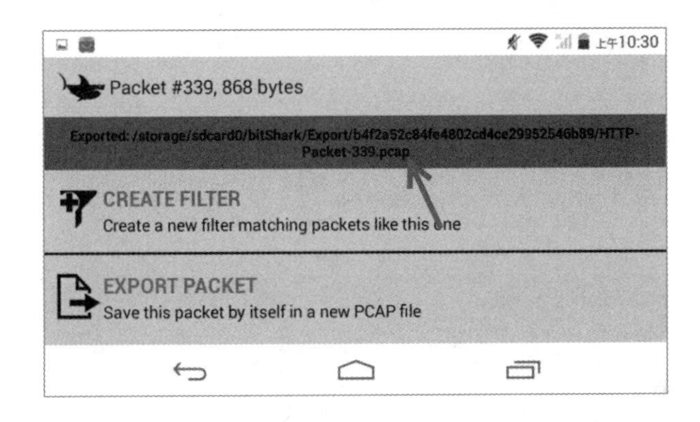

图 2.50　成功导出数据包

从图 2.50 中可以看到，数据包默认被导出到/storage/sdcard0/bitShark/Export/b4f2a52c84fe4802cd4ce29952546b89/HTTP-Packet-339.pcap 文件。其中，b4f2a52c84fe4802cd4ce29952546b89 是导出数据包所在的文件夹，该文件夹是自动生成的；数据包文件名是由协议和数据包编号组合成的。例如，HTTP-Packet-339.pcap 数据包文件名中，HTTP 表示数据包协议为 HTTP；339 表示该数据包编号为 339。

提示：单独导出的数据包，默认都放在/storage/sdcard0/bitshark/Export/目录下；导出的数据包的名称是根据该数据包的协议和编号来命名的；导出数据包所在的文件夹是根据捕获文件自动生成的。在一个捕获文件中单独导出的数据包，会保存在一个自动生成的文件夹中。如果在另一个捕获文件中，再次单独导出数据包，又会自动生成另一个文件夹来保存导出的数据包，但是数据包默认命名的规则是不变的。

2．导出多个包

bitShark 捕获一堆数据包后，用户为了快速地分析数据包，会使用过滤器过滤出需要分析的数据包。当用户下次分析这些数据包的时候还需要再次过滤，这样比较费时。此时可以将这些需要重点分析的数据包导出到一个单独的文件，便于后续的分析。下面以前面过滤出的数据包为例，来实现多个数据包导出。具体操作步骤如下：

（1）在捕获文件中应用过滤器后，将显示匹配过滤器的数据包，如图 2.51 所示。

图 2.51　过滤出的数据包

（2）单击右上角的 OPTIONS 按钮，将弹出一个菜单列表，如图 2.52 所示。

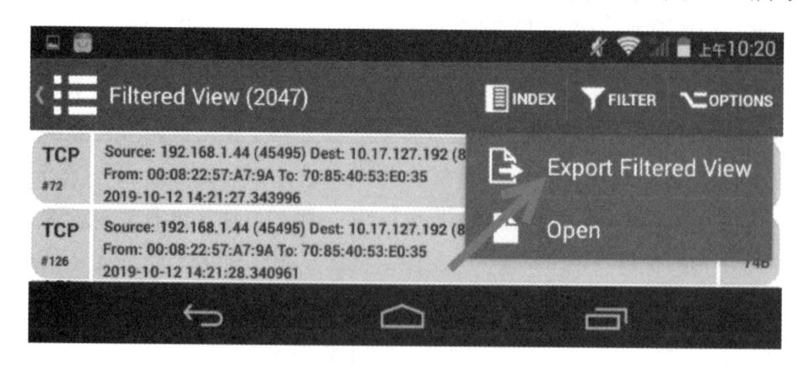

图 2.52　菜单列表

（3）单击 Export Filtered View 命令，将弹出导出数据包提示对话框，询问是否导出过滤的数据包到一个单独 PCAP 文件，如图 2.53 所示。

（4）单击 Yes 按钮，将开始导出数据包。当数据包导出完成后，将显示导出完成界面，如图 2.54 所示。

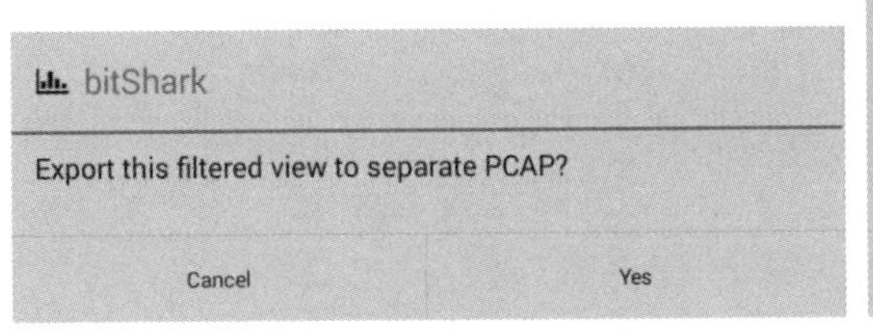

图 2.53　导出数据包提示对话框

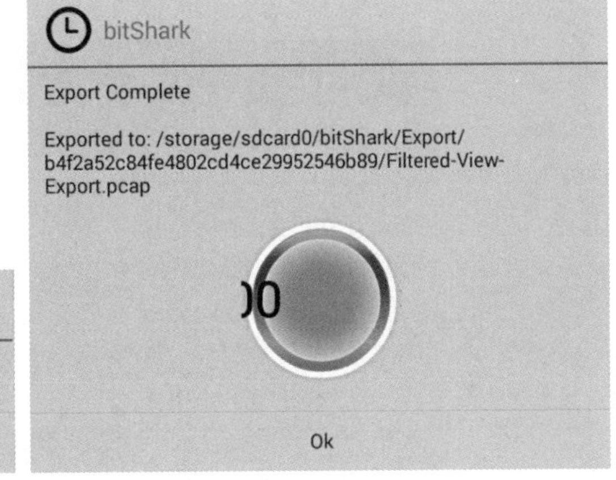

图 2.54　导出完成

从图 2.54 中可以看到，导出完成（Export Complete）。导出的数据包默认保存到/storage/sdcard0/bitshark/Export/b4f2a52c84fe4802cd4ce29952546b89/Filtered-View-Export.pcap 文件。其中 b4f2a52c84fe4802cd4ce29952546b89 是导出数据包所在的文件夹，这个文件夹的名称也是自动生成的；导出的数据包的默认名称为 Filtered-View-Export.pcap，这个名称是固定不变的。

提示： 导出多个数据包时，导出的数据包默认都放在/storage/sdcard0/bitshark/Export/目录下，这个和导出单独数据包一样。导出的数据包也同样放在一个自动生成的文件夹中，不同的是导出多个数据包的文件名称是固定的。在一个捕获文件中导出多个数据包会自动生成一个文件夹，用来存放导出的文件，如果继续在这个捕获文件中再次导出多个数据包，导出的文件名称还是 Filtered-View-Export.pcap，会把第一次导出的多个文件替换掉。所以，在导出数据包时，需注意将之前导出的文件做好备份，避免被覆盖掉。

2.2.6　导出图片

通过分析用户访问的图片，即可快速了解用户执行的操作。例如，在手机上用户使用的 QQ 程序，可以查看用户空间图片及一些好友头像，也可以查看用户使用聊天工具传输的图片等。下面介绍导出图片的方法。

1．提取图片

当捕获用户访问的图片时，捕获包列表的协议列将显示为一个相机图标，如图 2.55 所示。

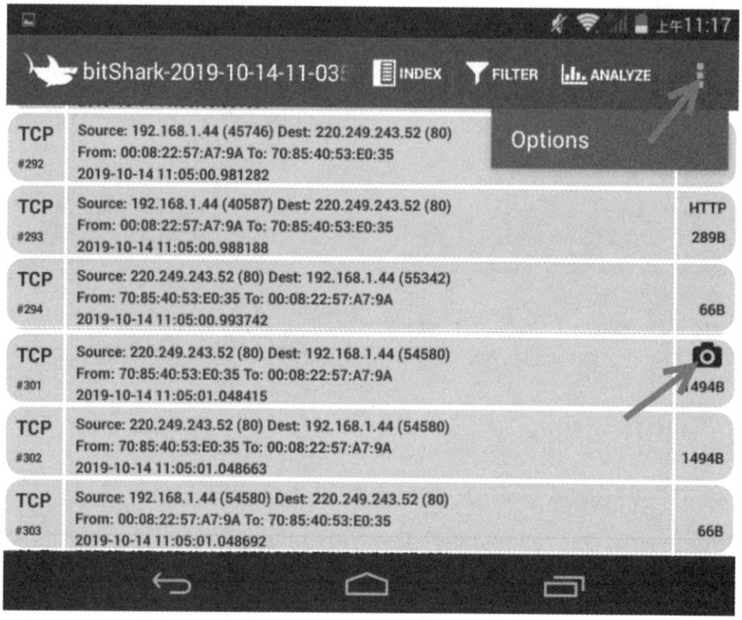

图 2.55　包含图片的数据包

单击右上角的更多按钮▮，将弹出 Options 菜单，再单击 Options 选项，将弹出功能菜单列表，如图 2.56 所示。

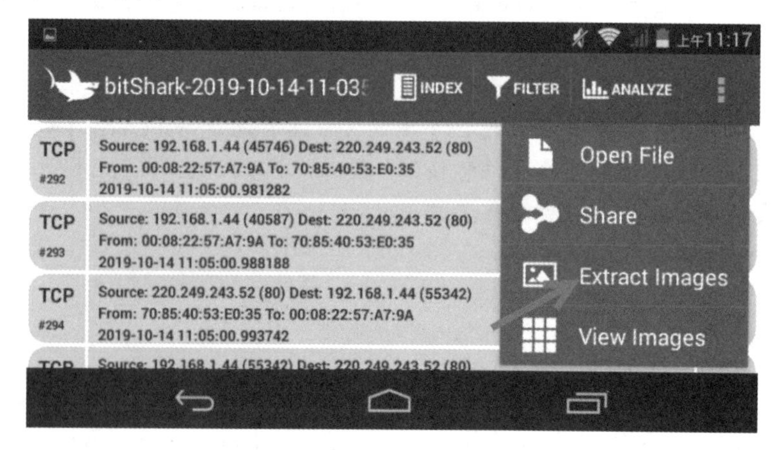

图 2.56　菜单列表

单击 Extract Images 选项，将弹出提取图片对话框，如图 2.57 所示。

提取图片对话框询问是否现在提取图片，单击 YES 按钮，将开始提取图片，如图 2.58 所示。

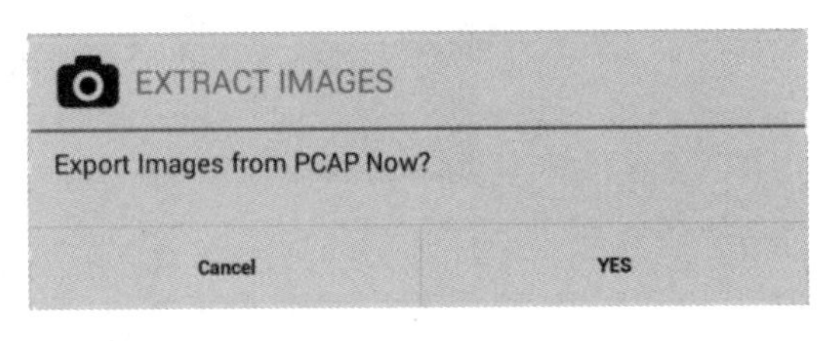

图 2.57　提取图片对话框

从图 2.58 可以看到，正在提取图片。如果不想要继续提取时，可以单击 STOP 按钮停止。当提取完成后，即可看到提取出的图片数，如图 2.59 所示。

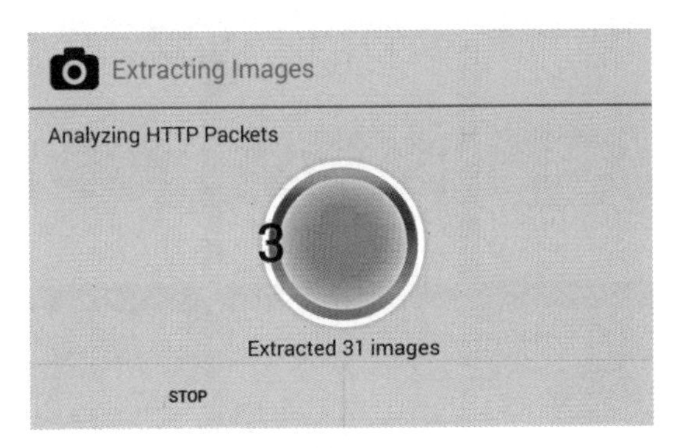

图 2.58　正在提取图片

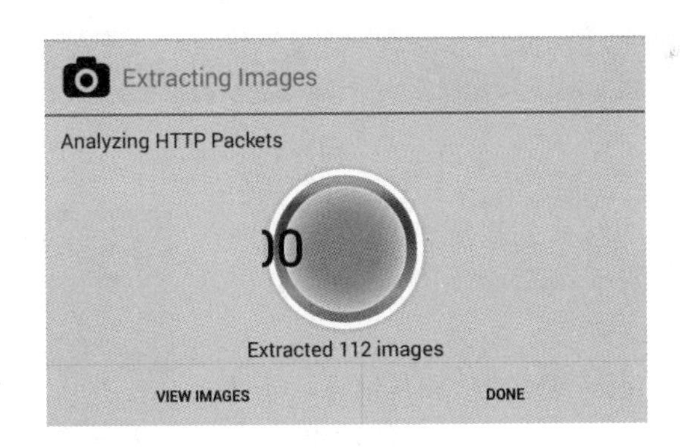

图 2.59　图片提取完成

从图片提取完成界面可以看到，共提取到 112 个图片。单击 DONE 按钮，则图片提取完成。如果想要查看图片，单击 VIEW IMAGES 按钮，即可查看提取的图片列表。

2. 查看图片

当成功提取出图片后，即可查看图片。通过在图片提取完成界面，直接单击 VIEW IMAGES 按钮，或者在 Options 的功能菜单列表中单击 View Images 选项，即可打开图片列表，如图 2.60 所示。

图 2.60　图片列表

从图片列表界面可以看到提取到的图片缩略图，此时单击任何一张图片，即可放大查看，如图 2.61 所示。

在图 2.61 中，可以很清晰地查看图片信息，并且可以获取该图片的文件名，该图片文件名为 Packet-26000.gif。图片文件名中的数字，表示该图片所在的数据包编号。

bitShark 工具默认提取到的图片，将保存在/storage/sdcard0/bitshark/Images 目录中。所以，在该目录中也可以查看提取到的图片，如图 2.62 所示。

从图 2.62 中可以看到所有的图片文件名及大小。此时，单击任何一张图片，即可查看图片内容。

图 2.61　图片信息

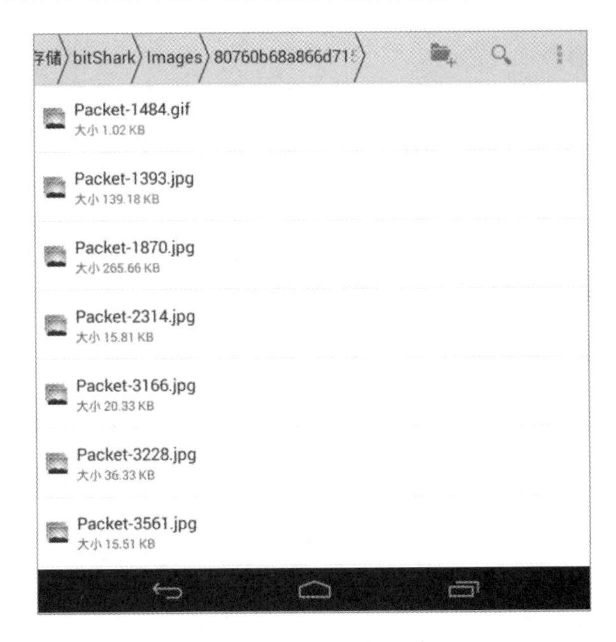

图 2.62　提取到的图片

使用前面的方法，可以快速浏览整个捕获文件中的所有图片。如果想要查看单独某个数据包中的图片，可以在数据包的详细信息界面查看。例如，这里将查看编号为 301 数据包中的图片，则在捕获包列表中选择该数据包，并单击打开包详细信息界面，如图 2.63 所示。

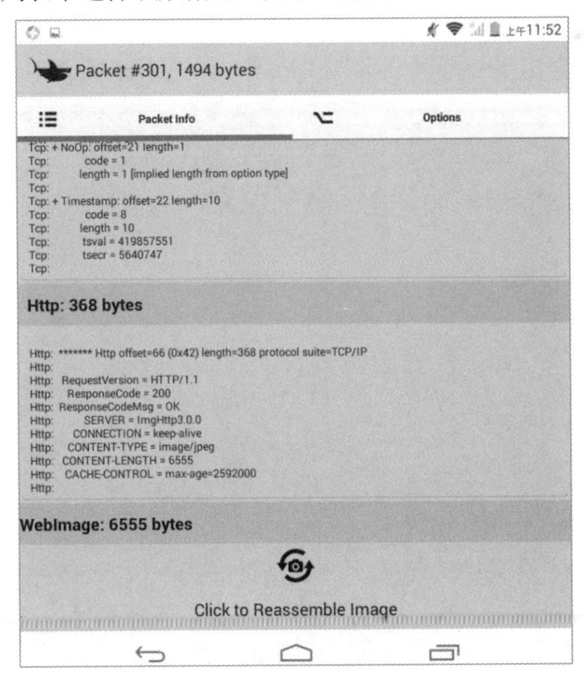

图 2.63　数据包详细信息界面

在数据包详细信息界面，包括一个名为 WebImage 的部分，即 Web 图片，单击 Click to Reassemble Image 选项，将显示该数据包中的图片信息，如图 2.64 所示。

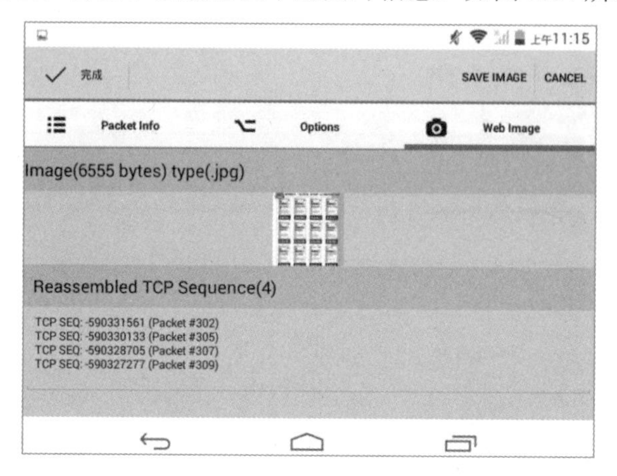

图 2.64　图片信息

从图 2.64 中可以看到，捕获一张大小为 6555 字节，类型为.jpg 的图片。其中，该图片传输的 TCP 数据包进行了分片，分为 302、305、307 和 309 4 个分片。

3. 分享图片

提取和查看图片后，可以将重要的图片通过分享的方式复制到其他设备上。用户在查看图片时，右上角将会出现一个“分享”按钮，如图 2.65 所示。

图 2.65　分享按钮

单击“分享”按钮，将显示可以使用的分享方式，如图 2.66 所示。

图 2.66　分享方式

从图 2.66 中可以看到，显示了“信息”和“蓝牙”两种方式。单击 See all...选项，可以查看其他的分享方式，如图 2.67 所示。

图 2.67 所示的菜单列表中显示了所有的图片分享方式。用户可以根据自己的目标设备，选择对应的分享方式。例如，要使用 QQ 发送，则单击“发送给好友”选项，并选择 QQ 好友，将显示发送图片对话框，如图 2.68 所示。

图 2.67　所有分享方式

图 2.68　发送图片对话框

此时，单击“发送”按钮，即可将图片发送给目标好友。

提示：当分析图片时，使用的分享方式如果需要账号登录（如 QQ、微信等），则需要提前登录。否则，选择分享方式后，也需要登录后才可以分享。

2.2.7　数据包统计分析

数据包的统计分析是对 bitShark 捕获的数据包的各种协议进行总结统计，这样有助于对各种数据包的了解。当对数据包进行统计分析后，还可以将统计结果导出到一个 PDF 报告文件。另外，还可以对数据库进行管理或重建索引。下面讲解数据包的分析、查看以及对数据包的管理等。

1．分析数据包

在捕获的数据包列表界面，单击 ANALYZE 按钮，将弹出一个菜单列表，如图 2.69 所示。

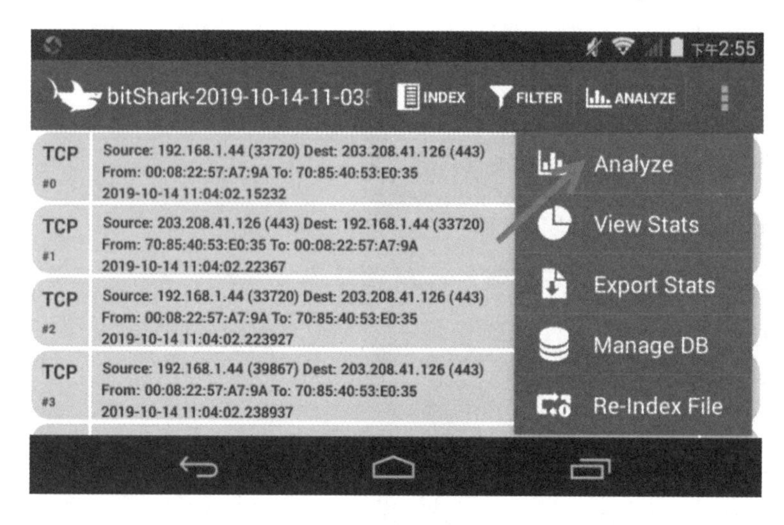

图 2.69　菜单列表

在菜单列表中，单击 Analyze 选项，将弹出分析捕获文件对话框，提示是否现在分析捕获文件，如图 2.70 所示。

单击 YES 按钮，将开始分析数据包。分析完成后，显示如图 2.71 所示的界面。

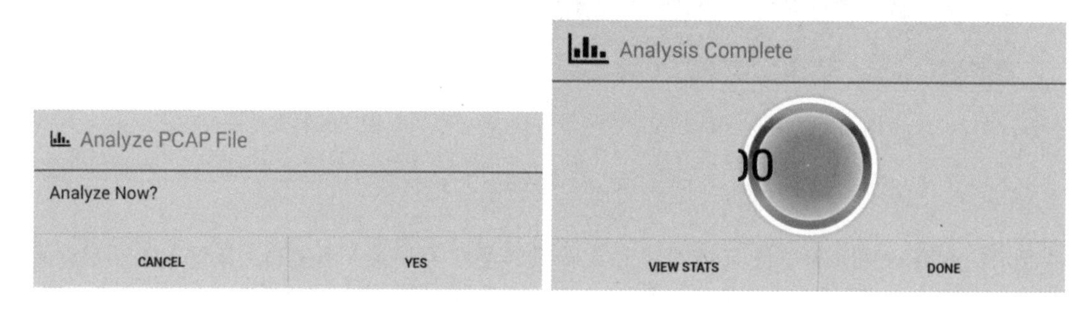

图 2.70　分析捕获文件对话框

图 2.71　分析完成

从图 2.71 中可以看到，显示为 Analysis Complete，表示分析完成。单击 DONE 按钮，将关闭分析界面；单击 VIEW STATS 按钮，可以查看统计结果。

2. 查看统计数据

在分析数据包完成界面中，单击 VIEW STATS 按钮，或者在捕获包列表界面依次单击 ANALYZE|View Stats 选项，即可显示统计数据结果，如图 2.72 所示。

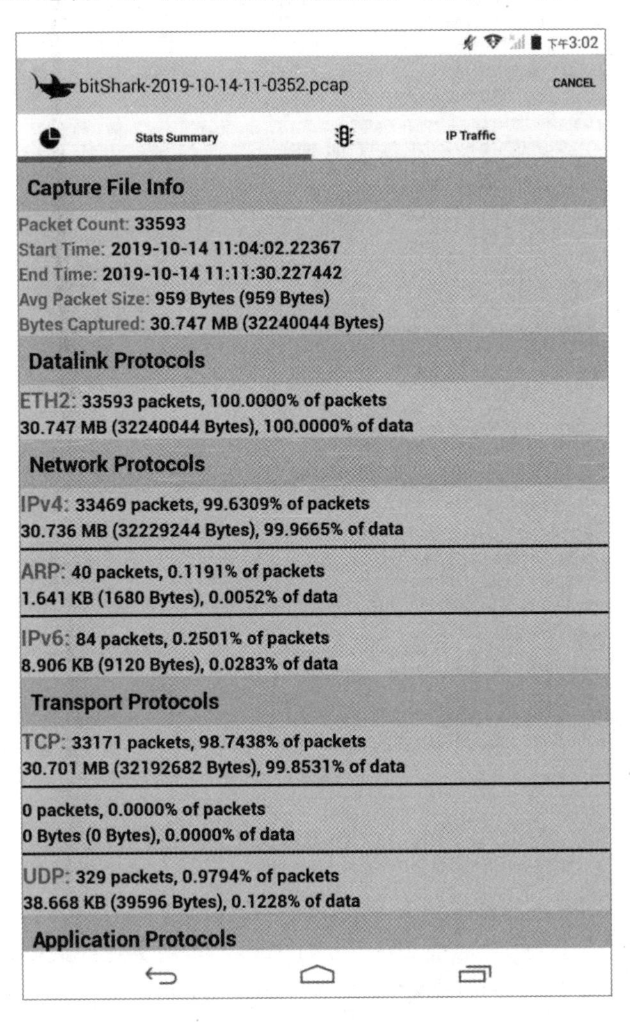

图 2.72　Stats Summary 统计界面

在统计界面包括两部分统计数据，分别是 Stats Summary（汇总信息）和 IP Traffic（IP 数据统计）。默认显示 Stats Summary 统计界面，该部分按照捕获文件的协议层次结构进行了统计。例如，Datalink Protocols（数据链路层协议）中，ETH2 协议的数据包共 33593 个，占数据包总数的比例为 100%，数据包大小为 30.747MB，占数据包总大小的比例为 100%。向左滑动屏幕或选择 IP Traffic 选项卡，将显示 IP Traffic 统计界面，如图 2.73 所示。

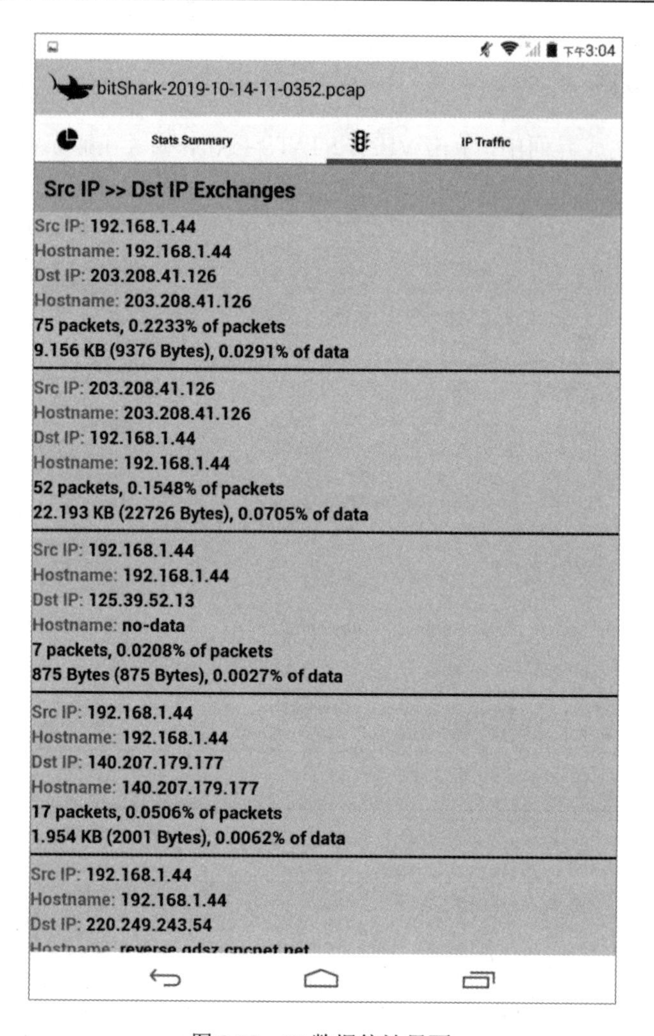

图 2.73　IP 数据统计界面

在 IP 数据统计界面显示了源 IP 地址和目标 IP 地址之间的数据包统计结果。例如，源 IP 地址 192.168.1.44 与目标 IP 地址 203.208.41.126 之间共交互的数据包有 75 个，所占比例为 0.2233%，数据包大小为 9.156KB，所占比例为 0.0291%。

3．导出报告

用户还可以将捕获文件的统计结果导出为 PDF 报告文件。在捕获包列表界面，依次单击 ANALYZE|Export Stats 选项，将弹出 Exporting Stats to PDF 对话框，如图 2.74 所示。

提示： 在导出统计信息报告之前，需要对捕获文件进行分析。如果没有进行分析的话，单击 Export Stats 选项后，将弹出分析捕获文件对话框，如图 2.75 所示。

单击 YES 按钮，将开始分析捕获文件。分析完成后，显示 Exporting Stats to PDF 界面。

此时，表示正在导出统计数据到 PDF 文件。导出完成后，将显示导出的文件信息对话框，如图 2.76 所示。

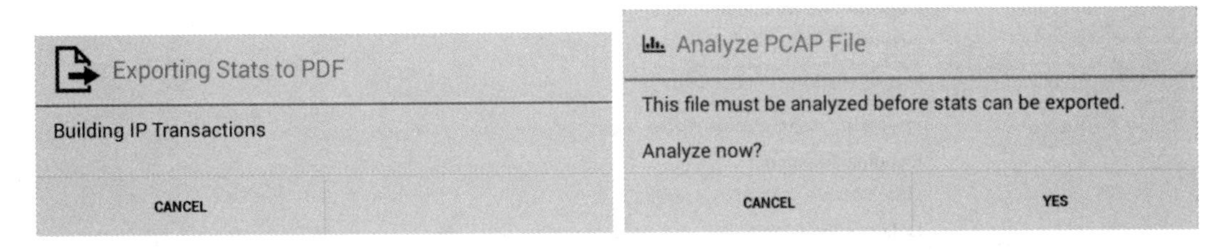

图 2.74　Exporting Stats to PDF 对话框　　　图 2.75　分析捕获文件对话框

从导出的文件信息对话框中可以看到，导出的文件默认保存到/storage/sdcard0/bitShark/Stats-Export/bitShark-2019-10-14-11-0352.pcap-Stats.pdf。单击 DONE 按钮，关闭导出统计数据对话框。如果想要查看该报告文件，单击 VIEW PDF 按钮，将弹出“选择要使用的应用”对话框，如图 2.77 所示。

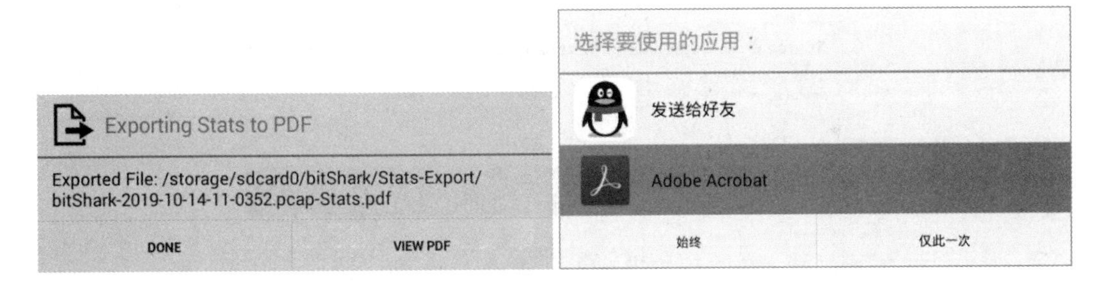

图 2.76　导出的文件信息对话框　　　图 2.77　“选择要使用的应用”对话框

在该对话框中，用户可以选择使用 QQ 发送给好友或者使用 Adobe Acrobat 程序打开该 PDF 文件。这里选择打开该报告文件，所以选择 Adobe Acrobat，并单击“仅此一次”按钮，将打开导出的报告文件，如图 2.78 所示。

看到该界面显示的信息，则表示成功打开了导出的 PDF 报告文件。

4．数据管理

当用户对数据包进行分析后，还可以对其数据进行管理，如查看和删除捕获文件。在捕获包列表中，依次单击 ANALYZE|Manage DB 选项，将显示 Stat Database（统计数据库）界面，如图 2.79 所示。

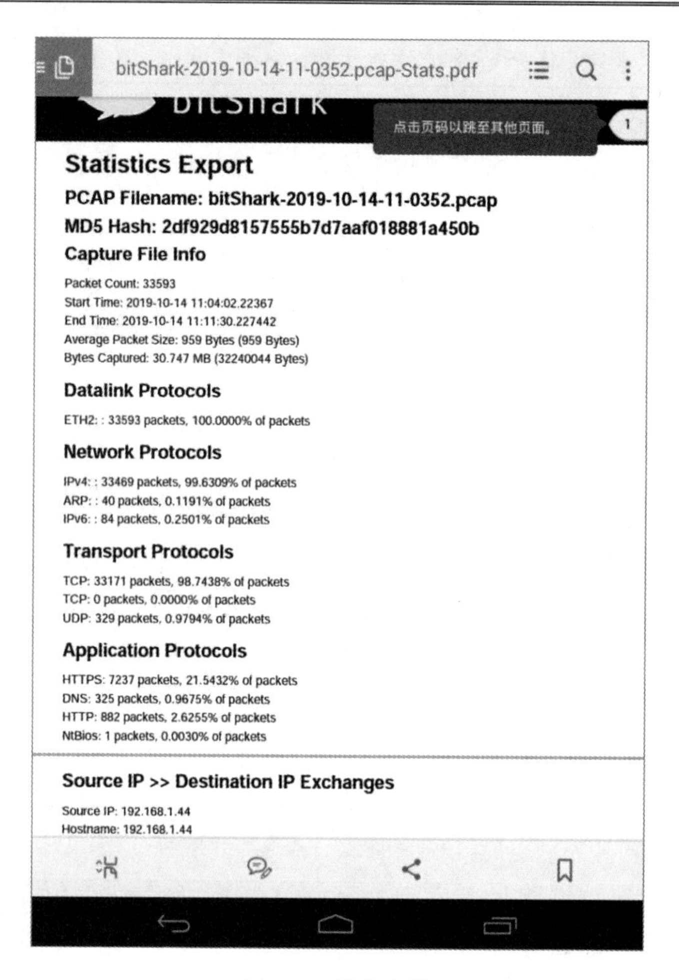

图 2.78　报告文件

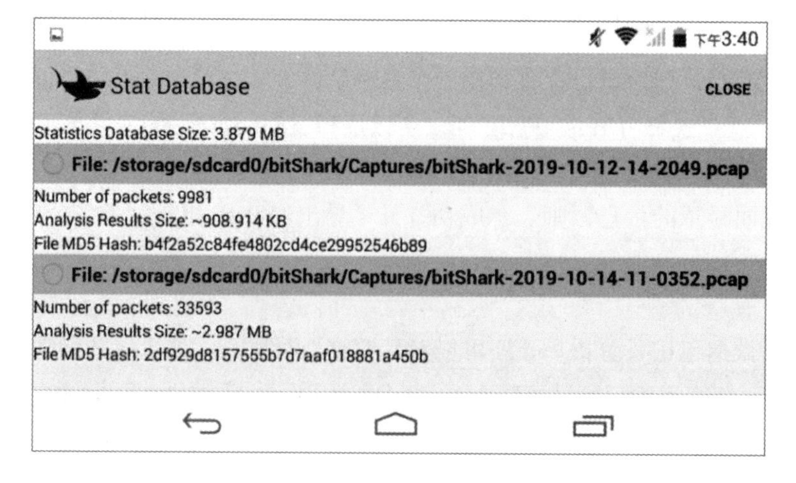

图 2.79　数据库统计列表

图 2.79 中显示了所有已经分析过的捕获文件。此时，用户可以选择要进行数据管理的捕获文件。例如，选择删除第一个数据库统计文件，则选中第一个捕获文件的单选按钮，右上角将弹出一个 DELETE 按钮，如图 2.80 所示。

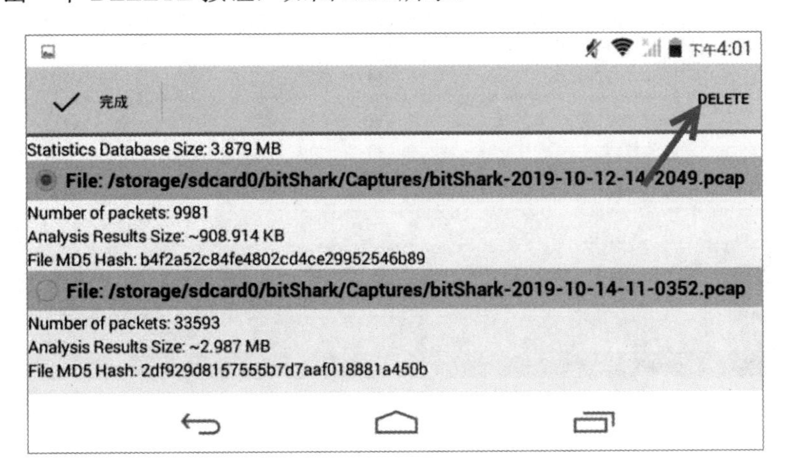

图 2.80　选择要管理的数据库统计文件

此时便可以将该数据库文件删除。单击右上角的 DELETE 按钮，将弹出删除捕获文件统计数据对话框，如图 2.81 所示。

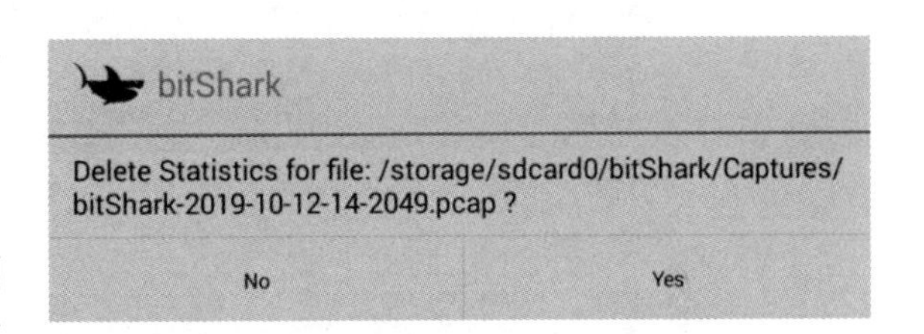

图 2.81　删除捕获文件统计数据对话框

单击 Yes 按钮，即可从数据库中删除该捕获文件的统计数据。如果不想要删除的话，单击 No 按钮。

5. 重建索引

bitShark 提供了一个索引功能，可以帮助用户快速查找数据包。重建索引功能是将用户创建的索引删除，并快速返回到起始包。当一个捕获文件中的数据包较多时，使用索引可以快速找到对应的数据包。但是，如果要返回到第一个数据包时，则需要通过滑动屏幕来实现，这会需要很长的时间。此时，通过重建索引，即可快速返回到第一个数据包。

【实例 2-6】使用重建索引快速返回到第一个数据包。具体操作步骤如下：

（1）在捕获的数据包列表界面，单击 INDEX 按钮启动索引功能，并快速查找到第 22 635 个数据包，如图 2.82 所示。

（2）接下来，使用重建索引功能快速返回到第一个数据包。在捕获包列表界面，依次单击 ANALYZE|Re-Index File 选项，将快速返回到第一个数据包，如图 2.83 所示。

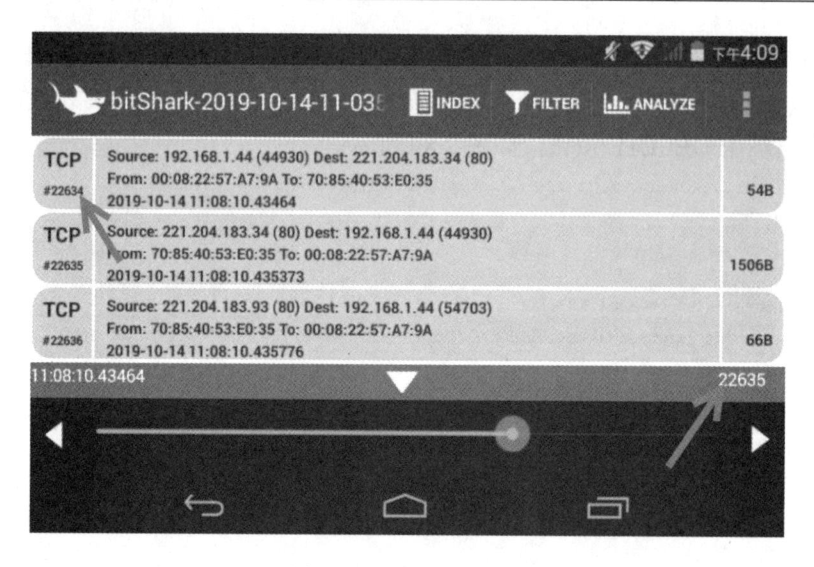

图 2.82　找到的数据包

图 2.83　返回到第一个数据包

从图 2.83 中可以看到，成功返回到第一个数据包。

2.3　使用 Xcode 抓包

Xcode 是运行在苹果操作系统（Mac OS）上的集成开发工具（IDE），由 Apple Inc.开发。用户通过 USB 数据线将苹果手机连接到 Mac OS 系统中，使用 Xcode 即可获取该设备的 UUID，然后借助 rvictl 工具即可使用 Wireshark 或 Tcpdump 工具来捕获苹果手机的数据包。本节介绍捕获苹果手机数据包的方法。

2.3.1　下载并安装 Xcode

如果要使用 Xcode，则需要先下载并安装。另外，安装 Xcode 还必须有一个 Apple ID 账号。下面介绍下载并安装 Xcode 的方法。

1．注册Apple ID

Apple ID 账号的注册地址如下：

```
https://appleid.apple.com/account#!&page=create
```

在浏览器中访问该地址后，将显示注册页面，如图 2.84 所示。

图 2.84　注册页面

由于注册信息较多，无法在一张图中显示，所以这里截取了两张图。在该页面输入每个字段的信息，单击“继续”按钮，将显示电子邮件地址验证码对话框，如图 2.85 所示。

此时，在注册页面中指定的邮箱地址将收到一封邮件，包括获取的验证码。输入获取的验证码，并单击“继续”按钮，将显示电话号码验证对话框，如图 2.86 所示。

图 2.85　电子邮件地址验证码对话框

图 2.86　电话号码验证码对话框

此时，在注册页面中指定的手机号码将收到一个验证码。输入获取的验证码，并单击“继续”按钮，账号注册成功，如图 2.87 所示。

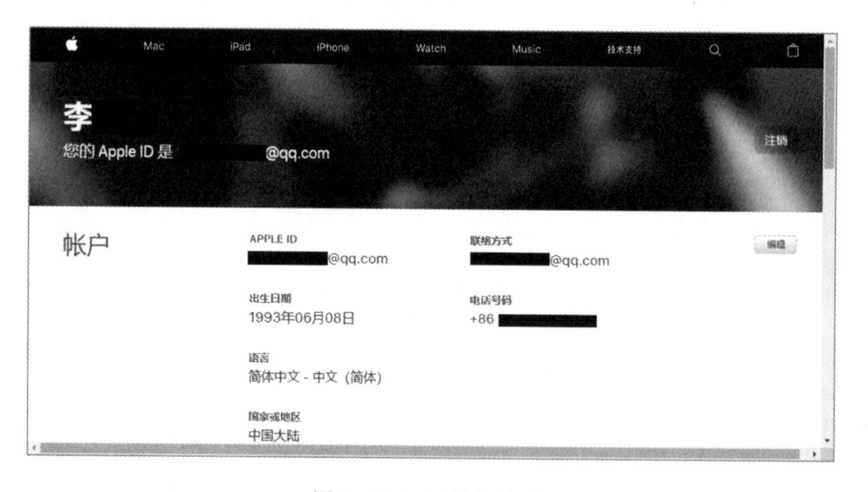

图 2.87　账号注册成功

2．从官网下载Xcode

当注册 Apple ID 后，登录 Apple Developer 站点，即可下载 Xcode 工具。其中，Xcode 官网下载地址为 https://developer.apple.com/download/。在浏览器中成功访问该网站后，将

显示 Appler 开发者许可协议界面，如图 2.88 所示。

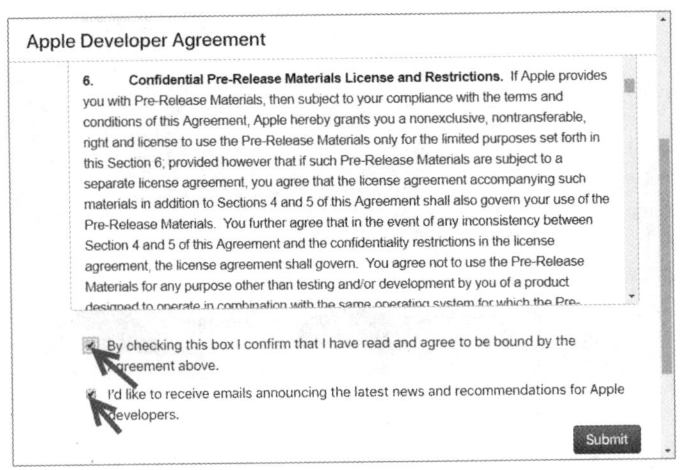

图 2.88　Appler 开发者许可协议界面

在图 2.88 中选中箭头指定的复选框，并单击 Submit 按钮，将显示 Xcode 的下载页面，如图 2.89 所示。

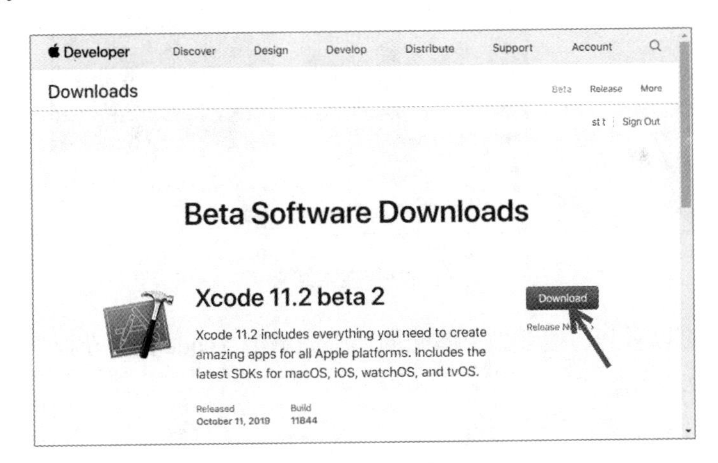

图 2.89　Xcode 下载页面

从 Xcode 下载页面中可以看到，当前的版本为 Xcode 11.2 beta 2。单击 Download 按钮，将开始下载该工具。下载成功后，安装包名为 Xcode_11.2_beta_2.xip。

3．从App Store应用商店下载Xcode

用户还可以在 Mac OS 系统的 App Store 应用商店中直接搜索 Xcode 工具，然后下载并安装。

【实例 2-7】从 App Store 中下载 Xcode 并安装。操作步骤如下：

（1）在 Mac OS 系统中，启动 App Store 程序，将显示 App Store 界面，如图 2.90 所示。

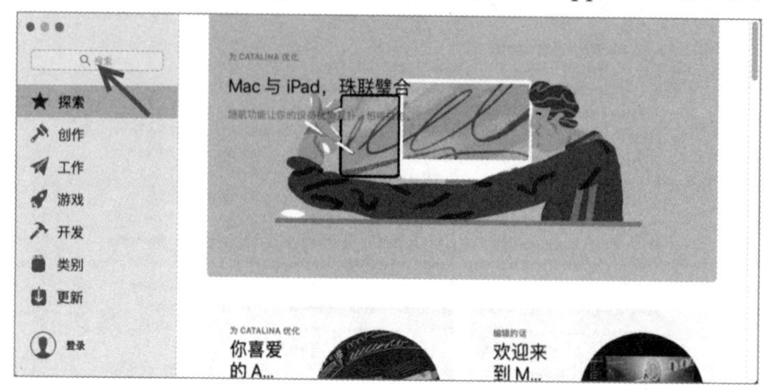

图 2.90　App Store 界面

（2）在 App Store 界面的左侧栏搜索文本框中，输入 xcode 查找该程序。搜索完成后，将显示搜索结果，如图 2.91 所示。

图 2.91　搜索结果

（3）从右侧可以看到，搜索到了匹配的结果。单击 Xcode 的“获取”按钮，将显示安装界面，如图 2.92 所示。

图 2.92　安装 Xcode 界面

（4）单击“安装”按钮，将显示 Apple ID 账号登录对话框，如图 2.93 所示。

（5）在账号登录对话框中输入 Apple ID 账号，并单击“登录”按钮，将显示密码对话框，如图 2.94 所示。

图 2.93　账号登录对话框　　　　图 2.94　密码对话框

（6）在密码对话框中输入账号的密码，并单击“登录”按钮，将开始下载 Xcode 工具，如图 2.95 所示。

图 2.95　正在下载 Xcode

（7）下载完成后，将显示打开界面，如图 2.96 所示。

图 2.96　打开界面

（8）单击“打开”按钮，即可安装 Xcode 工具。

在 App Store 应用商店中下载软件时，则必须使用 Apple ID 账号登录。对于新注册的用户，在登录 App Store 应用商店时，将弹出“此 Apple ID 尚未用于 App Store”对话框，如图 2.97 所示。

图 2.97 “此 Apple ID 尚未用于 App Store”对话框

此时，单击“检查”按钮，将显示“完成创建 Apple ID”对话框，如图 2.98 所示。

完成创建 Apple ID
安全连接
电子邮件 @qq.com
国家/地区 中国大陆
条款与条件 点击“继续”即表示您同意 Apple 媒体服务条款与条件。
取消 继续

图 2.98 “完成创建 Apple ID”对话框

选中“条款与条件”后面的复选框，并单击“继续”按钮，将显示如图 2.99 所示的界面。

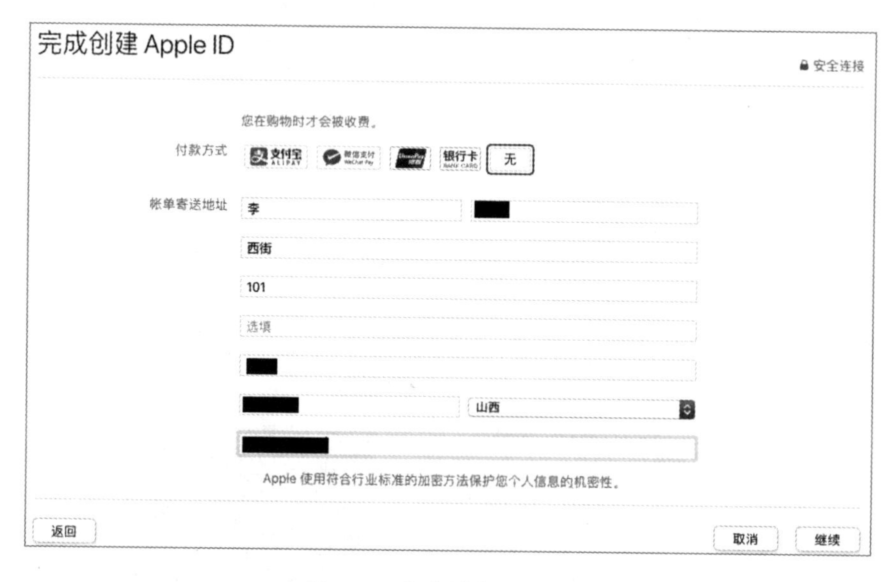

图 2.99 完成创建 Apple ID

在该对话框中，“付款方式”选择“无”，然后根据每个字段的提示填写其他字段。单击“继续”按钮，将显示“已创建 Apple ID”对话框，如图 2.100 所示。

从图 2.100 中可以看到，Apple ID 已创建成功。接下来，即可通过该账号使用 Apple 的所有服务了。单击“继续”按钮，即可使用该账号登录 App Store 应用商店了。

图 2.100 “已创建 Apple ID”对话框

4．安装Xcode

当 Xcode 安装包下载成功后，即可安装 Xcode 工具。对于从官网获取的 Xcode 安装包，则需要复制到 Mac OS 操作系统中。如果用户使用虚拟机的话，则需要通过共享文件夹方式来复制 Xcode 安装包。如果是从 App Store 中下载的话，单击“打开”按钮，即可开始安装。

【实例 2-8】 安装 Xcode。操作步骤如下：

（1）将 Xcode 安装包复制到 Mac OS 操作系统中，如图 2.101 所示。

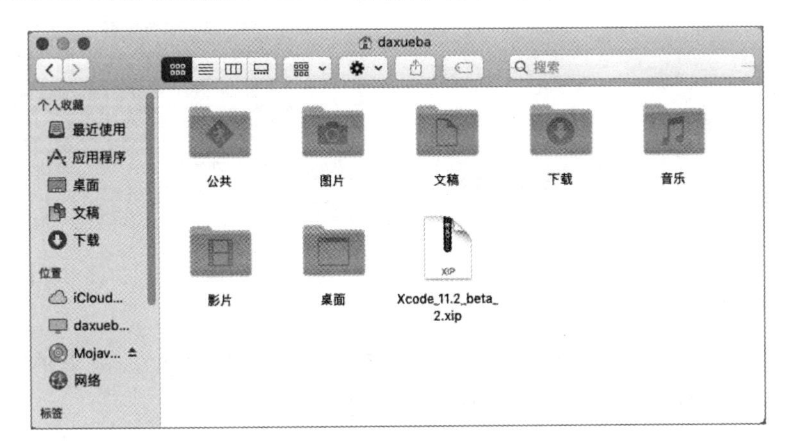

图 2.101　Xcode 安装包

（2）双击 Xcode 安装包，将开始解压。解压完成后，将出现一个名为 Xcode-beta 的文件，如图 2.102 所示。

提示： 如果用户使用共享文件夹方式复制 Xcode 安装包的话，不可以直接在共享文件夹中解压缩 Xcode 安装包。否则，将会显示“未能完成该操作。Block-compressed payload operation failed”错误提示信息，如图 2.103 所示。

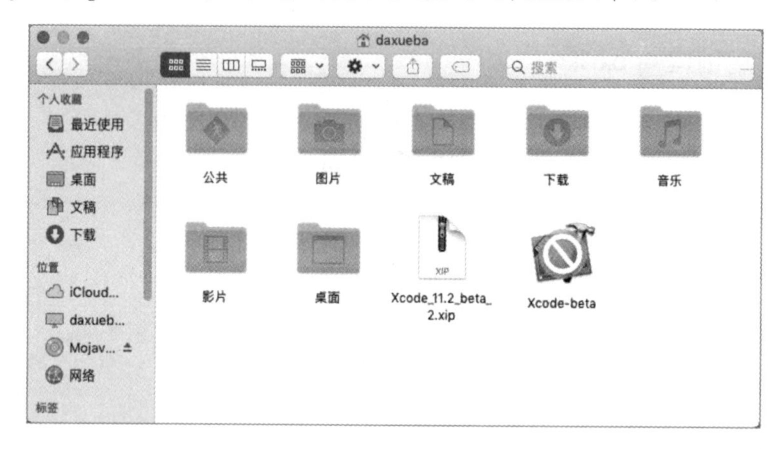

图 2.102　解压出的文件

（3）双击 Xcode-beta 文件，将弹出许可协议对话框，如图 2.104 所示。

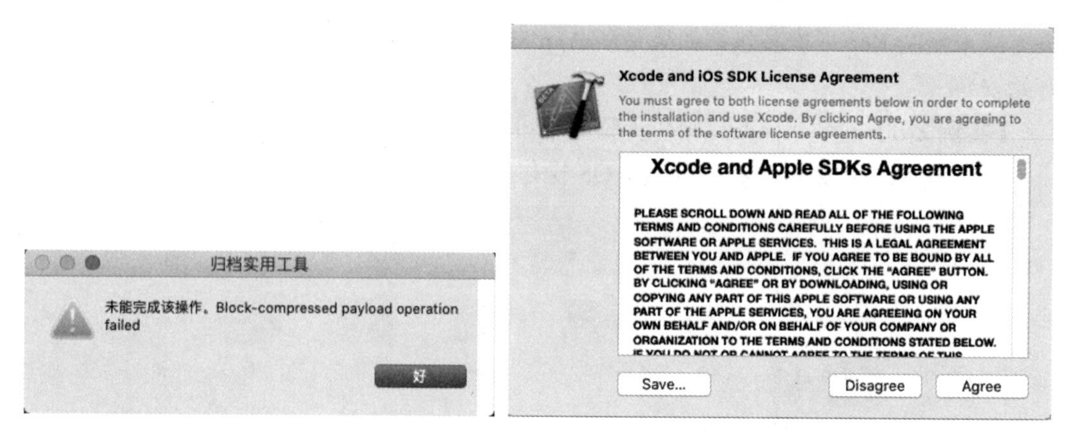

图 2.103　“归档实用工具”对话框　　　　图 2.104　许可协议对话框

提示：如果是从 App Store 中下载 Xcode 进行安装，则在 App Store 中单击“打开”按钮后，将显示安装 Xcode 的许可协议对话框。

（4）单击 Agree 按钮，将弹出密码对话框，如图 2.105 所示。

（5）在密码对话框中输入密码，并单击“好”按钮，将开始安装 Xcode，如图 2.106 所示。

（6）安装成功后，将自动启动 Xcode 工具，如图 2.107 所示。

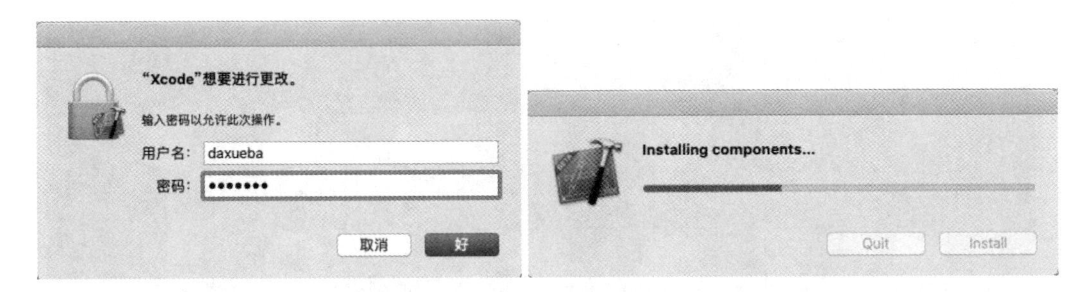

图 2.105　密码对话框　　　　图 2.106　正在安装 Xcode 组件

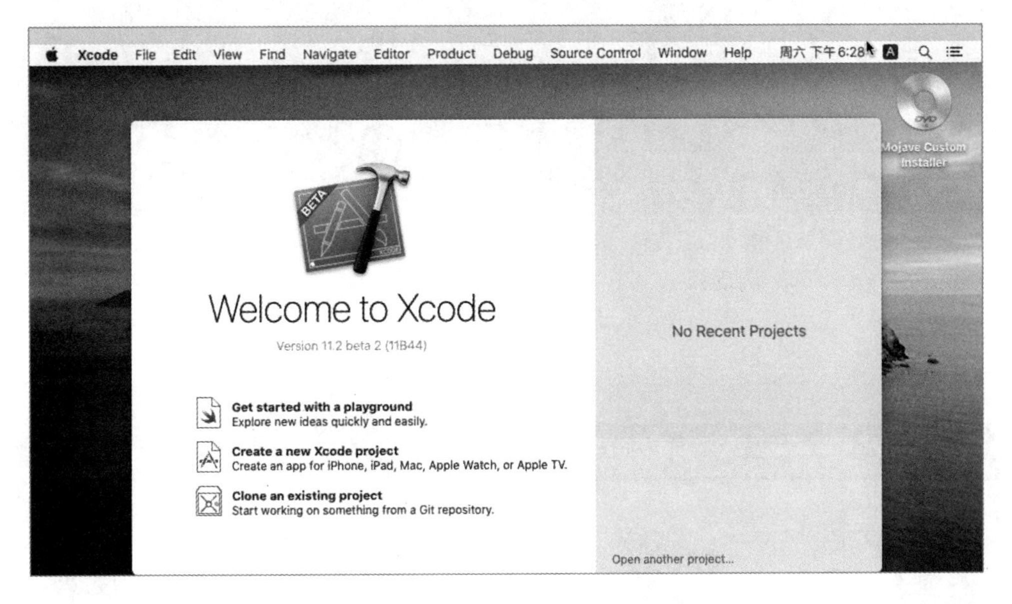

图 2.107　Xcode 欢迎界面

2.3.2　获取苹果设备的 UUID

当成功安装 Xcode 工具后，即可使用该工具获取苹果设备的 UUID。

【实例 2-9】使用 Xcode 获取苹果设备的 UUID。具体操作步骤如下：

（1）在 Mac OS 系统中单击底部栏中的 Launchpad（启动台）选项，将显示所有程序界面，如图 2.108 所示。

（2）单击 Xcode 程序，将显示 Xcode 欢迎界面，如图 2.109 所示。

提示：如果是使用从官网下载的 Xcode 安装包进行安装的话，单击解压出的 Xcode-beta 文件，即可启动 Xcode。

图 2.108　所有程序

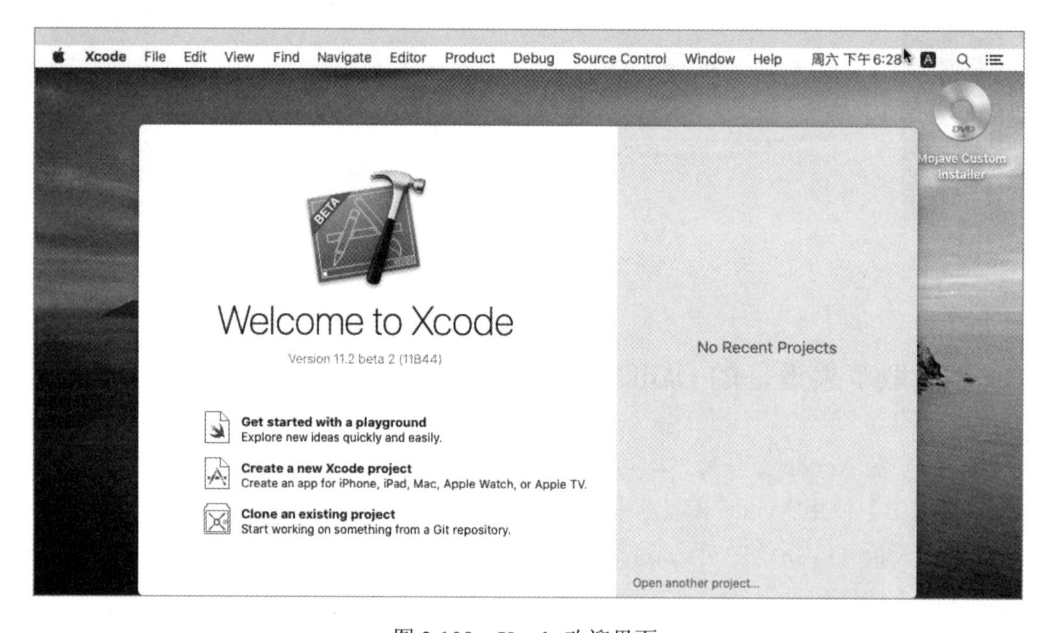

图 2.109　Xcode 欢迎界面

（3）在菜单栏依次选择 Window|Devices 命令，将打开设备界面，如图 2.110 所示。

（4）在该界面左侧栏中可以看到连接的苹果手机，右侧显示了该设备的详细信息，如名称（Name）、型号（Model）、容量（Capacity）、操作系统版本（iOS）、标识符（Identifier）

等。其中，标识符就是当前设备的 UUID。

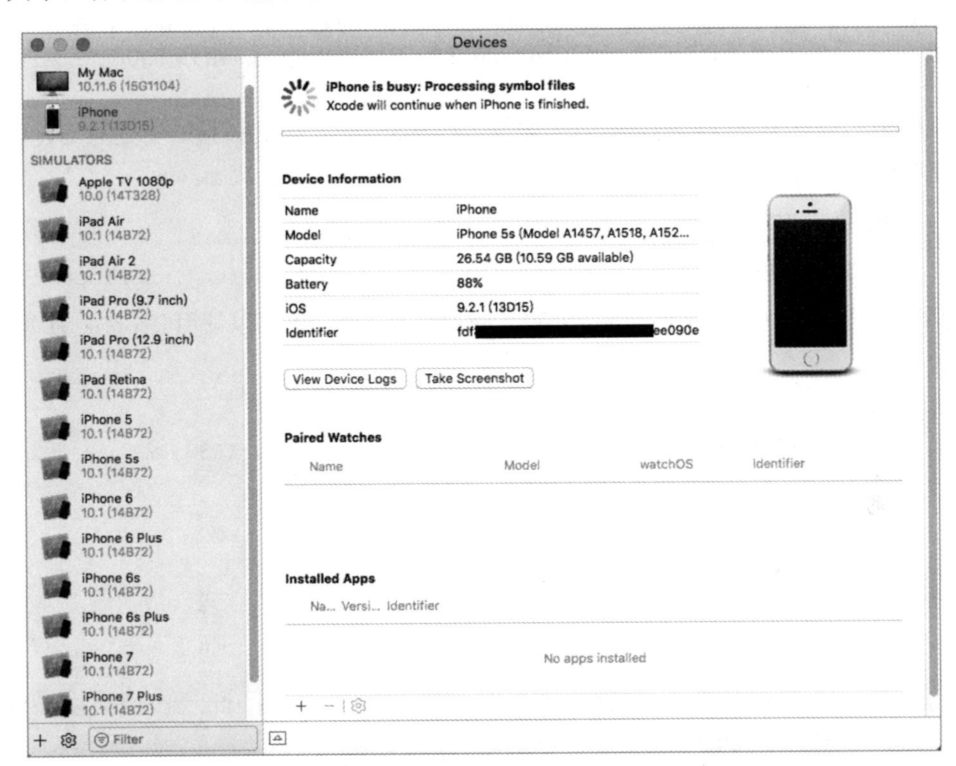

图 2.110　设备界面

2.3.3　捕获数据包

当获取设备的 UUID 后，即可使用 rvictl 工具来启动一个虚拟接口，然后使用抓包工具指定该虚拟机接口即可捕获苹果手机上的数据包。下面介绍具体的实现方法。

1. 使用rvictl工具创建虚拟接口

rvictl 是一个远程虚拟接口工具，可以用来启动和停止连接到计算机中的设备为捕获数据包接口。rvictl 工具的语法格式如下：

```
rvictl [-h] [-l] [-s <uuid1> … <uuidN>] [-x <uuid1>… <uuidN>]
```

该工具支持的选项及含义如下。

- -l 或-L：列出当前的活动设备。
- -s 或-S：启动一个或一组设备。
- -x 或-X：停止一个或一组设备。

【实例 2-10】 使用 rvictl 工具启动虚拟网卡。执行命令如下：

```
daxueba:~ mac$ rvictl -s fdf8bc911e0785e6ab8e829e3c5ee090ea95e935
Starting device fdf8bc911e0785e6ab8e829e3c5ee090ea95e935 [SUCCEEDED] with
interface rvi0
```

从输出的信息中可以看到，创建了虚拟接口 rvi0。为了确定该接口创建成功，可以使用-l 选项查看。执行命令如下：

```
daxueba:~ mac$ rvictl -l
Current Active Devices:
    [1] fdf8bc911e0785e6ab8e829e3c5ee090ea95e935 with interface rvi0
```

从输出的信息中可以看到，成功创建了虚拟接口 rvi0。也可以使用 ifconfig 命令查看，结果如下：

```
daxueba:~ mac$ ifconfig
lo0: flags=8049<UP,LOOPBACK,RUNNING,MULTICAST> mtu 16384
     options=3<RXCSUM,TXCSUM>
     inet6 ::1 prefixlen 128
     inet 127.0.0.1 netmask 0xff000000
     inet6 fe80::1%lo0 prefixlen 64 scopeid 0x1
     nd6 options=1<PERFORMNUD>
gif0: flags=8010<POINTOPOINT,MULTICAST> mtu 1280
stf0: flags=0<> mtu 1280
en0: flags=8863<UP,BROADCAST,SMART,RUNNING,SIMPLEX,MULTICAST> mtu 1500
     options=b<RXCSUM,TXCSUM,VLAN_HWTAGGING>
     ether 00:0c:29:21:81:db
     inet6 fe80::20c:29ff:fe21:81db%en0 prefixlen 64 scopeid 0x4
     inet 192.168.79.131 netmask 0xffffff00 broadcast 192.168.79.255
     nd6 options=1<PERFORMNUD>
     media: autoselect (1000baseT <full-duplex>)
     status: active
rvi0: flags=3005<UP,DEBUG,LINK0,LINK1> mtu 0
```

从输出的信息中可以看到刚创建的虚拟接口 rvi0。接下来，就可以通过虚拟接口 rvi0 来捕获数据包了。

2. 使用Wireshark工具抓包

Wireshark 是一款非常强大的图形界面抓包分析工具。下面介绍使用 Wireshark 捕获苹果手机的数据包的方法。

【实例 2-11】 使用 Wireshark 捕获数据包。操作步骤如下：

（1）启动 Wireshark 工具。执行命令如下：

```
daxueba:~ mac$ wireshark
```

执行以上命令后，将启动 Wireshark，如图 2.111 所示。

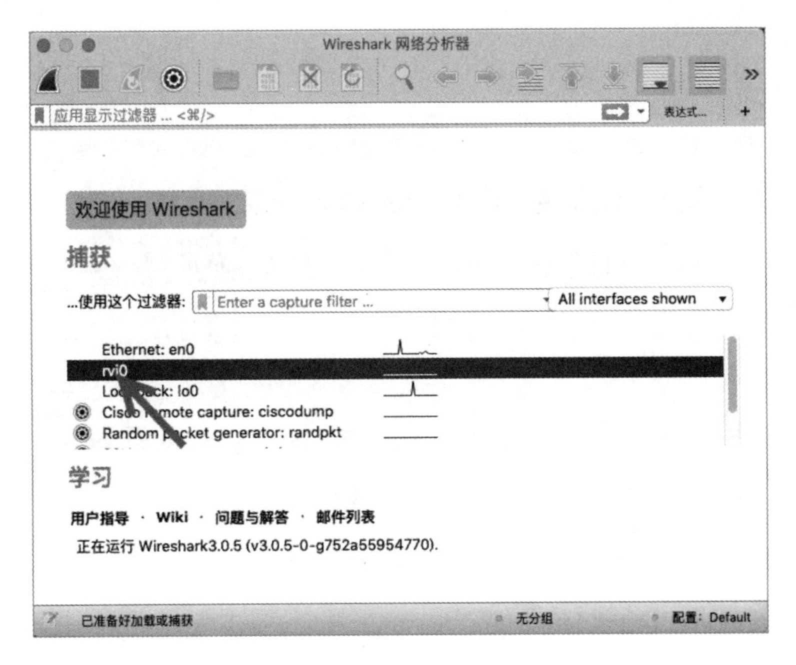

图 2.111　Wireshark 启动界面

（2）在 Wireshark 启动界面选择接口 rvi0，并单击开始捕获按钮，将开始捕获数据包，如图 2.112 所示。

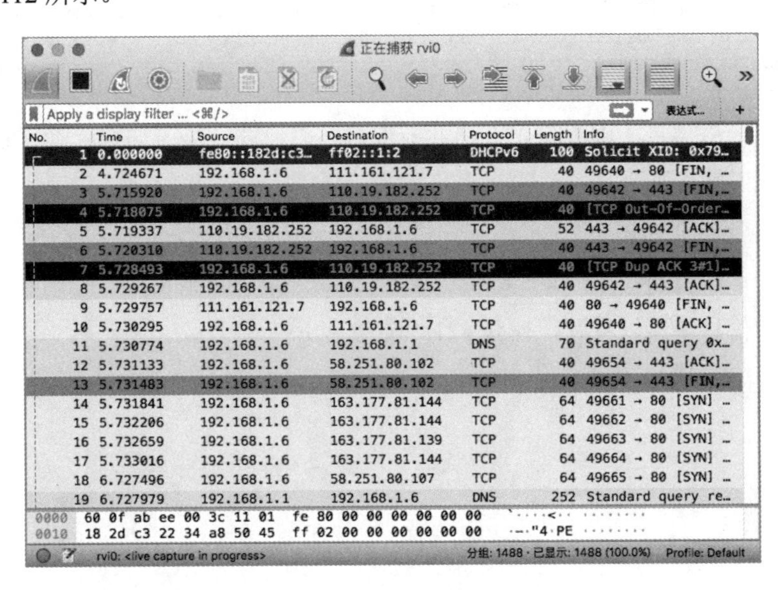

图 2.112　正在捕获数据包

（3）从图 2.112 中可以看到捕获的苹果手机数据包。当不需要再捕获数据包时，单击停止捕获按钮■，将停止捕获，如图 2.113 所示。

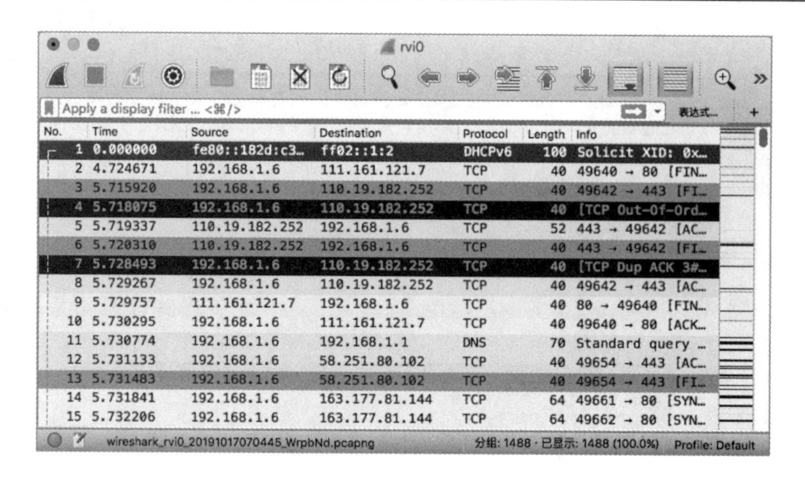

图 2.113 停止捕获

（4）此时，即可对捕获的数据包进行分析。

3. 使用tcpdump工具抓包

tcpdump 是一款命令行抓包工具。在 Mac OS 操作系统中，默认已经安装了 tcpdump 工具，所以可以在终端窗口直接使用。执行命令如下：

```
daxueba:~ mac$ tcpdump -i rvi0 -s 0 -w dump.pcap
tcpdump: WARNING: rvi0: That device doesn't support promiscuous mode
(BIOCPROMISC: Operation not supported on socket)
tcpdump: listening on rvi0, link-type PKTAP (Packet Tap), capture size 262144
bytes
```

看到以上输出信息，则表示正在捕获数据包。当捕获一段时间后，按 Ctrl+C 组合键停止捕获，此时输出如下：

```
^C421 packets captured
421 packets received by filter
0 packets dropped by kernel
```

从输出的信息中可以看到，捕获 421 个数据包。

第 3 章　模拟器抓包

模拟器用于在计算机上模拟运行手机系统环境，这样便可以在不使用物理设备的情况下也能预览、安装和运行手机应用程序。相较于物理机，模拟器的优点是在不涉及用户隐私的情况下，可以提供更多的硬件/软件配置；其缺点是部分手机应用不允许在模拟器中运行。用户可以手动创建模拟器，也可以使用第三方现成的模拟器。本章讲解如何使用模拟器进行抓包。

3.1　自建模拟器

自建模拟器就是手动创建模拟器。用户可以使用 Android SDK 手动创建 Android 模拟器。Android SDK 提供了开发 Android 应用程序所需的 API 库，以及构建、测试和调试 Android 应用程序所需的开发工具。本节介绍自建模拟器的方法。

3.1.1　下载并安装 JDK

Java 开发工具箱（Java Development Kit，JDK）是 Java 开发的核心，它包含 Java 的运行环境和 Java 开发工具。由于 Android 模拟器需要在 Java 环境下才能运行，所以必须安装 JDK。下面介绍安装及配置 JDK 的方法。

1．下载JDK包

JDK 的下载地址是 http://www.oracle.com/technetwork/java/javase/downloads/index.html。在浏览器中成功访问该地址后，将显示如图 3.1 所示的页面。

单击 Oracle JDK 下面的 DOWNLOAD 按钮，将显示 JDK 下载页面，如图 3.2 所示。

在 JDK 下载页面中显示了支持的各个操作系统平台的安装包。用户可以根据自己的系统架构，选择对应的安装包。这里将下载 Windows 64 位架构的安装包。选中 Accept License Agreement 单选按钮，即选择接受许可协议，将显示如图 3.3 所示的页面。

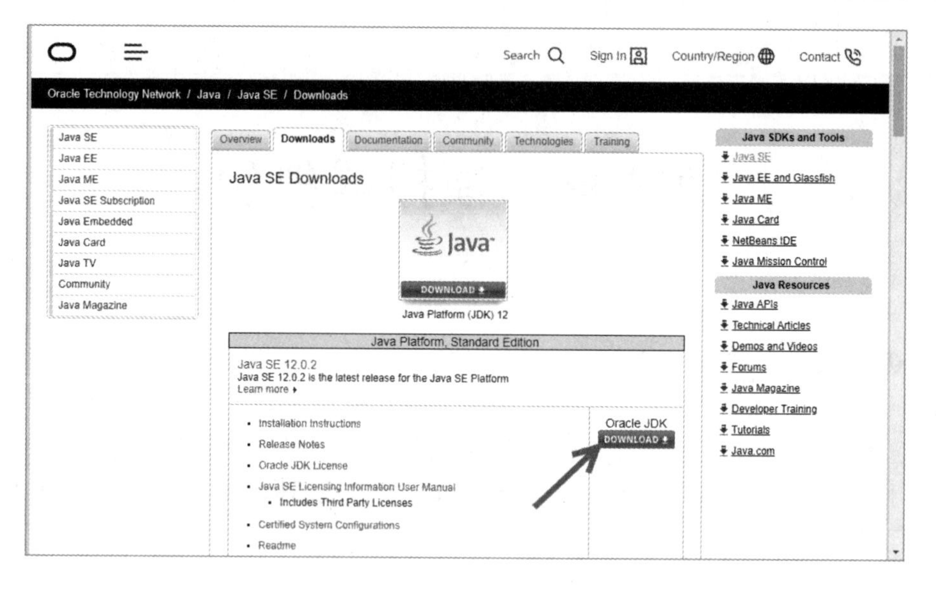

图 3.1　Java SE 下载页面

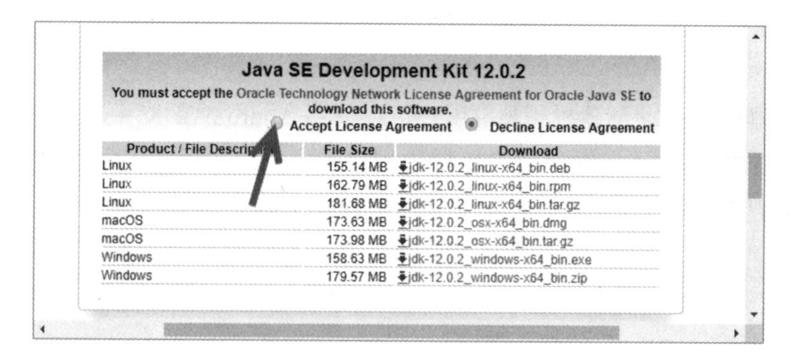

Java SE Development Kit 12.0.2

You must accept the Oracle Technology Network License Agreement for Oracle Java SE to download this software.

Accept License Agreement　Decline License Agreement

Product / File Description	File Size	Download
Linux	155.14 MB	jdk-12.0.2_linux-x64_bin.deb
Linux	162.79 MB	jdk-12.0.2_linux-x64_bin.rpm
Linux	181.68 MB	jdk-12.0.2_linux-x64_bin.tar.gz
macOS	173.63 MB	jdk-12.0.2_osx-x64_bin.dmg
macOS	173.98 MB	jdk-12.0.2_osx-x64_bin.tar.gz
Windows	158.63 MB	jdk-12.0.2_windows-x64_bin.exe
Windows	179.57 MB	jdk-12.0.2_windows-x64_bin.zip

图 3.2　JDK 下载页面

Java SE Development Kit 12.0.2

You must accept the Oracle Technology Network License Agreement for Oracle Java SE to download this software.

Thank you for accepting the Oracle Technology Network License Agreement for Oracle Java SE; you may now download this software.

Product / File Description	File Size	Download
Linux	155.14 MB	jdk-12.0.2_linux-x64_bin.deb
Linux	162.79 MB	jdk-12.0.2_linux-x64_bin.rpm
Linux	181.68 MB	jdk-12.0.2_linux-x64_bin.tar.gz
macOS	173.63 MB	jdk-12.0.2_osx-x64_bin.dmg
macOS	173.98 MB	jdk-12.0.2_osx-x64_bin.tar.gz
Windows	158.63 MB	jdk-12.0.2_windows-x64_bin.exe
Windows	179.57 MB	jdk-12.0.2_windows-x64_bin.zip

图 3.3　接受许可协议

此时，选择对应架构的安装包下载即可。

2. 安装JDK包

当用户成功下载 JDK 安装包后，即可安装 JDK。

【实例 3-1】在 Windows 10 操作系统中安装 JDK。具体操作步骤如下：

（1）双击下载的 JDK 安装包，将弹出“安装程序”对话框，如图 3.4 所示。

（2）单击“下一步”按钮，将进入“目标文件夹”对话框，如图 3.5 所示。

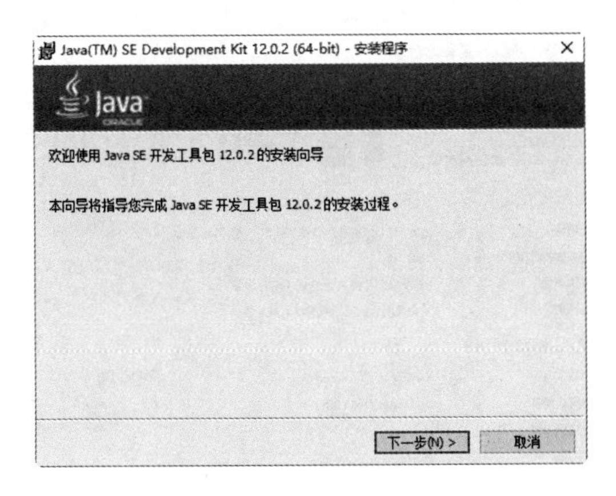

图 3.4 “安装程序”对话框

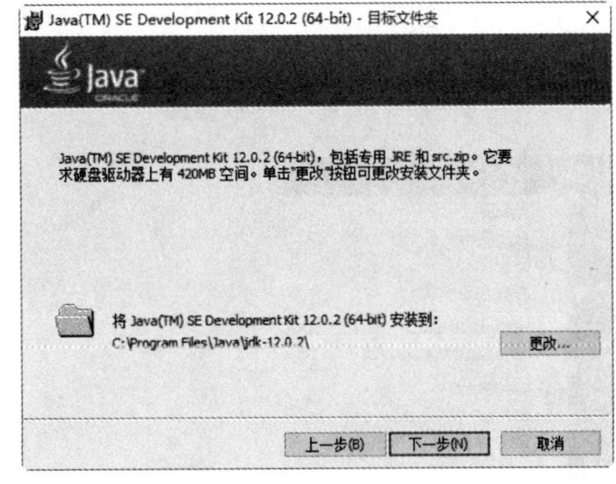

图 3.5 “目标文件夹”对话框

（3）在“目标文件夹”对话框中可以指定 Java 的安装位置。这里使用默认设置，单击“下一步”按钮，将开始安装 JDK。安装完成后，将显示“完成”对话框，如图 3.6 所示。

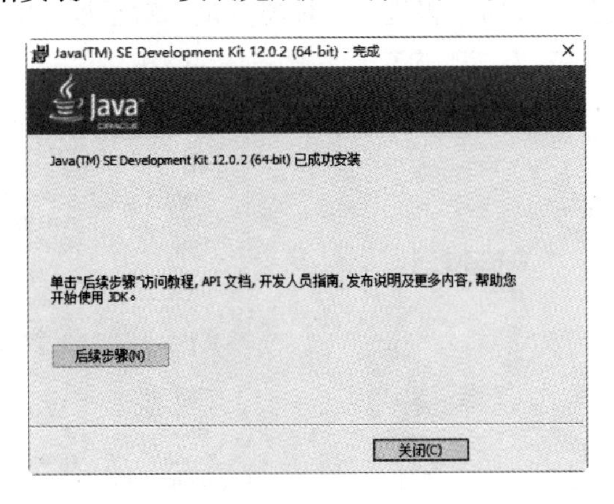

图 3.6 “完成”对话框

（4）从图 3.6 中可以看到，JDK 已成功安装。单击“关闭”按钮，退出安装程序。

3. 配置JDK环境变量

JDK 安装成功后，将附带安装大量的 JDK 工具。为了方便调用这些工具，可以通过配置添加对应的环境变量。

【实例 3-2】 配置 JDK 环境变量。具体操作步骤如下：

（1）在桌面上右击“此电脑”图标，选择“属性”命令，如图 3.7 所示。此时将打开系统设置界面，如图 3.8 所示。

图 3.7　属性　　　　图 3.8　系统设置界面

（2）单击“高级系统设置”选项，将弹出“系统属性”对话框，如图 3.9 所示。

（3）单击“环境变量”按钮，将进入“环境变量”对话框，如图 3.10 所示。

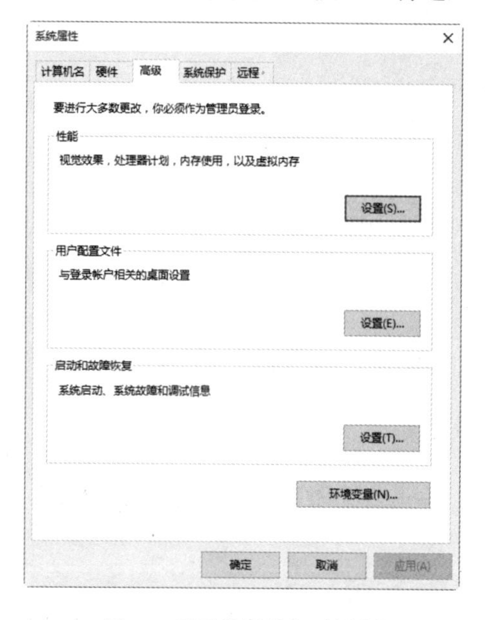

图 3.9　“系统属性”对话框

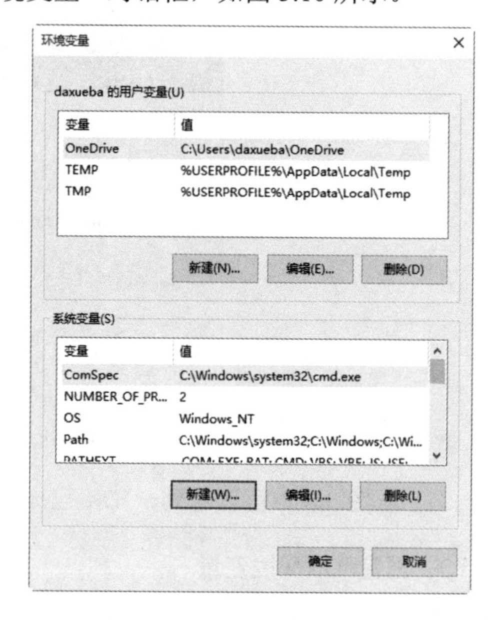

图 3.10　“环境变量”对话框

（4）设置 3 个系统变量，用来指定 Java 工具的路径。首先创建一个变量名为 JAVA_HOME、变量值为 JDK 安装路径的系统变量。其中，本例中 JDK 的安装路径为 C:\ Program Files\Java\jdk-12.0.2。单击“系统变量”选项栏中的“新建”按钮，弹出“新建系统变量”对话框，如图 3.11 所示。

图 3.11　“新建系统变量”对话框

（5）指定变量名和变量值，单击“确定”按钮，则系统变量添加成功。接下来，新建一个变量名为 CLASSPATH、变量值为“.;%JAVA_HOME%\lib;%JAVA_HOME%\lib\tools.jar”的系统变量，如图 3.12 所示。注意，变量值前面有一个点（.），表示当前目录。

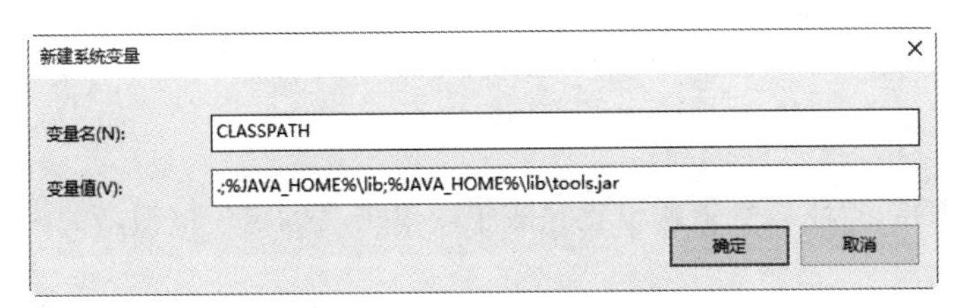

图 3.12　CLASSPATH 变量

（6）单击“确定”按钮，则变量添加成功。接下来，在 Path 变量的变量值后面添加一个 Java 工具路径。在“系统变量”选项栏中找到名为 Path 的变量，并单击“编辑”按钮，打开“编辑系统变量”对话框，如图 3.13 所示。

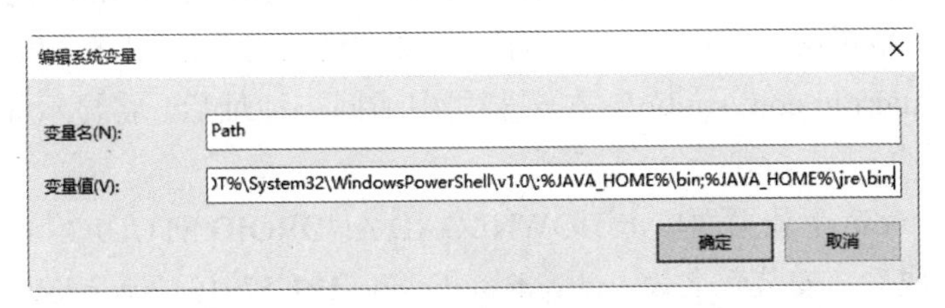

图 3.13　编辑 Path 变量

（7）在“变量值”文本框原有内容的后面添加“;%JAVA_HOME%\bin;%JAVA_HOME%\jre\bin;”内容，然后单击“确定”按钮，则变量设置成功，如图 3.14 所示。

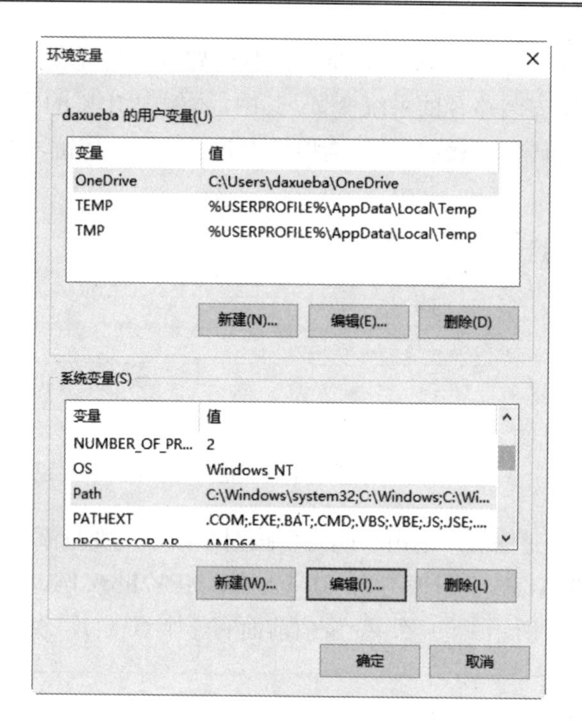

图 3.14 变量创建完成

（8）此时，JDK 的环境变量就设置完成了。单击“确定”按钮，关闭“环境变量”对话框。

3.1.2 下载并安装 Android SDK

目前，Android 官网已经不提供单独的 SDK 下载安装包了，推荐下载的是包含有 Android SDK 的 Android Studio。Android Studio 是谷歌推出的 Android 集成开发工具，其提供了集成的 Android 开发工具，用于开发和调试。Android Studio 的下载地址为 https://developer.android.com/studio/。在浏览器中访问该地址后，将显示如图 3.15 所示的页面。

在 Android Studio 下载页面单击 DOWNLOAD ANDROID STUDIO 按钮将开始下载该安装包。下载完成后，安装包名为 android-studio-ide-191.5791312-windows.exe。接下来，就可以利用该安装包安装 Android SDK 了。

【实例 3-3】在 Windows 10 中安装 Android SDK。具体操作步骤如下：

（1）双击 Android Studio 安装包，弹出欢迎对话框，如图 3.16 所示。

（2）单击 Next 按钮，进入选择组件对话框，如图 3.17 所示。

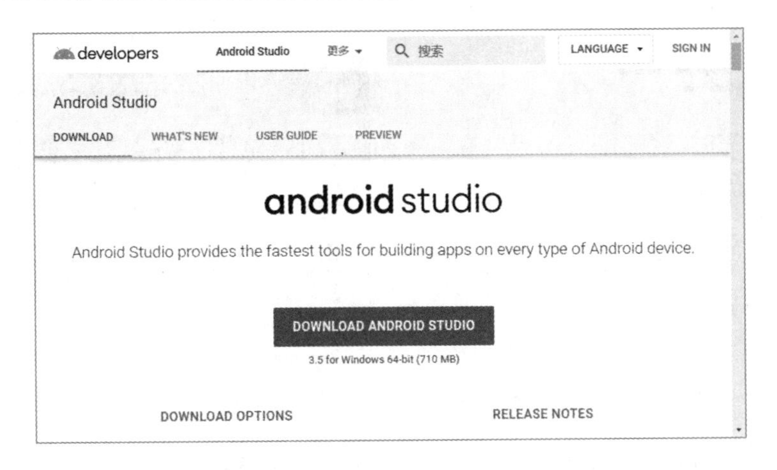

图 3.15　Android Studio 下载页面

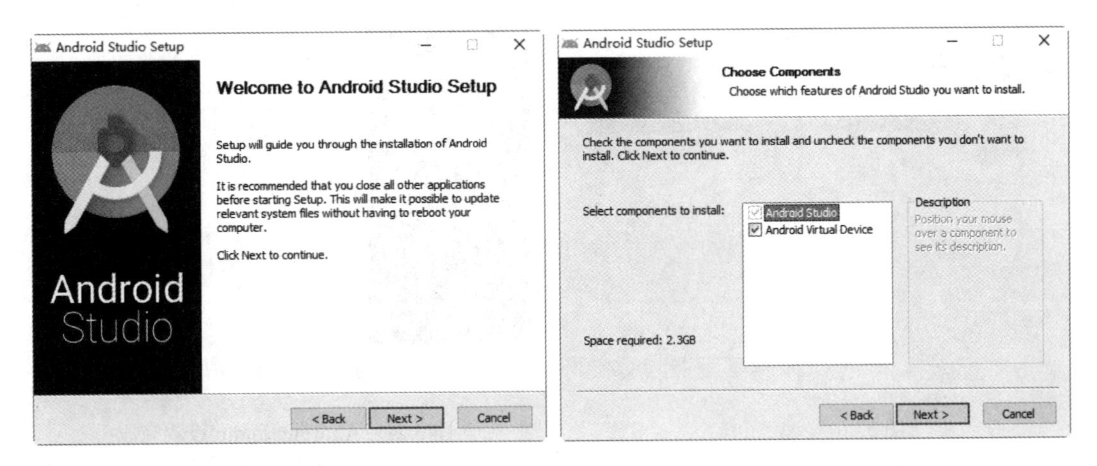

图 3.16　欢迎对话框　　　　　　　　　　图 3.17　选择组件

（3）从选择组件对话框中可以看到，提供的组件有 Android Studio 和 Android Virtual Device。用户可能已经发现，这里并没有 Android SDK 选项。不用担心，Android SDK 将在后续的步骤进行安装，所以这里按照正常的安装步骤操作即可。单击 Next 按钮，进入配置设置对话框，如图 3.18 所示。

（4）配置设置对话框用来指定 Android Studio 的安装位置。设置完后，单击 Next 按钮，进入选择启动菜单文件夹对话框，如图 3.19 所示。

（5）单击 Install 按钮，将开始安装 Android Studio。安装完成后，显示如图 3.20 所示的对话框。

（6）单击 Next 按钮，将显示 Android Studio 设置完成对话框，如图 3.21 所示。

（7）此时，Android Studio 就安装完成了。单击 Finish 按钮，将启动 Android Studio。第一次启动 Android Studio 工具后，将弹出如图 3.22 所示的对话框。

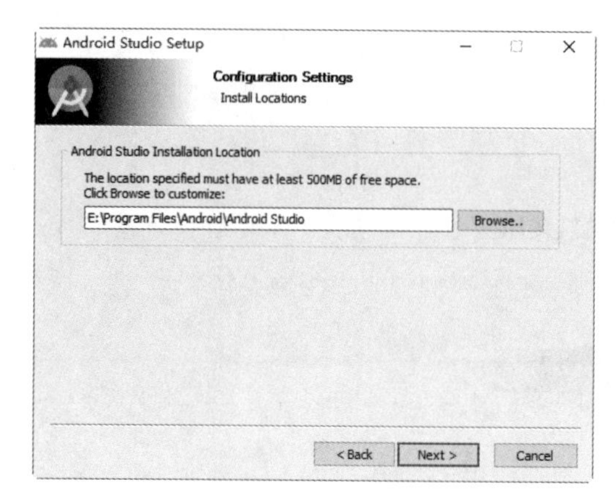

图 3.18 配置设置

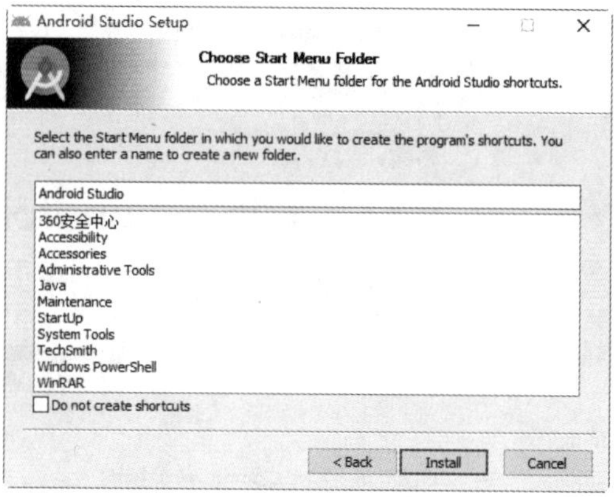

图 3.19 选择启动菜单文件夹

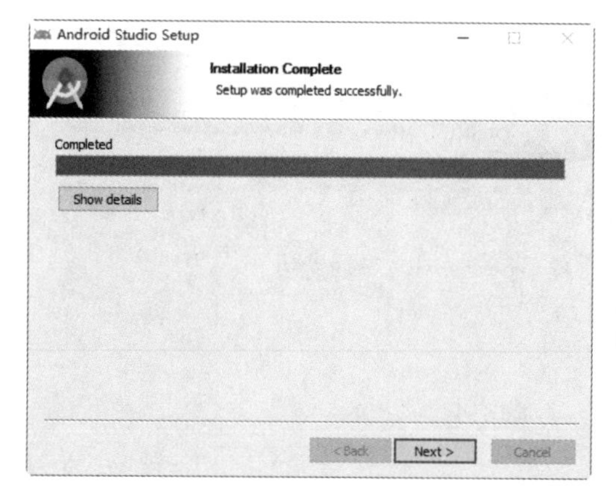

图 3.20 安装完成

图 3.21 Android Studio 设置完成

（8）图 3.22 提示是否导入 Android Studio 配置。这里没有要导入的配置，所以选中 Do not import settings 单选按钮，并单击 OK 按钮，进入数据共享对话框，如图 3.23 所示。

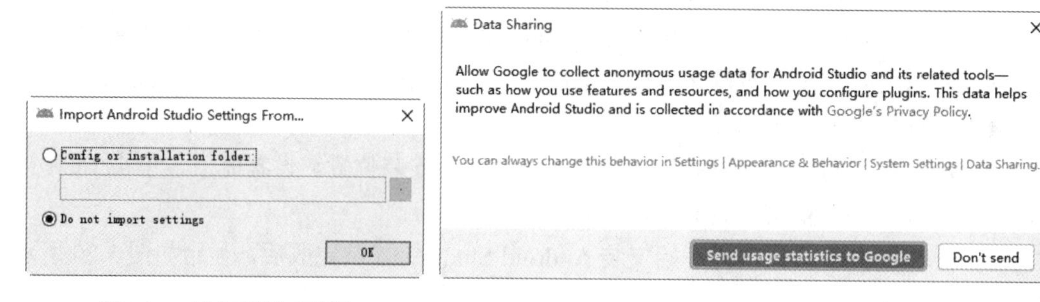

图 3.22 导入配置对话框　　图 3.23 数据共享对话框

（9）数据共享对话框提示是否将数据发送到 Google。单击 Don't send 按钮，进入安装类型对话框，如图 3.24 所示。

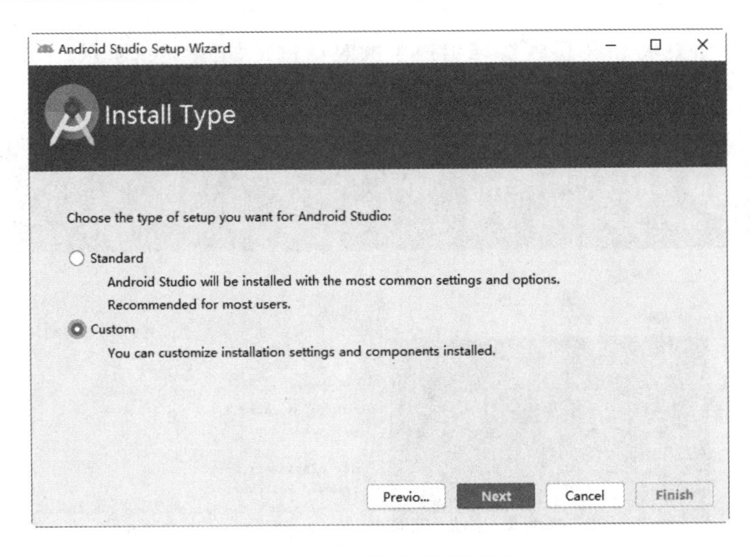

图 3.24　安装类型对话框

（10）安装类型对话框用来选择 Android Studio 的安装类型。这里支持的类型有 Standard（标准）和 Custom（自定义），其中，Standard 类型将安装到通用的位置，即 C 盘的用户目录；Custom 可以自定义安装位置。如果要安装 Android 模拟器，则安装的包比较多，而且占用空间大。为了避免影响系统的运行，建议安装到其他位置。这里选中 Custom 单选按钮，并单击 Next 按钮，将弹出 Android Studio First Run 对话框，如图 3.25 所示。

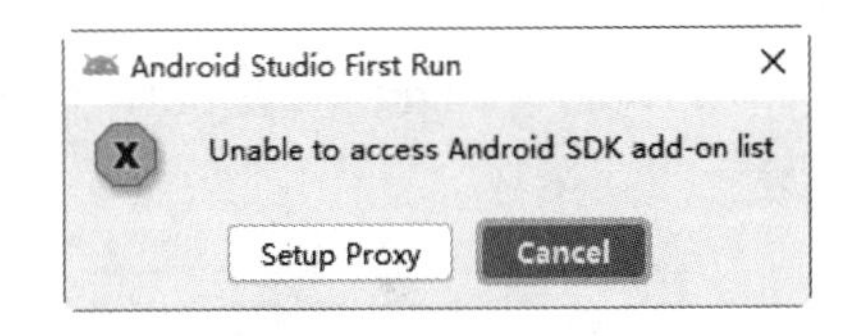

图 3.25　Android Studio First Run 对话框

（11）单击 Cancel 按钮，进入 Android Studio 设置向导对话框，如图 3.26 所示。

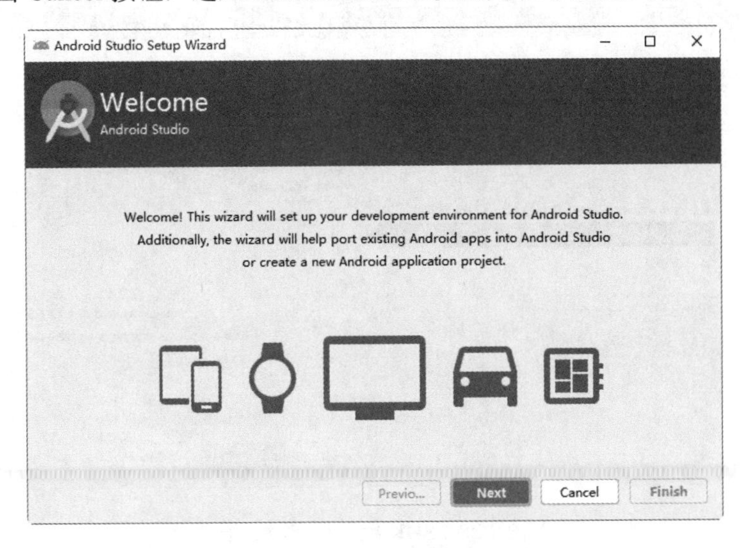

图 3.26　Android Studio 设置向导对话框

（12）单击 Next 按钮，进入选择用户主题对话框，如图 3.27 所示。

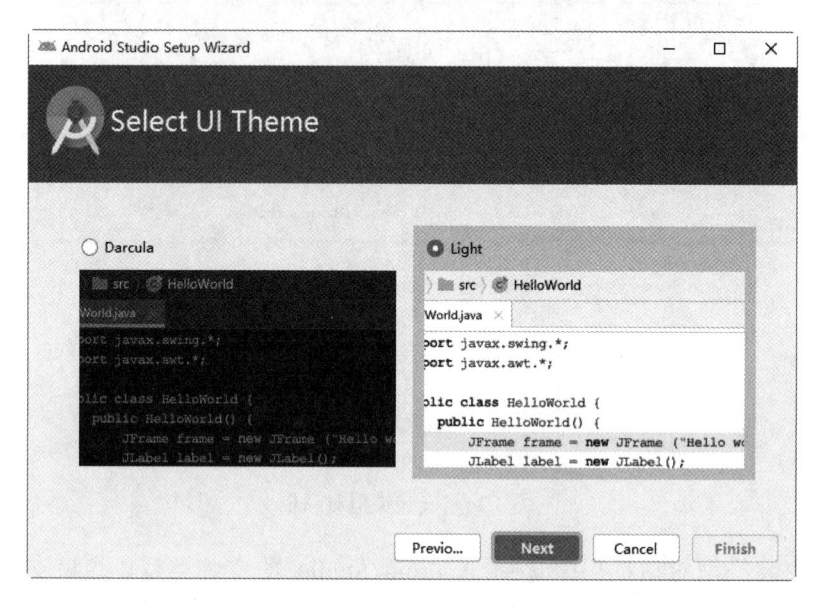

图 3.27　选择用户主题对话框

（13）选中 Light 单选按钮，并单击 Next 按钮，进入 SDK 组件设置对话框，如图 3.28 所示。

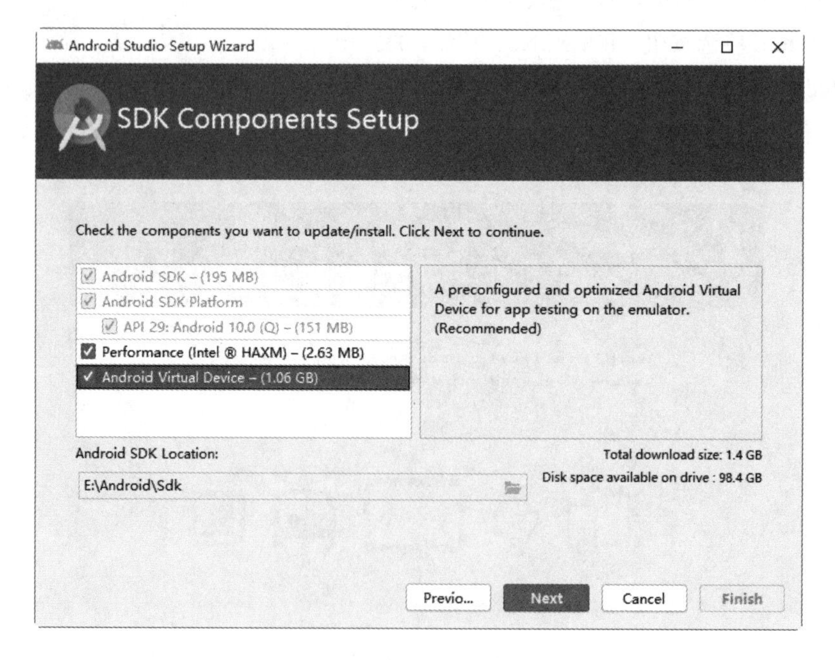

图 3.28　SDK 组件设置对话框

（14）选择将要安装的组件，并且指定其安装位置，然后单击 Next 按钮，将显示模拟器设置对话框，如图 3.29 所示。

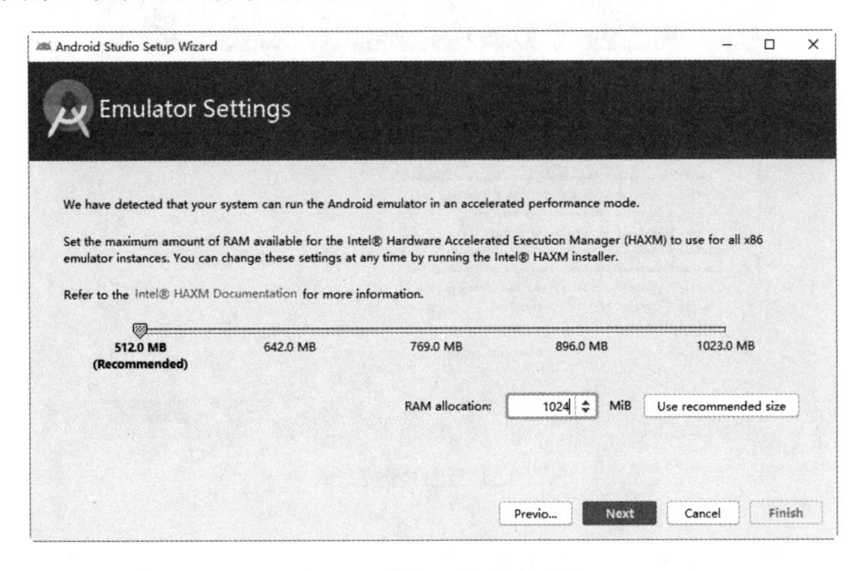

图 3.29　模拟器设置对话框

（15）设置模拟器的内存大小，然后单击 Next 按钮，进入确认设置对话框，如图 3.30 所示。

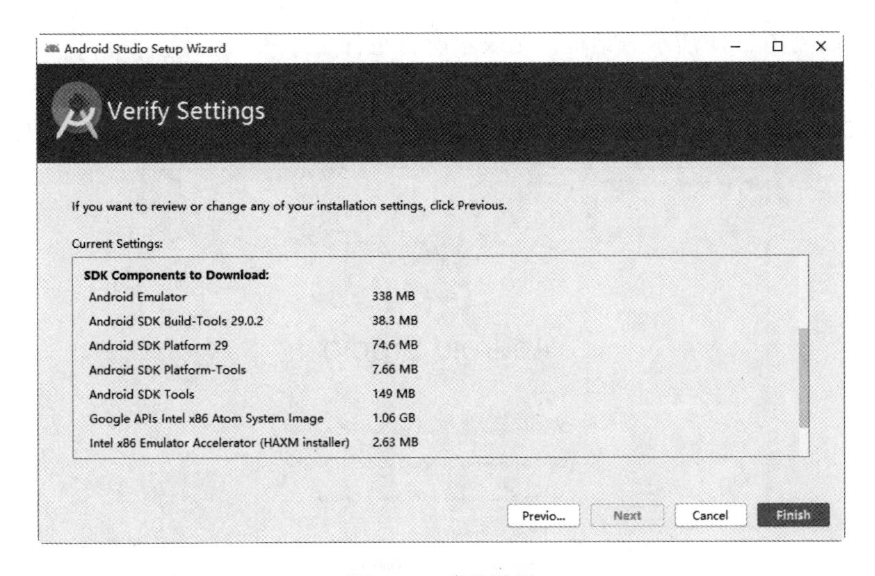

图 3.30　确认设置

（16）如果确认当前设置没问题，单击 Finish 按钮，将开始下载并安装所有的组件。安装完成后，将显示如图 3.31 所示的对话框。

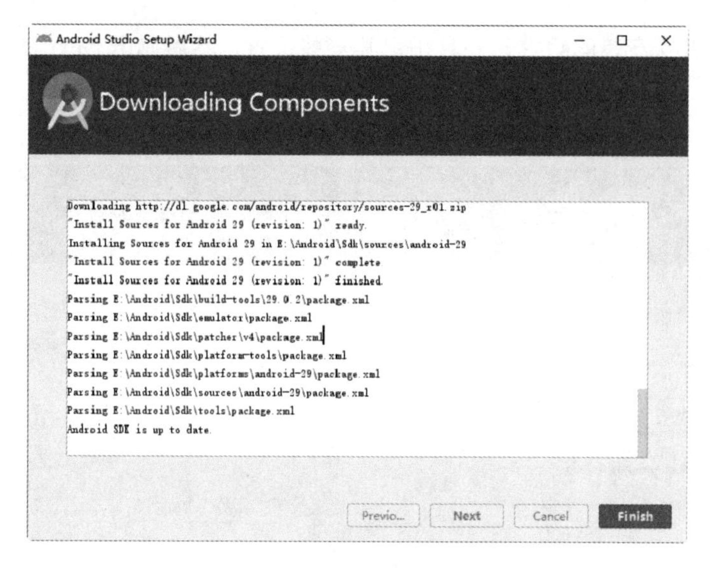

图 3.31　组件安装完成

提示： 在下载组件过程中，如果网络不稳定，可能导致某软件下载失败，如图 3.32 所示。此时，单击 Retry 按钮，将尝试重新下载并安装。

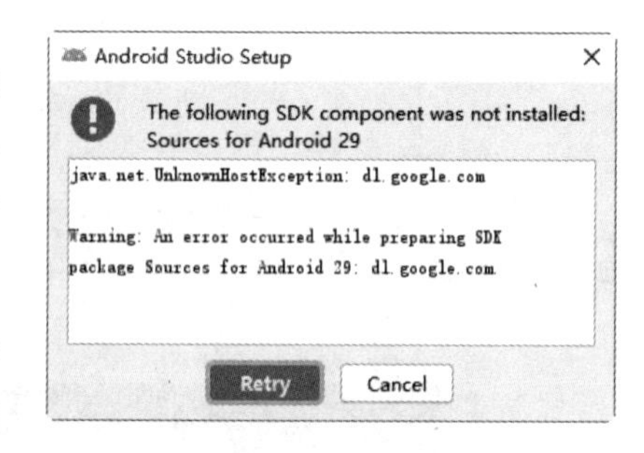

图 3.32　组件下载失败

（17）看到图 3.31 所示对话框，则表示所有组件已经安装完成。单击 Finish 按钮，将显示 Android Studio 的欢迎界面，如图 3.33 所示。

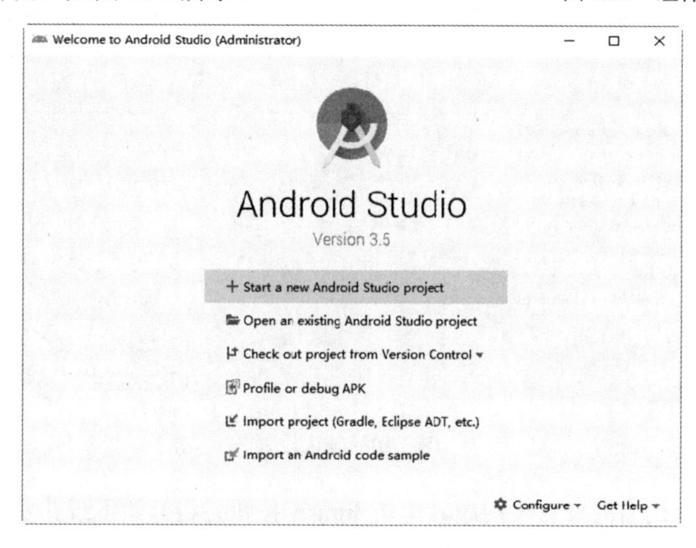

图 3.33　Android Studio 欢迎界面

此时，Android Studio 就配置好了，Android SDK 也安装成功了。接下来，用户就可以配置 Android SDK 了。

3.1.3　设置 Android SDK

通过前面的操作，Android SDK 就安装好了。如果要安装模拟器，则需要在 SDK 管理器中安装需要的 Android 系统版本及架构镜像等。下面设置 Android SDK。

【实例 3-4】设置 Android SDK。具体操作步骤如下：

（1）启动 Android Studio，将弹出如图 3.34 所示的窗口。

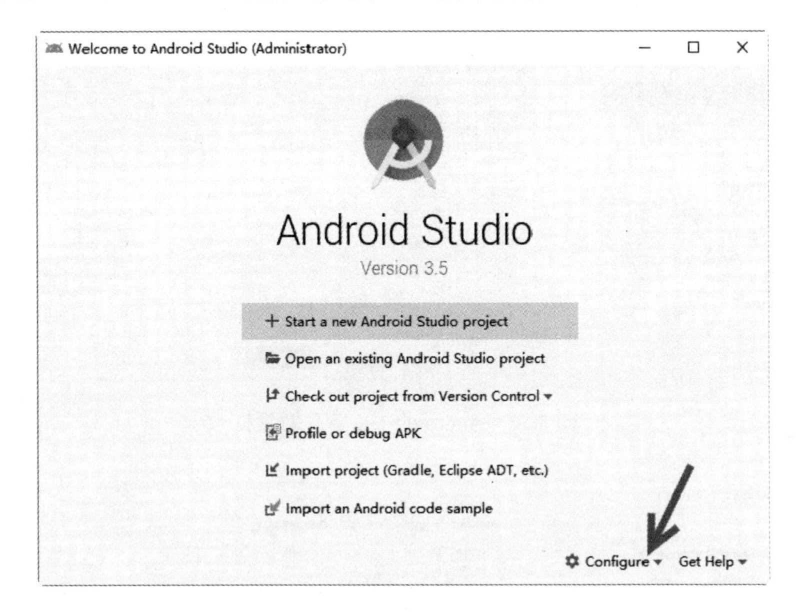

图 3.34　Android Studio 欢迎窗口

（2）单击 Configure 下拉按钮，如图 3.35 所示。

（3）从弹出的下拉列表中可以看到所有的相关配置选项。选择 SDK Manager 选项，弹出 Android SDK 管理对话框，如图 3.36 所示。

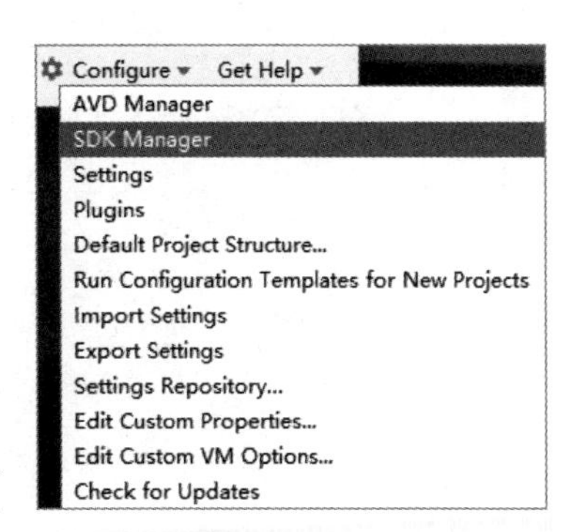

图 3.35　弹出的下拉列表

（4）从 Android SDK 管理对话框右侧部分可以看到 Android SDK 的所有配置，包括 SDK Platforms（SDK 平台）、SDK Tools（SDK 工具）和 SDK Update Sites（SDK 更新站点）三部分。其中，SDK Platforms 部分包括所有的 Android 版本；SDK Tools 部分包括所有的 SDK 工具；SDK Update Sites 部分包括 SDK 更新的所有站点。从 SDK Platforms 部分可以看到支持的

所有 SDK 平台，默认安装了 Android 10.0。在该部分共包括 4 列信息，分别是 Name（Android 平台名称）、API Level（API 级别）、Revision（修订版）和 Status（状态）。从 Status 列可以看到安装了哪些包。选中 Show Package Details 复选框，将显示包详细信息，如图 3.37 所示。

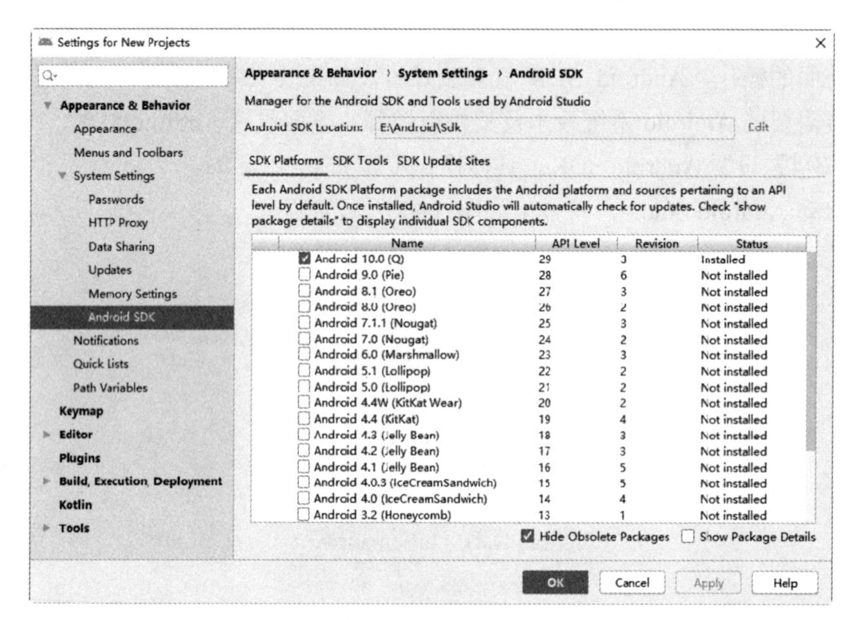

图 3.36　Android SDK 管理对话框

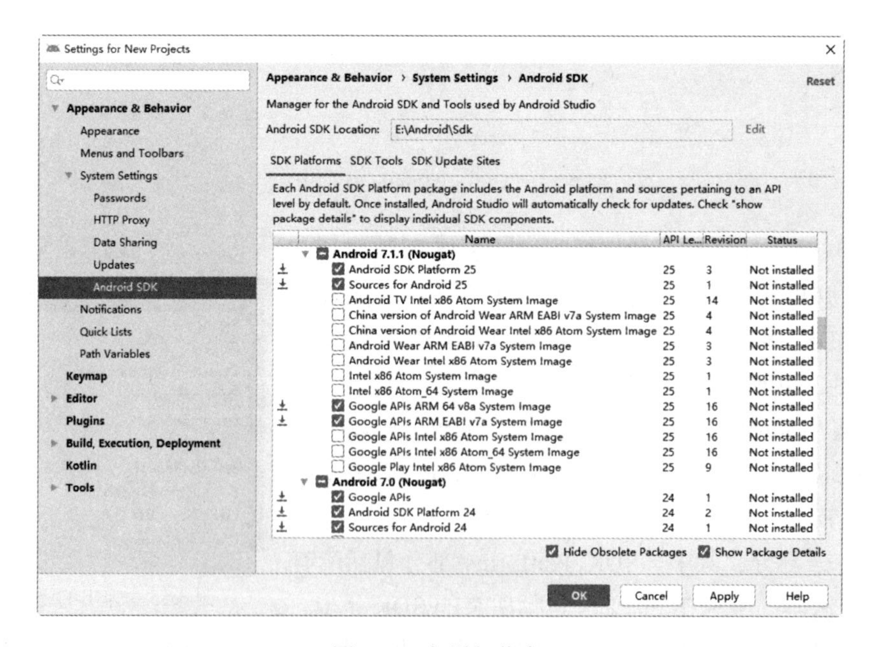

图 3.37　包详细信息

（5）此时，用户可以选择需要的 Android 版本镜像。为了方便安装 App 包，这里将选择安装包括 ARM 架构的包。本例中将安装 Android 7.1.1（Nougat）和 Android 7.0（Nougat）版本的 SDK 包。然后单击 Apply 按钮，弹出确认修改对话框，如图 3.38 所示。

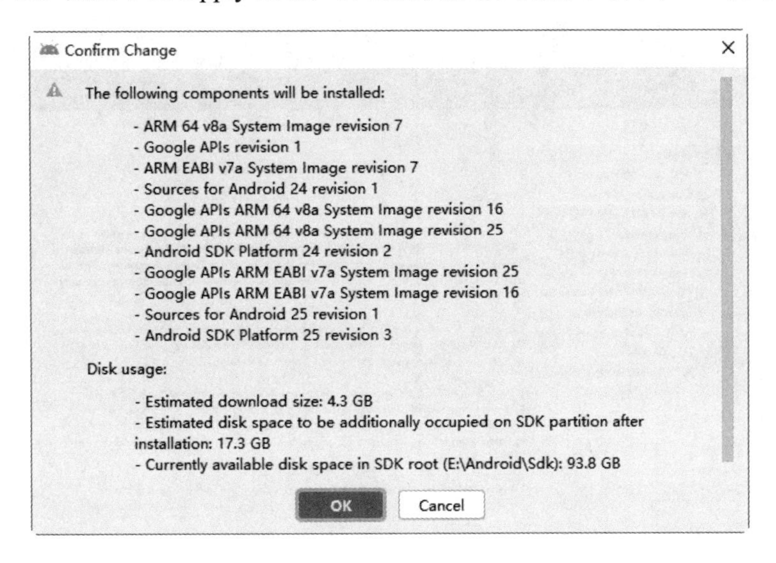

图 3.38　确认修改对话框

（6）从图 3.38 中可以看到将要安装的组件及占用磁盘情况。如果用户磁盘空间不足，将导致安装失败。单击 OK 按钮，弹出许可协议对话框，如图 3.39 所示。

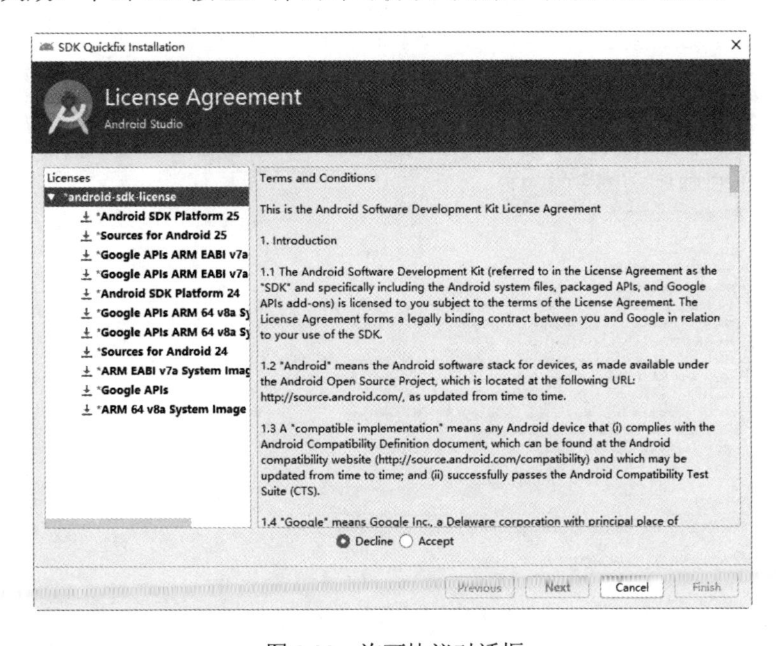

图 3.39　许可协议对话框

（7）许可协议对话框中显示了安装所有组件的许可协议条款。此时，必须先接受该协议才可以继续安装，否则无法单击 Next 按钮。选中 Accept 单选按钮，如图 3.40 所示。

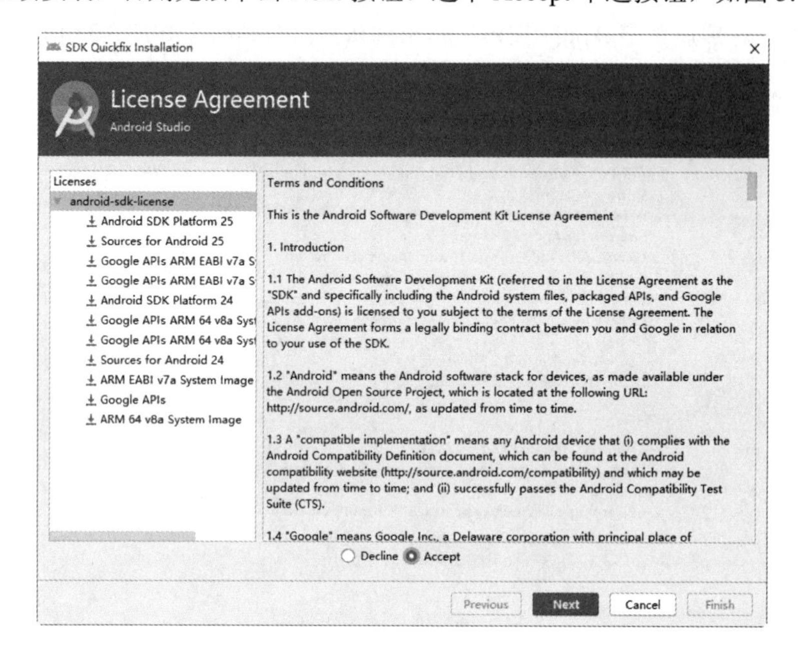

图 3.40　已接受许可协议

（8）单击 Next 按钮，将开始下载并安装组件，如图 3.41 所示。

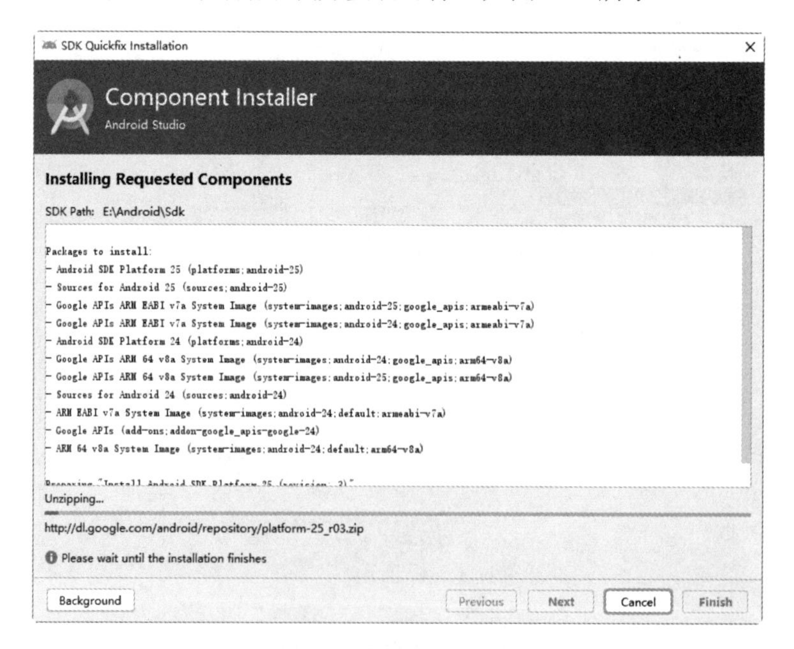

图 3.41　下载并安装组件

（9）从图 3.41 中可以看到，正在下载并安装及组件。安装完成后，将显示如图 3.42 所示的对话框。

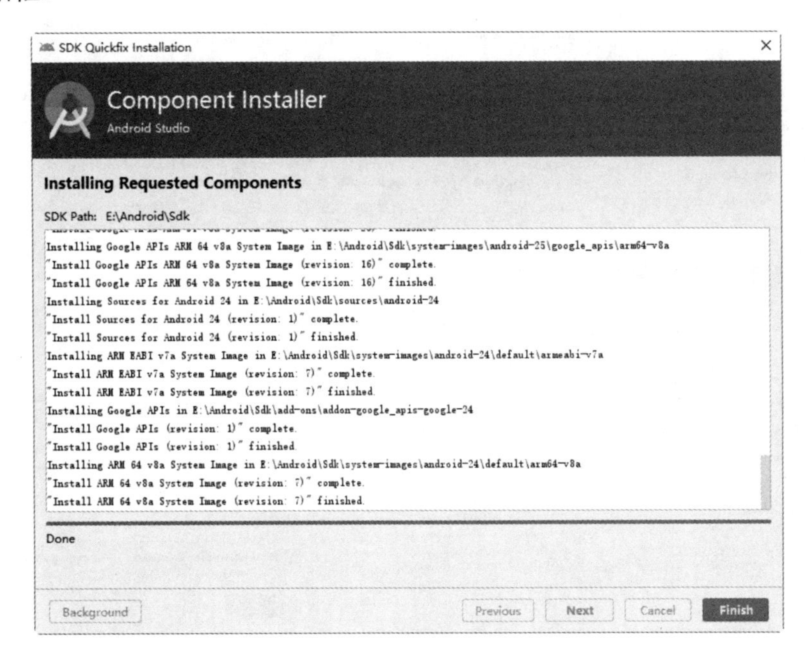

图 3.42　安装完成

（10）单击 Finish 按钮，即可看到选择组件的 Status 列显示为 Installed（已安装），如图 3.43 所示。

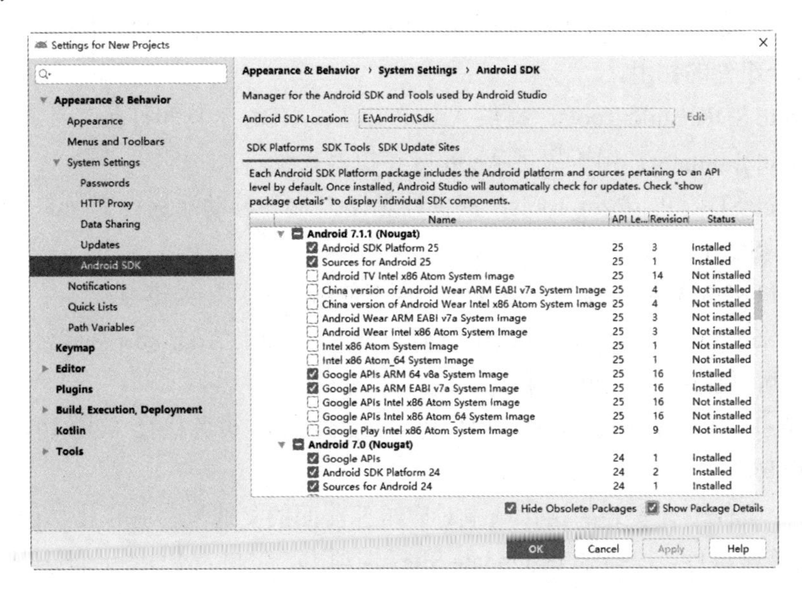

图 3.43　组件安装成功

（11）选择 SDK Tools 选项卡，将显示 SDK 工具列表，如图 3.44 所示。

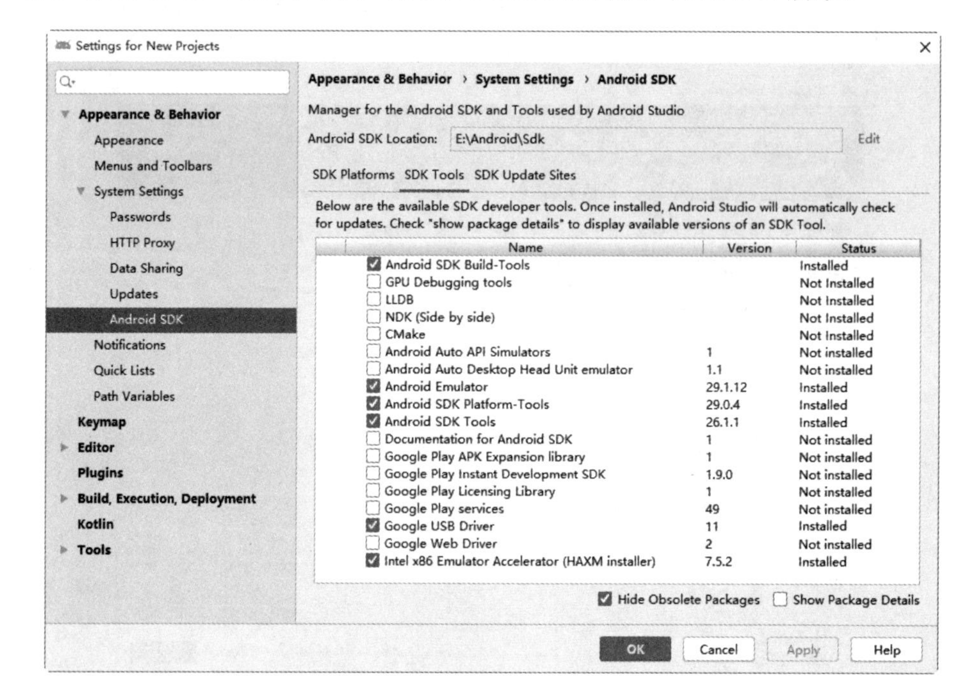

图 3.44　SDK 工具列表

（12）从图 3.44 中可以看到安装的所有 SDK 工具。如果要使用 Android 模拟器，需要安装的组件有 Android SDK Build-Tools、Android Emulator、Android SDK Platform-Tools、Android SDK Tools 和 Intel x86 Emulator Accelerator (HAXM installer)和 Google USB Driver。下面介绍每个组件的作用。

- Android SDK Build-Tools：提供 AAPT 工具、AIDL 工具和打包工具。
- Android Emulator：用于提供 Android 模拟器系统。
- Android SDK Platform-Tools：提供针对 PC 端和移动端进行交互的一些工具，如 ADB、SQLite 3 等。
- Android SDK Tools：提供针对 PC 平台下使用的工具，如模拟器。
- Intel x86 Emulator Accelerator (HAXM installer)：如果 Android 模拟器使用 Intel 处理器的话，则必须安装该组件。
- Google USB Driver：如果要使用任何 Google Nexus 设备执行 ADB 调试，则必须安装该组件。

如果某个组件没有安装的话，选中对应组件前面的复选框，并单击 Apply 按钮将开始下载并安装该组件。选择 SDK Update Sites 选项卡，将显示 SDK 更新站点，如图 3.45 所示。

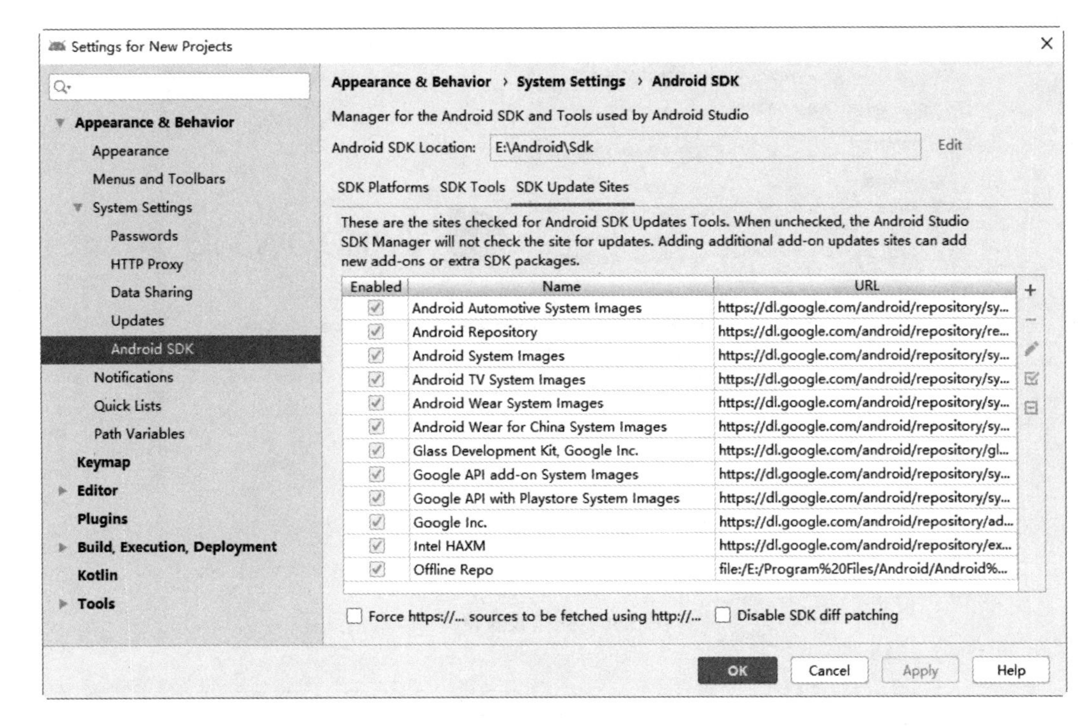

图 3.45　SDK 更新站点

（13）从列表框中可以看到默认提供的所有 SDK 更新站点，这些站点用于获取 SDK 组件包。为了加快安装速度，可以选中 Force https://…sources to be fetched using http://复选框。设置完成后单击 OK 按钮，则 Android SDK 设置完成。

3.1.4　设置 Android SDK 环境变量

当安装好 Android SDK 中的工具组件后，便可以使用其工具了。例如，通常使用 ADB 工具连接设备、安装或删除 App 等。当用户使用这些工具时，需要切换到具体的位置才可以使用该工具。为了方便调用所有的工具，可以将 Android SDK 中工具的路径添加到系统的环境变量中。下面介绍设置 Android SDK 环境变量的方法。

【实例 3-5】在 Windows 10 中，设置 Android SDK 环境变量。具体操作步骤如下：

（1）右击“此电脑”图标，选择“属性”命令，将打开系统设置窗口，如图 3.46 所示。

（2）选择“高级系统设置”选项，弹出“系统属性”对话框，如图 3.47 所示。

（3）单击“环境变量”按钮，弹出“环境变量”对话框，如图 3.48 所示

图 3.46 系统设置窗口

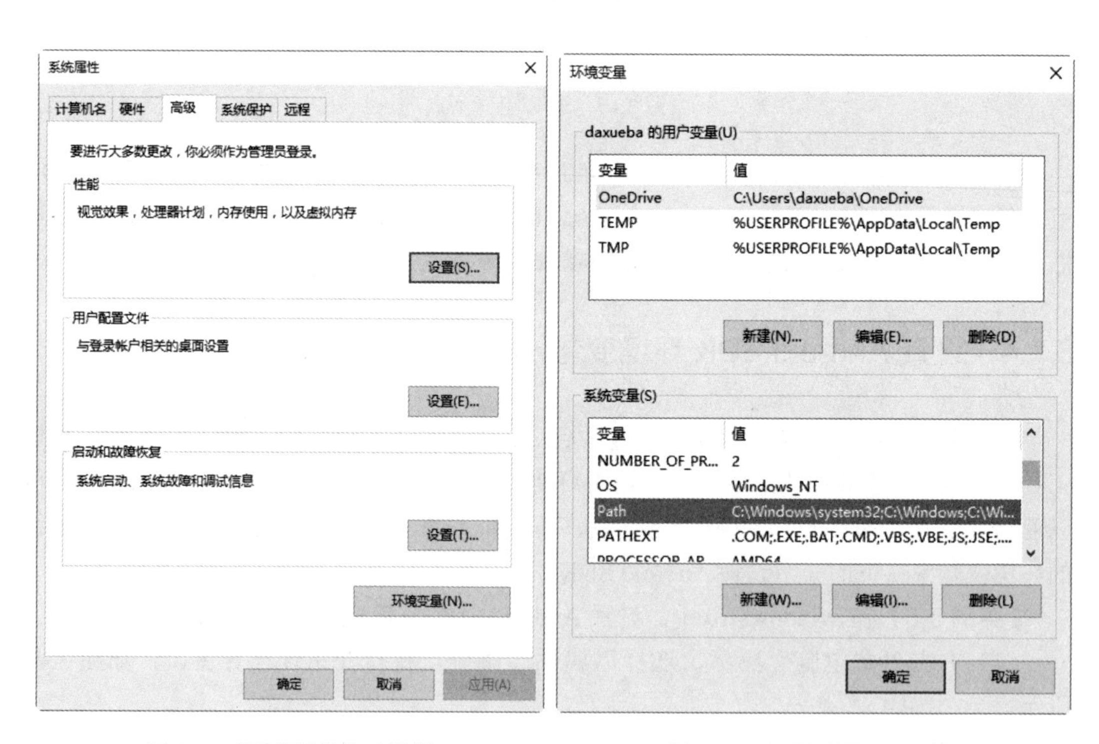

图 3.47 “系统属性”对话框

图 3.48 “环境变量”对话框

（4）在“系统变量”选项栏中选择 Path 变量，并单击“编辑”按钮，弹出“编辑系统变量”对话框，如图 3.49 所示。

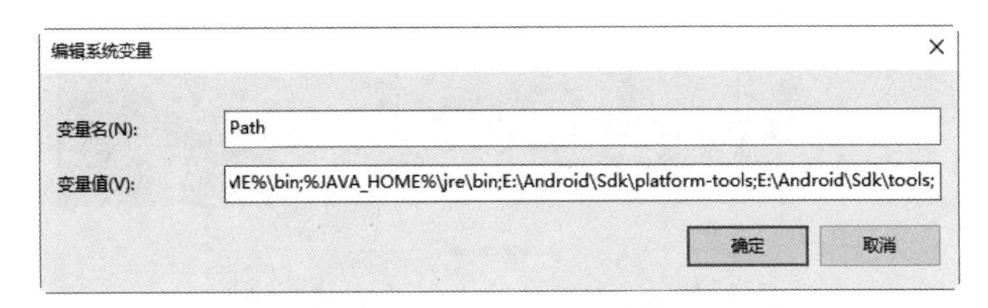

图 3.49　“编辑系统变量”对话框

（5）修改变量值，即追加 Android SDK 工具的安装路径。其中，追加的内容格式如下：

```
;<SDK>\platform-tools;<SDK>\tools;
```

以上格式中的<SDK>是指 Android SDK 工具的具体安装路径。本例中的路径为 E:\Android\Sdk，则追加的内容如下：

```
;E:\Android\Sdk\platform-tools;E:\Android\Sdk\tools;
```

追加以上内容后，单击“确定”按钮，完成环境变量设置。

3.1.5　创建模拟器

经过前面的一系列操作，Android SDK 就配置好了，接下来即可创建模拟器（AVD）。下面介绍具体的创建方法。

【实例 3-6】创建模拟器。具体操作步骤如下：

（1）在 Android Studio 欢迎界面中，单击 Configure 下拉按钮，弹出下拉列表，如图 3.50 所示。

（2）在 Configure 下拉列表中选择 AVD Manager 选项，弹出如图 3.51 所示的窗口。

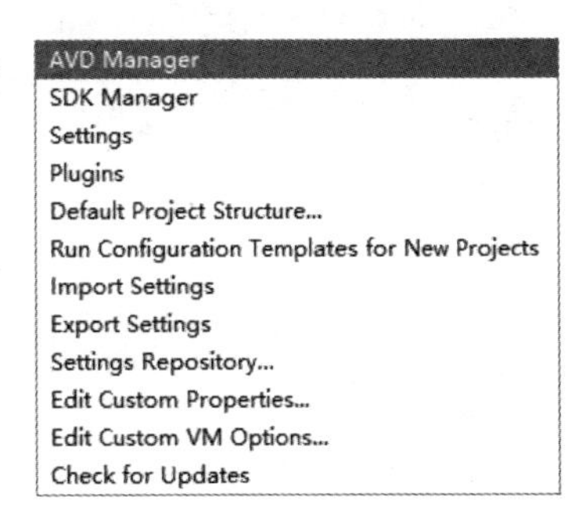

图 3.50　下拉列表

（3）从 AVD 管理窗口中可以看到，目前还没有创建任何模拟器。单击 Create Virtual Device 按钮，弹出选择硬件对话框，如图 3.52 所示。

（4）从选择硬件对话框中可以看到支持创建的模拟器类型有 4 种，分别是 TV（智能电视）、Phone（手机）、Wear OS（智能手表）和 Tablet（平板）。这里选择 Phone 类型，将看到默认提供的所有硬件配置模型，如 Pixel XL、Piexl 3a XL 等。如果不想使用默认的硬件配置，可以新建（New Hardware Profile）和导入（Import Hardware Profiles）硬件配置。例如，这里将新建一个硬件配置，则单击 New Hardware Profile 按钮，弹出如图 3.53 所示的对话框。

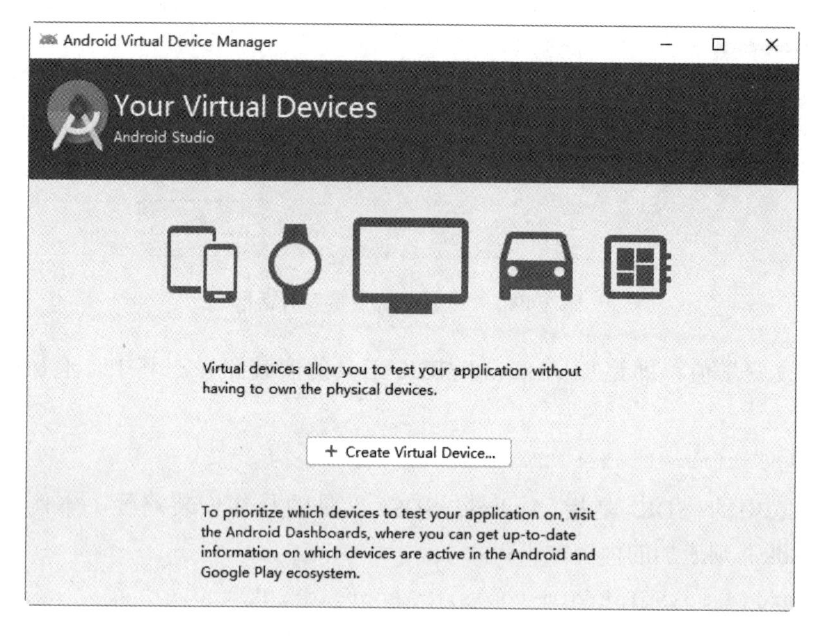

图 3.51　AVD 管理窗口

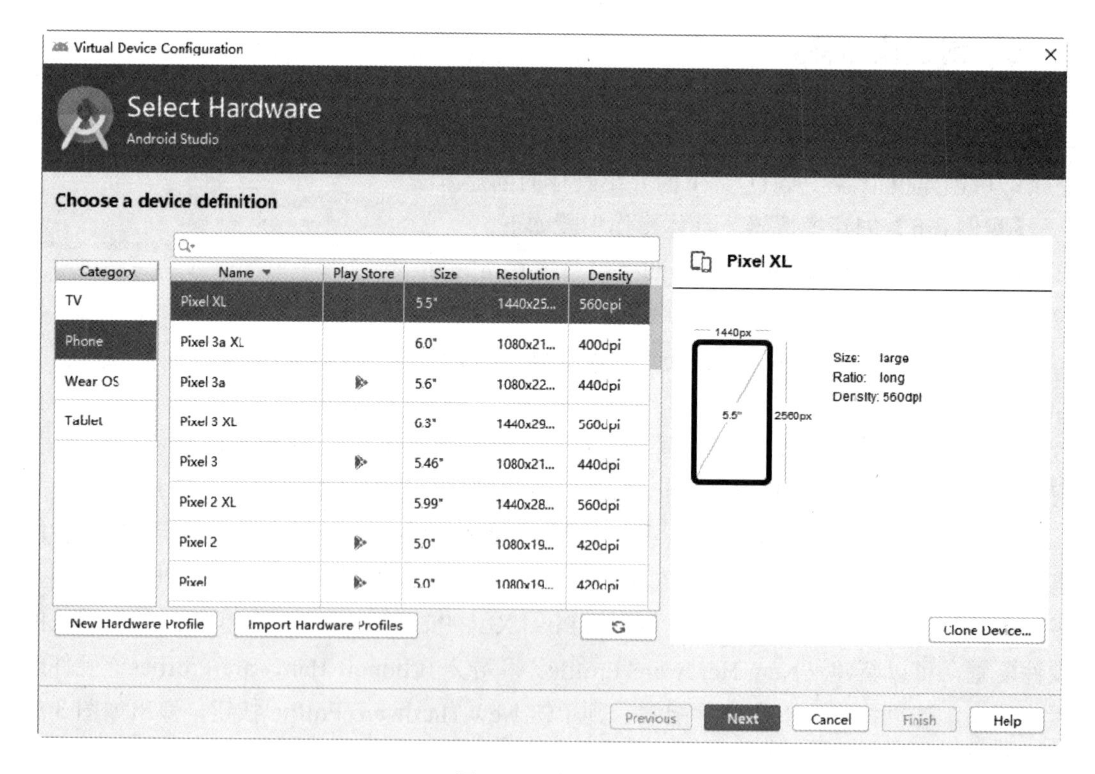

图 3.52　选择硬件

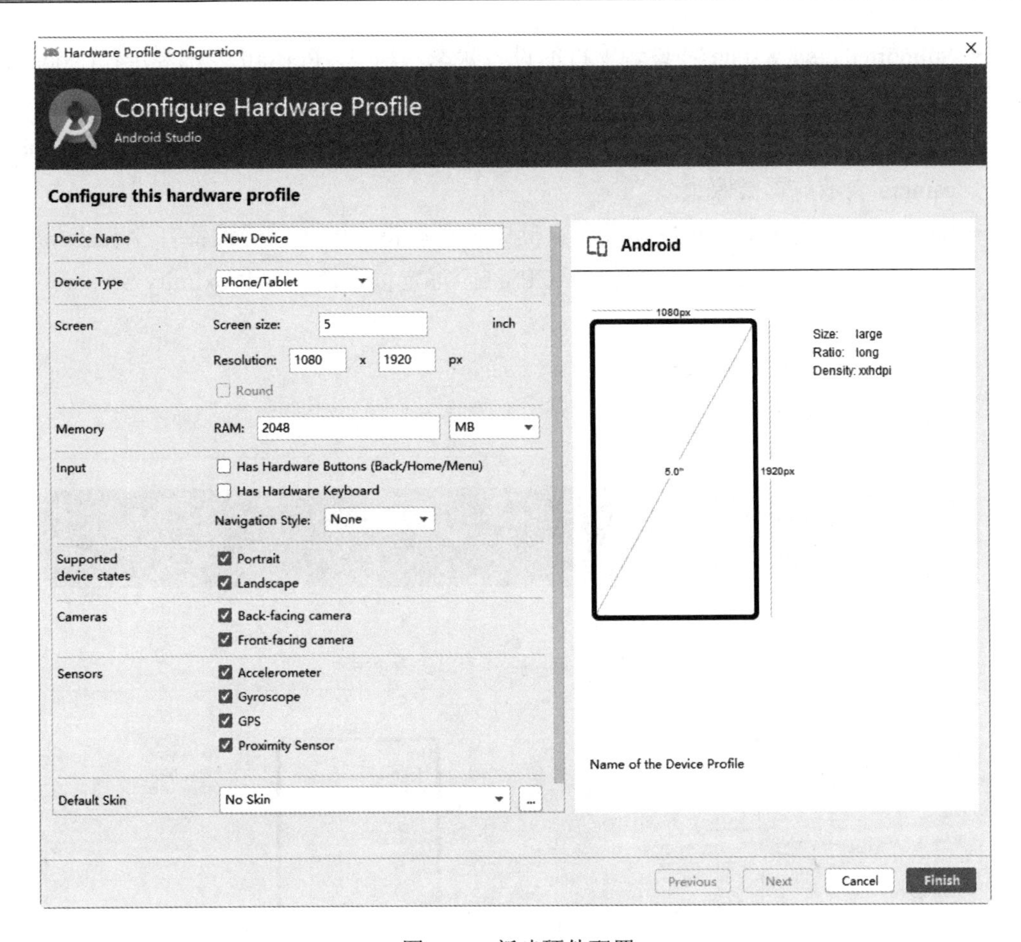

图 3.53　新建硬件配置

（5）此时，用户根据自己的需要进行配置即可。其中，所有配置项及含义如下：

- Device Name：指定设备名称。
- Device Type：指定设备类型。其中，可以指定的类型有 Phone/Tablet（手机/平板）、Wear OS（智能手表）、Android TV（Android 电视）、Chrome OS Device（Chrome 操作系统设备）和 Android Automotive（Android 车载嵌入式操作系统）。
- Screen size：屏幕大小。
- Resolution：分辨率。
- Memory：指定模拟器的内存大小。
- Input：指定键盘的输入类型。其中，可以指定的值有 Has Hardware Buttons(Back/Home/Menu)（硬件按钮）和 Has Hardware Keyboard（硬件键盘）。
- Navigation Style：指定导航栏模式。其中，可以指定的类型有 None（无）、D-pad（方键）、Trackball（圆球）和 Wheel（滚轮）。

- Supported device states：设置支持的设备状态。其中，Portrait 表示竖屏；Landscape 表示横屏。
- Cameras：设置照相机。其中，Back-facing camera 表示后置摄像头；Front-facing camera 表示前置摄像头。
- Sensors：指定包括的传感器设备。其中，可以指定的传感器设备有 Accelerometer（加速计）、Gyroscope（陀螺仪）、GPS（全球定位系统）和 Proximity Sensor（距离传感器）。
- Default Skin：指定默认皮肤。

本例中配置的硬件信息如图 3.54 所示。

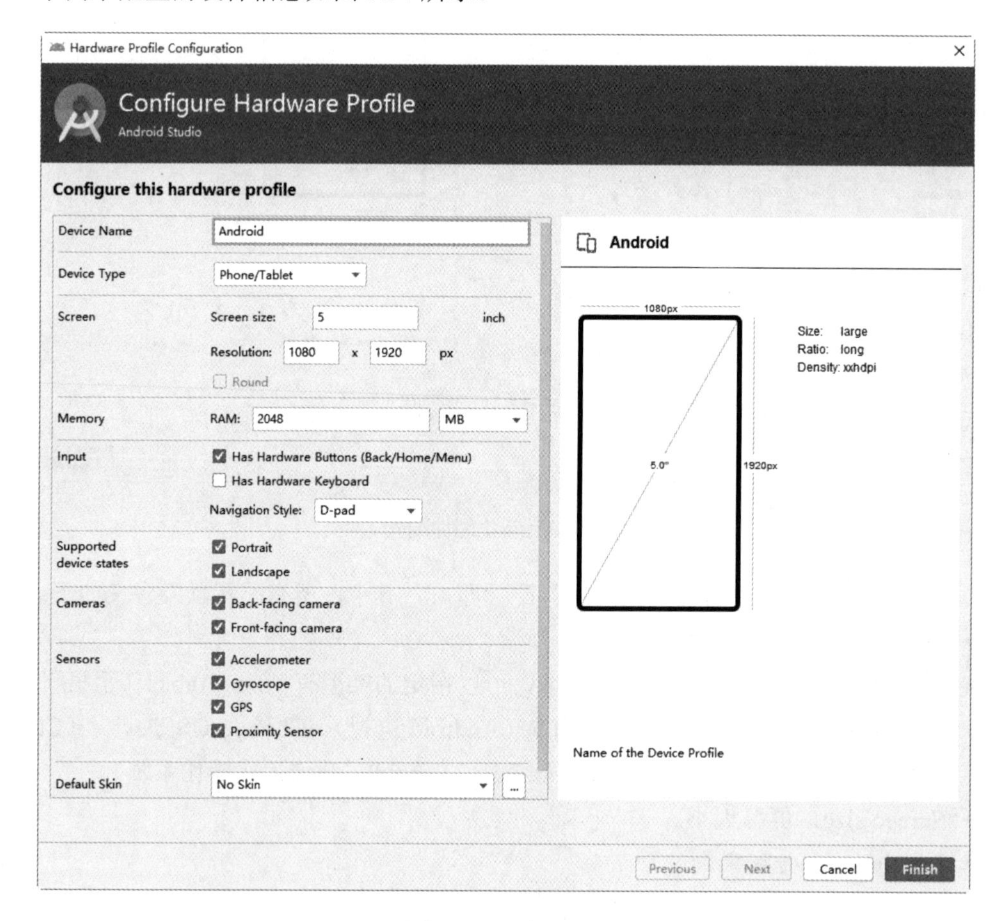

图 3.54　硬件配置

（6）单击 Finish 按钮，即可看到新添加的硬件配置，如图 3.55 所示。

（7）从图 3.55 中可以看到，新创建了 Android 硬件配置。此时，选择该硬件配置，并单击 Next 按钮，进入系统镜像选择对话框，如图 3.56 所示。

图 3.55 新创建的硬件配置

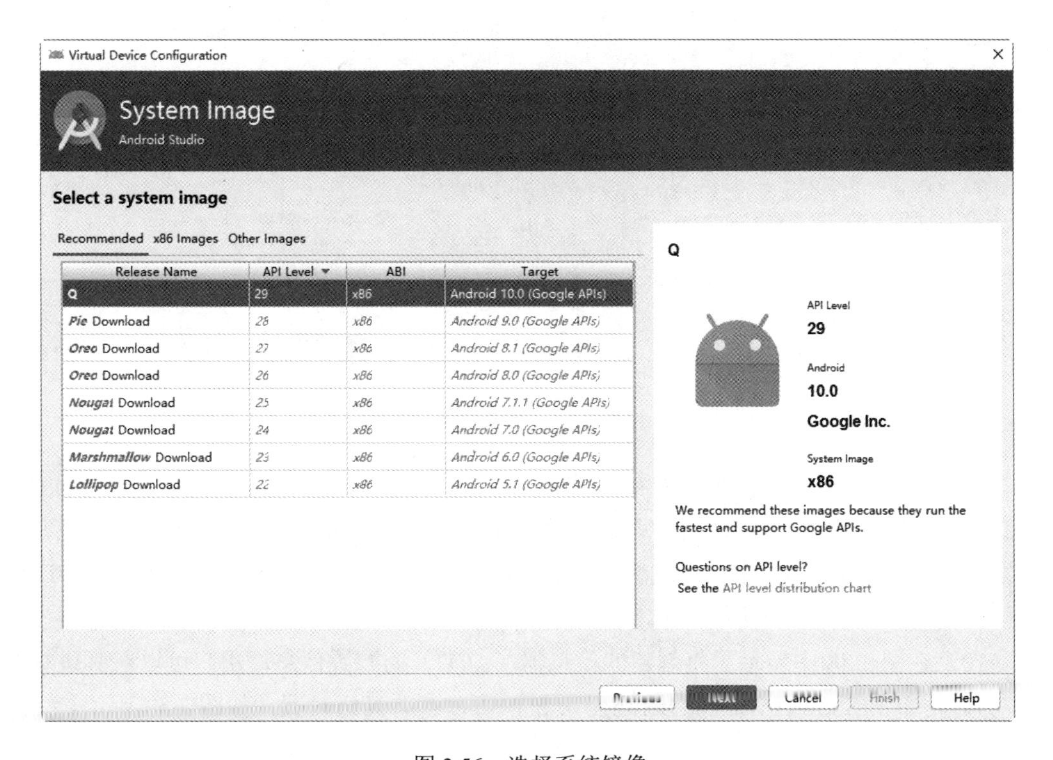

图 3.56 选择系统镜像

（8）在选择系统镜像对话框中提供了三部分系统镜像，分别是 Recommended（建议的镜像）、x86 Images（x86 镜像）和 Other Images（其他镜像）。其中，建议的镜像 ABI 都是 x86 的，这是因为 x86 镜像运行速度较快，所以推荐使用。如果用户需要安装 App 程序，并且该程序只支持 ARM 架构，则无法在 x86 架构的模拟器中安装。因为我们要捕获 App 数据包，所以肯定要安装一些 App 程序。为了使后续的操作顺利，这里将选择一个 ARM 镜像。选择 Other Images 选项卡，将显示其他镜像，如图 3.57 所示。

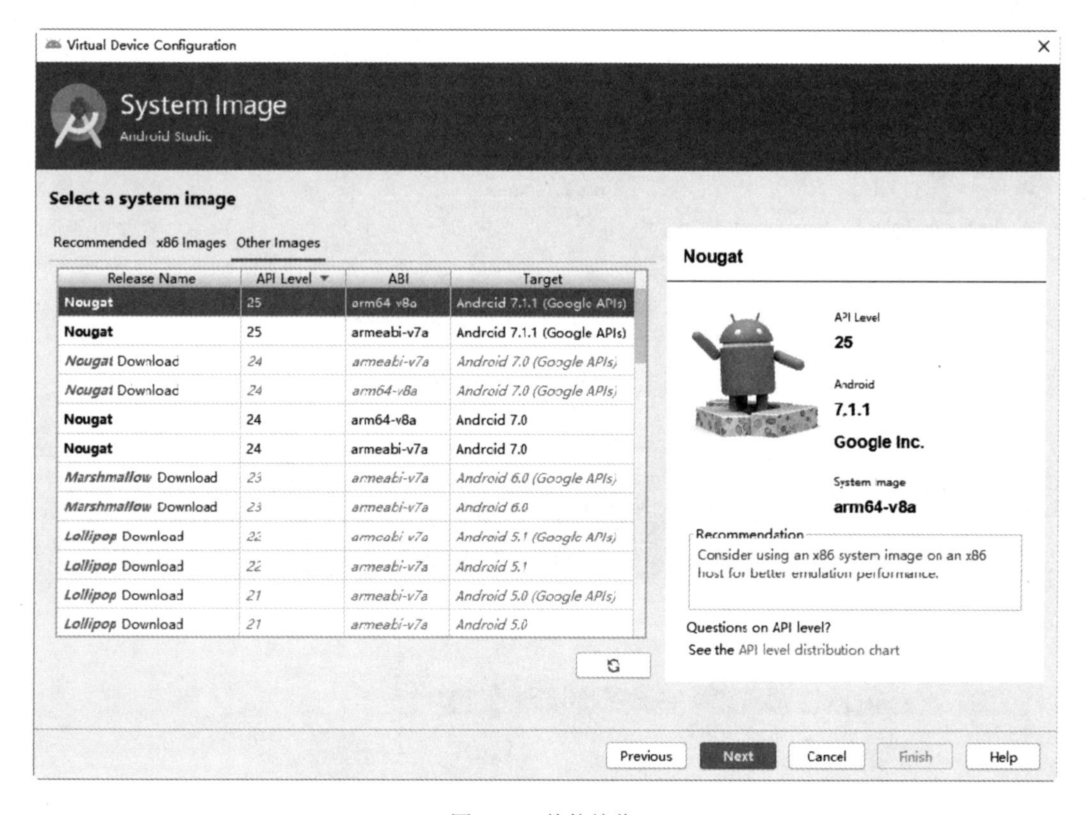

图 3.57　其他镜像

（9）从其他镜像列表框中可以看到可以选择的所有镜像。其中，Release Name 列中包含有 Download 字样的镜像，说明该镜像没有安装。单击 Download 链接，即可下载并安装该镜像。这里选择第一个已经安装的 Nougat 镜像，然后单击 Next 按钮，进入 AVD 验证配置对话框，如图 3.58 所示。

（10）在图 3.58 中显示了将创建的模拟器（AVD）的配置信息，用户可以对其进行修改。另外，单击 Show Advanced Settings 按钮，可以查看高级设置，如图 3.59 所示。

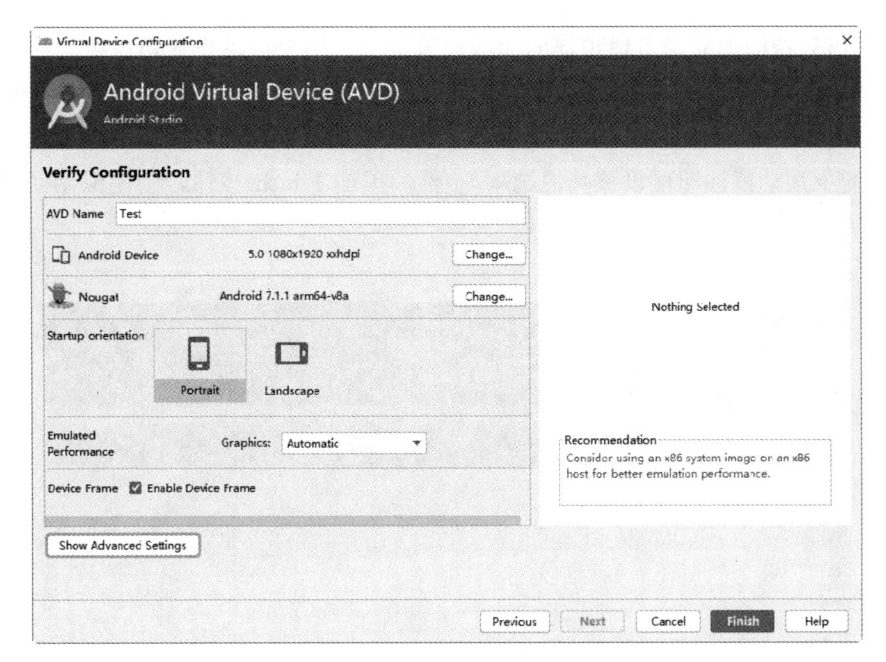

图 3.58　AVD 验证配置对话框

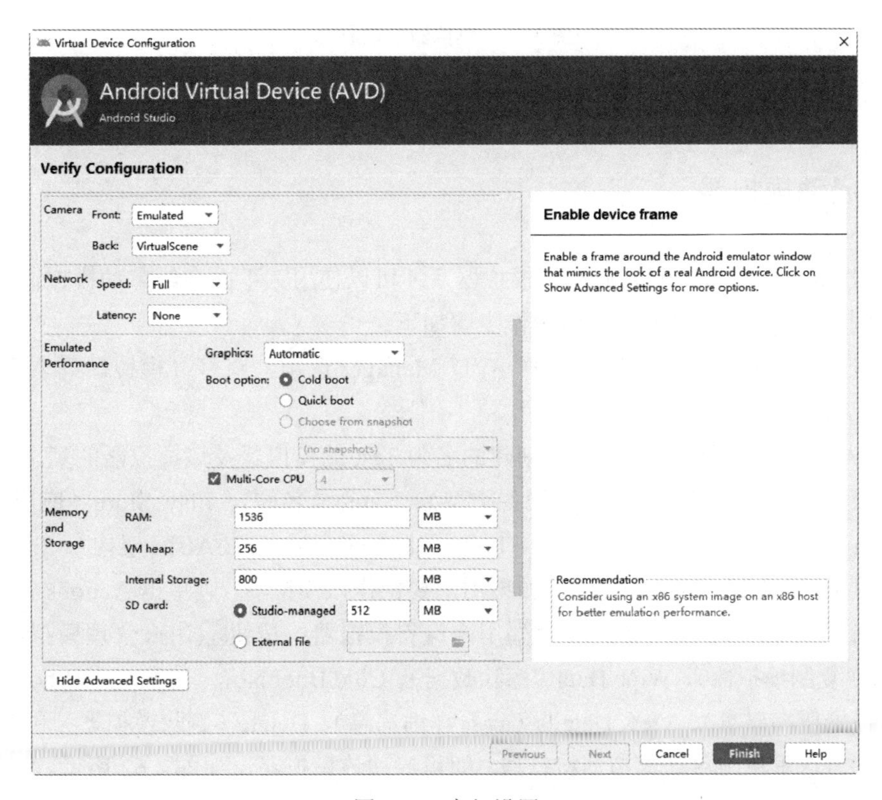

图 3.59　高级设置

（11）该对话框中显示了模拟器的高级设置选项，用户可以设置摄像头、网络、内存及存储空间等。为了方便记忆，这里将该模拟器名称修改为 Test，并且选中 Enable Device Frame 复选框（由于该页面显示的内容较多，无法截取整个页面，所以部分设置选项看不到。读者向下滚动鼠标即可设置其他选项）。然后单击 Finish 按钮，则模拟器创建成功，如图 3.60 所示。

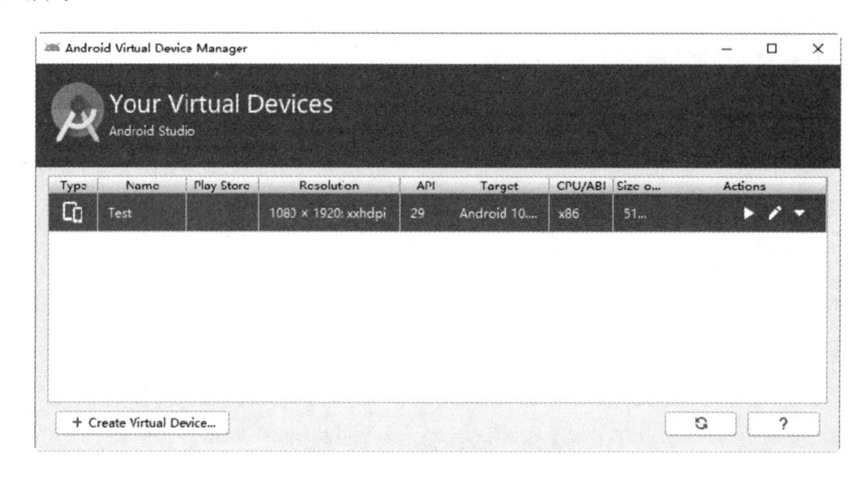

图 3.60　模拟器创建成功

从图 3.60 中可以看到，成功创建了一个名称为 Test 的模拟器。

3.1.6　启动模拟器

当创建好模拟器后，需要启动该模拟器后才可以使用。下面介绍启动模拟器的方法。

【实例 3-7】 启动模拟器。具体操作步骤如下：

（1）在 Configure 下拉列表中选择 AVD Manager 选项，将打开模拟器列表窗口，如图 3.61 所示。

（2）从模拟器列表中可以看到刚创建的名为 Test 的模拟器及该模拟器的基本信息。该列表中共包括 9 列，分别为 Type（设备类型）、Name（名称）、Play Store（应用商店）、Resolution（分辨率）、API（API 级别）、Target（目标平台）、CPU/ABI（架构）、Size on Disk（占用磁盘大小）和 Actions（行为）。如果用户要操作该模拟器，则单击 Actions 列的按钮。其中，按钮▶用来启动模拟器；按钮✎用来编辑模拟器；按钮▼用来管理模拟器，包括 Duplicate（复制模拟器）、Wipe Data（擦除数据）、Cold Boot Now（冷启动）、Show on Disk（查看模拟器所在磁盘）、View Details（查看详细信息）、Delete（删除模拟器）和 Stop（停止模拟器）。这里单击启动模拟器按钮▶，即可启动该模拟器，如图 3.62 所示。

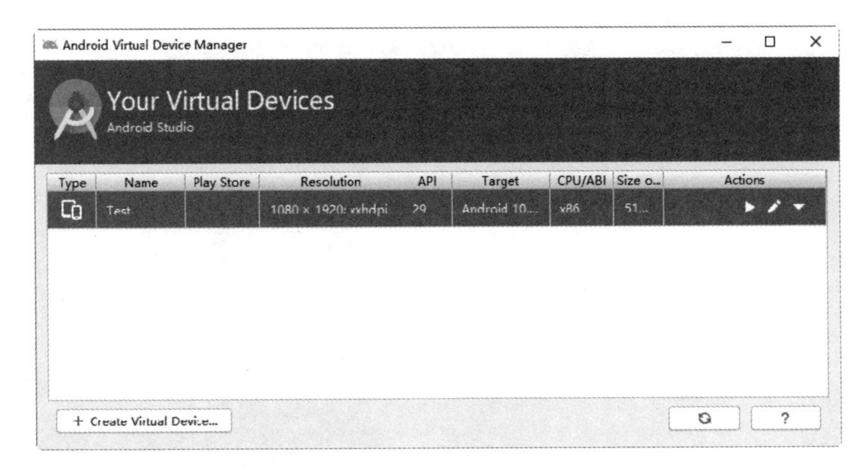

图 3.61　模拟器列表

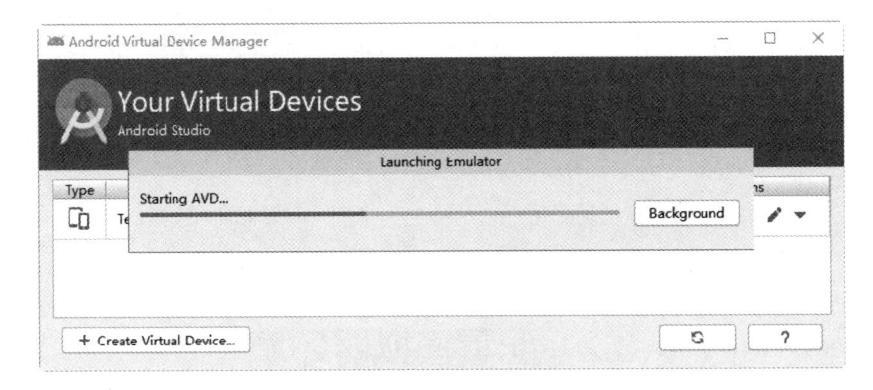

图 3.62　正在启动模拟器

（3）从图 3.62 中可以看到正在启动模拟器。如果用户想要进行其他操作的话，可以单击 Background 按钮，在后台启动该模拟器。当模拟器启动成功后，将弹出一个警告对话框，如图 3.63 所示。

（4）该对话框建议用户使用 x86 架构的模拟器，这样运行速度比较快。这里直接单击 OK 按钮，即可成功启动该模拟器，如图 3.64 所示。如果不希望再次弹出该警告对话框的话，选中 Never show this again 复选框即可。

（5）此时，可以使用 ADB 工具查看连接的设备，以确定模拟器设备已激活。执行命令如下：

```
C:\Users\Administrator>adb devices
List of devices attached
emulator-5554   device
```

从输出的信息中可以看到，成功列出了一个 Android 设备，该设备名称为 emulator-5554。

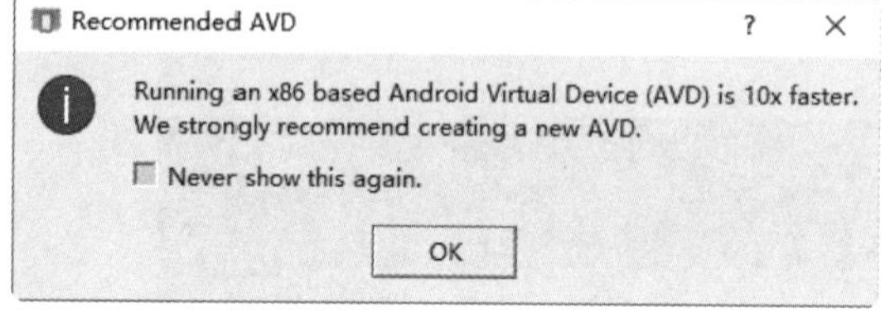

图 3.63　警告对话框

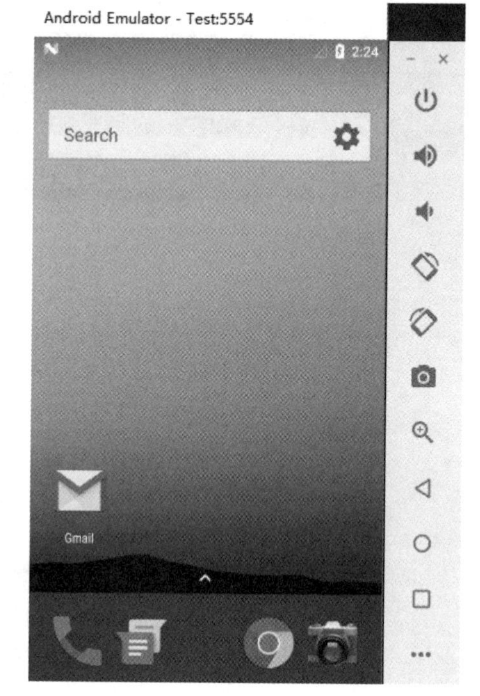

图 3.64　模拟器启动成功

3.2　配置模拟器环境

当创建好模拟器后，便可以使用该模拟器来捕获数据包。但是在使用该模拟器之前，需要配置模拟器环境，如安装要捕获的程序 App、运行 App 等。本节介绍配置模拟器环境，并使用模拟器捕获数据包的方法。

3.2.1　安装 App

当安装好模拟器后，默认只安装了系统的一些程序。对于想要捕获的 App 数据包，则需要先安装该 App。在模拟器中，将使用 ADB 工具来安装 App，其语法格式如下：

```
adb install <App>
```

【实例 3-8】以微信程序为例，介绍安装 App 的方法。具体操作步骤如下：

（1）下载微信 App。其中，微信的官网下载地址为 https://weixin.qq.com/，在浏览器中成功访问后，将显示如图 3.65 所示的页面。

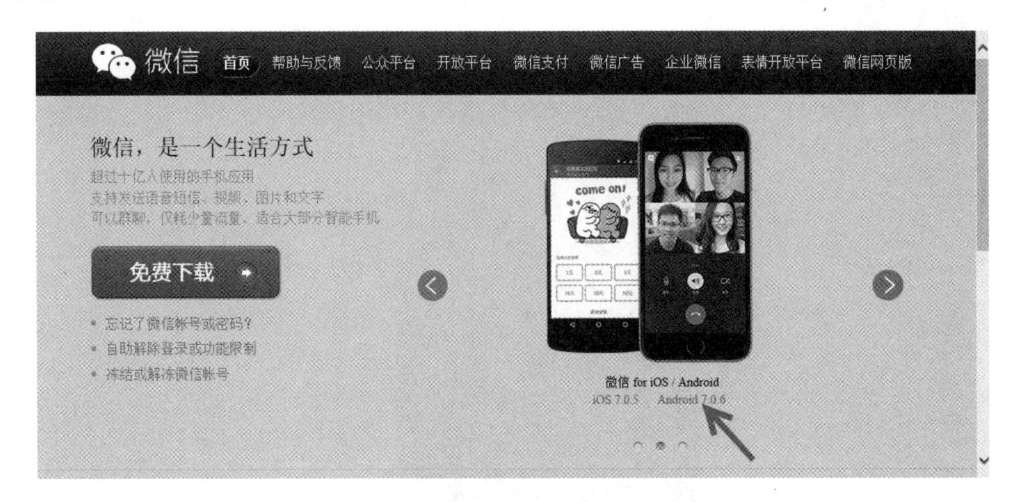

图 3.65 下载微信 App

（2）这里选择下载 Android 平台的安装包。单击 Android 7.0.6 链接，将跳转到 Android 版的下载页面，如图 3.66 所示。

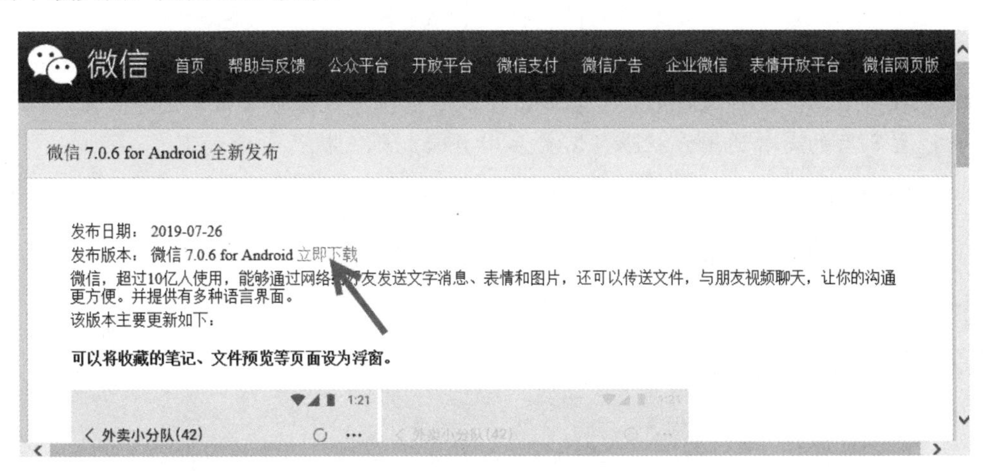

图 3.66 下载 Android 版的 App

（3）单击“立即下载”链接，将开始下载其安装包。下载成功后，其安装包名为 weixin706android1480.apk。为了方便输入，将该 App 包名称修改为 weixin.apk。接下来就可以安装该 App 了，执行命令如下：

```
C:\Users\Administrator>adb install weixin.apk
Performing Streamed Install
Success
```

从输出的信息中可以看到以上命令执行成功（Success），即微信安装成功。此时，在模拟器中即可看到安装的微信程序，如图 3.67 所示。

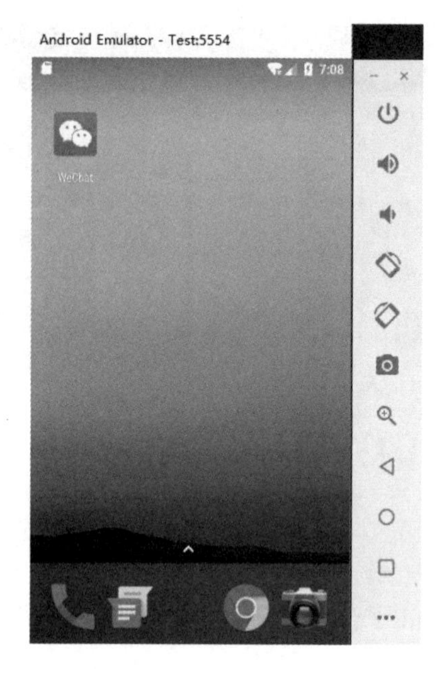

图 3.67　微信程序安装成功

提示：在安装或者上传文件时，可能会由于权限限制导致操作失败。这是因为默认模拟器拥有的是普通用户权限，需要启用 root 权限，执行命令如下：

```
E:\Android\Sdk\platform-tools>adb.exe root
```

此时，用户就拥有 root 权限了，可以执行任意操作。

3.2.2　捕获数据包

经过前面的操作，模拟器环境已经配置好，接下来便可以捕获该模拟器上的数据包了。下面介绍使用 Tcpdump 在模拟器上捕获数据包的方法。

Tcpdump 是一款非常强大的命令行数据包抓包工具。用户通过在模拟器上安装该工具，即可捕获模拟器上的数据包。其中，该工具的语法格式如下：

```
tcpdump <options> <expression>
```

Tcpdump 命令常用的选项及含义如下：

- -a：将网络地址和广播地址转换成名字。
- -c：在收到指定的包的数目后，停止 Tcpdump 程序。
- -d：将匹配信息包的代码以人类可读的格式输出。
- -dd：将匹配信息包的代码以 C 语言程序段的格式输出。

- -ddd：将匹配信息包的代码以十进制的形式输出。
- -e：在输出行打印出数据链路层的头部信息。
- -f：将 IPv4 地址以数字的形式打印出来。
- -F：从指定的文件中读取表达式，忽略其他的表达式。
- -i interface：指定监听的网络接口。如果不指定接口的话，Tcpdump 将在系统的接口清单中寻找号码最小，并且已经配置好的接口（loopback 除外）。在 Linux 系统内核为 2.2 或更新的内核中，可以指定接口为 any 以捕获所有接口的包。注意，在 any 接口上捕获包时，不能开启混杂模式。
- -l：使标准输出变为缓冲行形式。
- -n：不把网络地址转换成名字。
- -p：关闭接口的混杂模式。
- -r：从指定的文件中读取包。
- -s：从每个报文中截取 snaplen 字节的数据，而不是默认的 65535 个字节。
- -t：在输出的每一行不显示时间戳。
- -v：输出详细的报文信息。
- -w：指定捕获包的文件名。

Tcpdump 工具还可以使用表达式过滤捕获的数据包。这里的表达式是一个正则表达式，Tcpdump 可以利用它作为过滤报文的条件。如果一个报文满足表达式的条件，则该报文将会被捕获。如果没有给出任何条件，则捕获网络上所有的数据包。在表达式中一般包括以下几种类型的关键字。

1. 关于类型的关键字

关于类型的关键字主要包括 host、net 和 port。这 3 个关键字的区别如下：

- host 192.168.1.100：表示仅捕获主机 IPv4 地址为 192.168.1.100 的数据包。
- net 192.168.1.0：表示捕获 192.168.1.0 网络内主机的数据包。
- port 23：表示仅捕获端口为 23 的数据包。

如果没有指定类型，默认为 host 类型。

2. 确定传输方向的关键字

传输方向的关键字主要包括 src、dst、dst or src、dst and src 等，这些关键字指明了传输的方向。

- src 192.168.1.1：表示仅捕获源地址为 192.168.1.1 的数据包。
- dst 192.168.2.100：表示仅捕获目标地址为 192.168.2.100 的数据包。
- dst or src 192.168.1.10：表示捕获源或目标地址为 192.168.1.10 的数据包。

- dst net 192.168.1.0：表示捕获网络地址是 192.168.1.0 的数据包。

如果没有指明方向关键字，则默认是 src or dst 关键字。

3．协议的关键字

协议的关键字主要包括 ip、arp、rarp、tcp 和 udp 等。如果没有指定任何协议，则 Tcpdump 将会监听所有协议的数据包。

除了以上 3 种类型的关键字外，还有一些其他的关键字，如 gateway、broadcast、less、greater 及 3 种逻辑运算符（非运算'not'或'!'、与运算'and'或'&&'、或运算'or'或'||'）。

提示： 如果需要使用关键字时，将使用的关键字写在 tcpdump 命令后就可以了。例如，指定 TCP 关键字，则执行的命令如下：

```
C:\Users\Administrator>adb shell /data/local/tmp/tcpdump tcp
```

【实例 3-9】 使用 Tcpdump 工具在模拟器上抓包。具体操作步骤如下：

（1）下载 Tcpdump，并上传到模拟器。其中，Tcpdump 的下载地址为 http://www.strazzere.com/Android/tcpdump。

（2）启用 root 权限。执行命令如下：

```
C:\Users\Administrator>adb root
```

（3）使用 adb push 命令将该工具上传到模拟器。执行命令如下：

```
C:\Users\Administrator>adb push tcpdump /data/local
tcpdump: 1 file pushed. 3.0 MB/s (645840 bytes in 0.205s)
```

看到以上输出信息，则表示 Tcpdump 工具成功上传到模拟器。

（4）使用 adb shell 命令进入模拟器环境，并修改 Tcpdump 的执行权限。执行命令如下：

```
C:\Users\Administrator>adb shell
generic_arm64:/ # cd /data/local/
generic_arm64:/data/local # chmod 777 tcpdump
```

（5）开始捕获数据包。执行命令如下：

```
generic_arm64:/data/local # tcpdump -p -vv -s 0 -w test.pcap
tcpdump: listening on wlan0, link-type EN10MB (Ethernet), capture size
262144 bytes
Got 77
```

看到以上输出信息，则表示正在捕获数据包。当捕获一定数据包后，按 Ctrl+C 组合键停止捕获。接下来将捕获文件复制到本地，即可进行分析。此时，输入 exit 命令退出 Shell，执行命令如下：

```
generic_arm64:/data/local # exit
C:\Users\Administrator>
```

（6）将捕获文件复制到本地，以方便进行分析。执行命令如下：

```
C:\Users\Administrator>adb pull /data/local/test.pcap
/data/local/test.pcap: 1 file pulled. 0.1 MB/s (29275 bytes in 0.235s)
```

看到以上输出信息，则表示成功将模拟器中的文件下载到了本地。此时，用户可以使用图形界面的数据包分析工具 Wireshark 来对数据包进行分析，如图 3.68 所示。

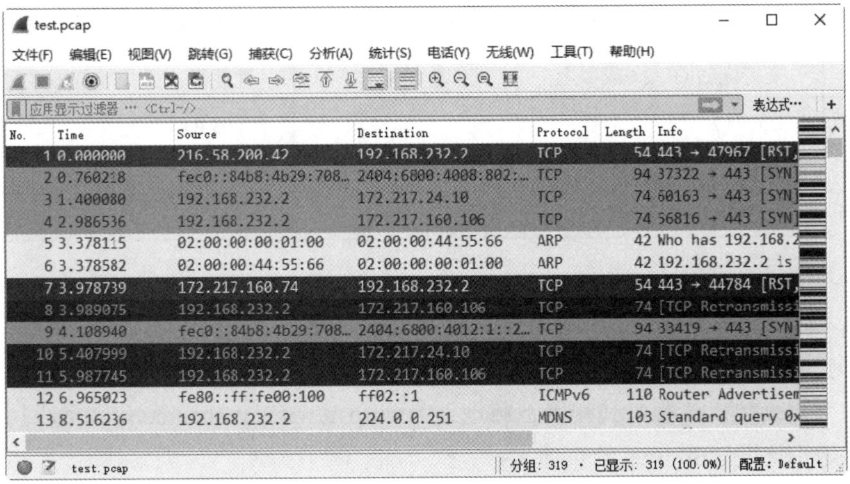

图 3.68　使用 Wireshark 打开捕获文件 test.pcap

（7）从图 3.68 中可以看到捕获文件中的所有数据包，接下来即可对这些包进行分析。

3.3　夜神模拟器

夜神模拟器是一款手游模拟器。本节介绍使用夜神模拟器捕获数据包的方法。

3.3.1　安装夜神模拟器

在使用夜神模拟器之前，需要先进行安装。在安装该模拟器之前，需要先了解 Windows 系统下的最低系统要求及建议配置，如表 3.1 所示。

表 3.1　夜神模拟器最低系统要求

配置 / 选项	最低配置（不可多开）	推荐配置（可多开 2～3 个）
操作系统	Windows XP SP3、Windows Vista、Windows 7、Windows 8、Windows 10（最新的Service Pack）并包含DirectX 9.0c	Windows 7、Windows 8、Windows 10（最新的Service Pack）

（续）

选项 \ 配置	最低配置（不可多开）	推荐配置（可多开 2～3 个）
处理器	至少双核CPU，Intel和AMD皆可	支持VT-x或者AMD-V虚拟化技术的多核CPU，开启该功能后效果更佳
显卡	支持OpenGL 2.0或以上	性能越好效果越佳
内存	1.5GB RAM	4GB RAM
存储空间	安装盘1GB可用硬盘空间，系统盘1.5GB可用磁盘空间	
网络	宽带网络	
媒体	无特殊需求	
分辨率	模拟器最优自适应，无特殊需求，分辨率越高效果越佳	

【实例 3-10】在 Windows 10 中安装夜神模拟器。具体操作步骤如下：

（1）下载夜神模拟器。其官网下载地址为 https://www.yeshen.com/。当成功访问该地址后，将显示如图 3.69 所示的页面。

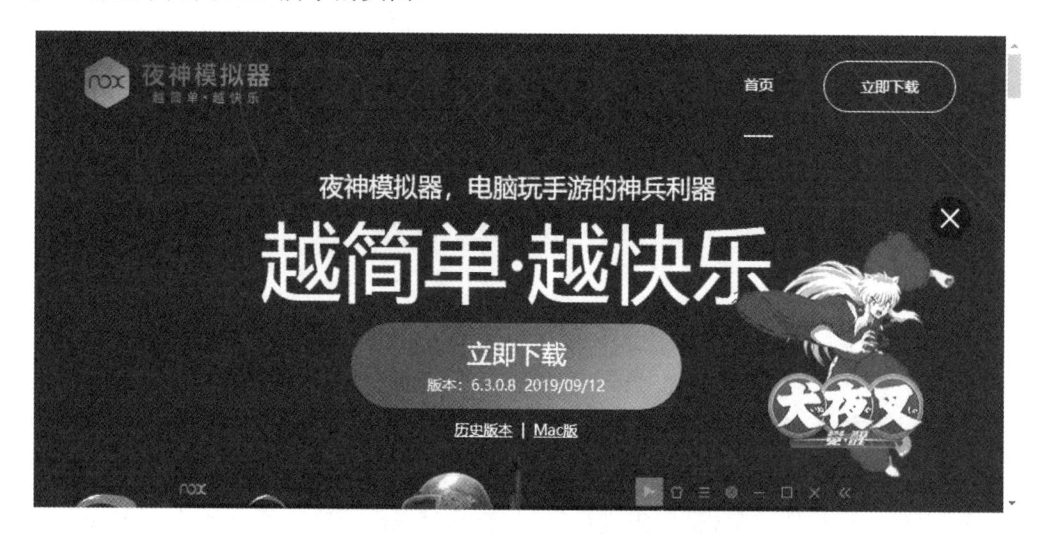

图 3.69　夜神模拟器下载页面

（2）单击“立即下载”按钮，即可下载夜神模拟器。下载完成后双击夜神模拟器安装包，将弹出安装界面，如图 3.70 所示。

（3）在安装界面中用户可以自定义安装位置。如果不需要设置的话，直接单击“立即安装”按钮即可。如果想要自定义安装位置，则单击“自定义安装”选项，将显示自定义信息，如图 3.71 所示。

图 3.70　安装界面

图 3.71　自定义安装

（4）从自定义安装界面中可以看到，这里可以指定安装位置、设置创建桌面快捷方式、添加到快捷栏和开机自动启动。如果用户要在该模拟器中安装游戏的话，将占用很大的磁盘空间，所以不建议安装到 C 盘。设置完成后，单击“立即安装”按钮，将开始安装。安装完成后，显示界面如图 3.72 所示。

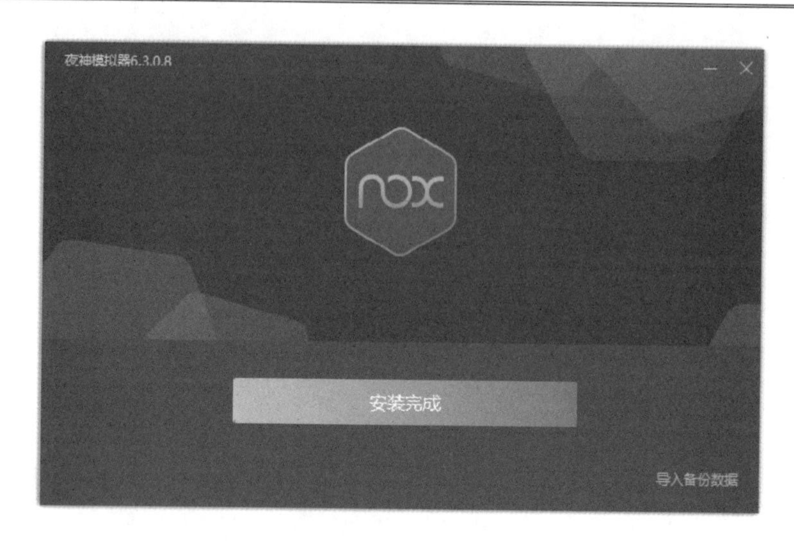

图 3.72　安装完成

（5）从图 3.72 中可以看到，夜神模拟器已安装完成。单击“安装完成”按钮，即可启动该模拟器，如图 3.73 所示。

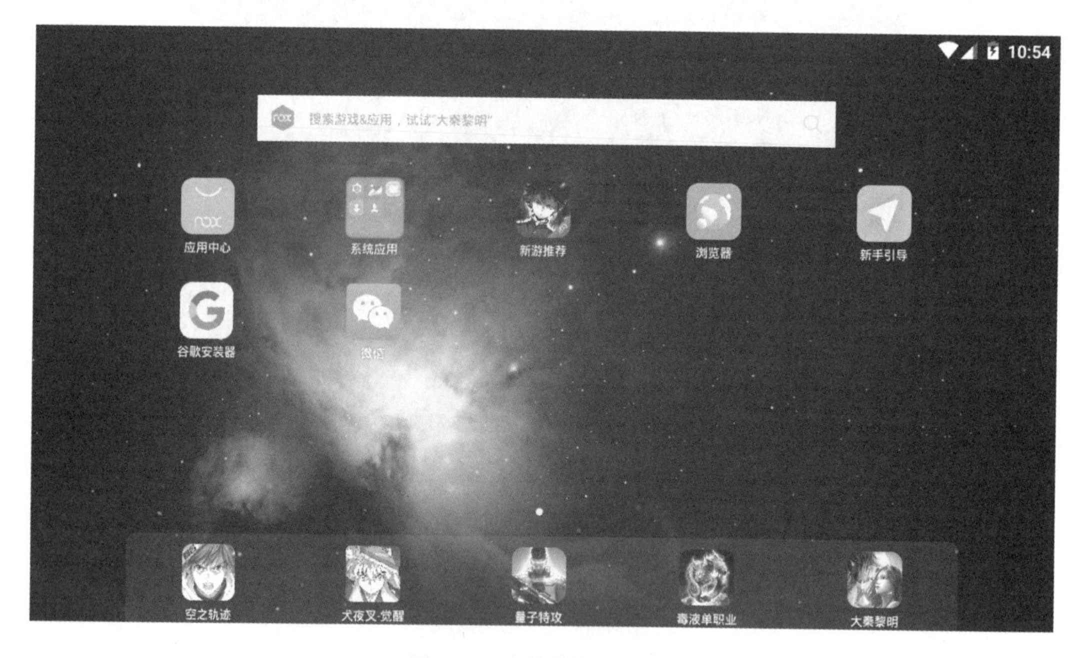

图 3.73　夜神模拟器界面

（6）从图 3.73 中可以看到默认安装的一些程序及游戏，如微信、空之轨迹、星子特权等。用户还可以在搜索栏中搜索安装其他的大型手游。接下来，便可以在夜神模拟器上进行抓包了。

3.3.2　开始抓包

当在系统中成功安装夜神模拟器后，便可以使用该模拟器来捕获数据包。这里同样使用 Tcpdump 工具来捕获数据包。由于 Tcpdump 是一个命令行工具，所以需要安装一个超级终端，用来执行命令行工具。用户可以将前面下载的 Tcpdump 工具复制到夜神模拟器中，或者通过安装一个 Android 命令集工具 BusyBox 来提供 Tcpdump 工具。下面介绍具体的操作方法。

1．安装及启动超级终端和BusyBox工具

在夜神模拟器中安装 App 的方法非常简单，用户只需要将下载的 APK 包拖到模拟器窗口，即可自动解析并安装该软件。其中，超级终端和 BusyBox 工具，可以到一些 Android 应用商店获取，如应用宝、360 手机助手等。然后将下载好的 APK 包拖放到模拟器界面中，即可安装成功，如图 3.74 所示。

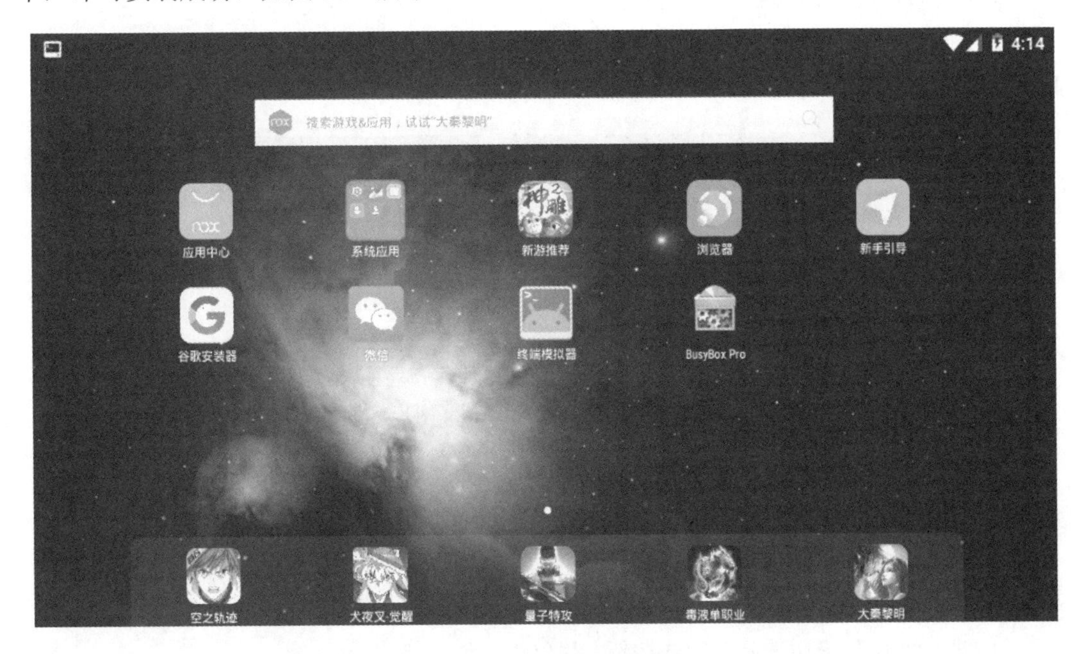

图 3.74　安装的程序

从图 3.74 中可以看到，成功安装了终端模拟器和 BusyBox 程序。此时，单击想要运行的程序，即可成功启动。

【实例 3-11】 启动超级终端模拟器。具体操作步骤如下：

（1）打开终端模拟器，将显示如图 3.75 所示的界面。

图 3.75 终端模拟器

（2）看到图 3.75 所示的界面，则表示成功启动了终端模拟器。命令行中的美元符号（$）表示当前登录的用户为普通用户。通常很多操作都需要 root 权限，所以需要切换到 root 用户，方法是执行 su 命令即可。执行 su 命令后，将弹出“超级用户请求”对话框，如图 3.76 所示。

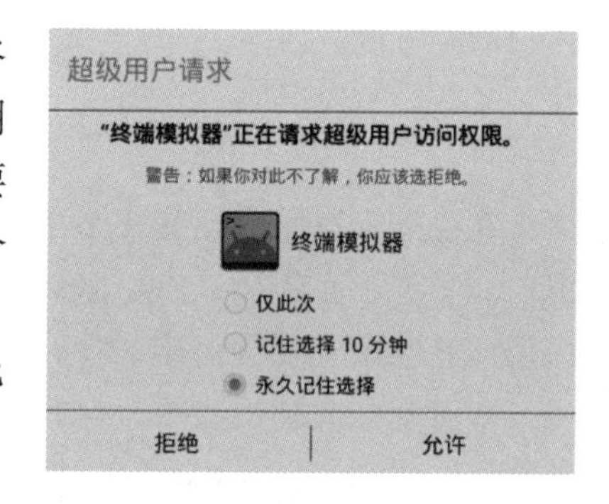

图 3.76 “超级用户请求”对话框

（3）选中“永久记住选择”单选按钮，并单击“允许”按钮，即可成功切换到 root 用户，如图 3.77 所示。从图中可以看到，命令行提示符由“$”变为“#”。由此可以说明，已成功切换为 root 用户。

图 3.77 成功切换到 root 用户

【实例 3-12】启动 BusyBox 工具。具体操作步骤如下：

（1）启动 BusyBox 工具，将弹出“超级用户请求”对话框，如图 3.78 所示。

（2）选中“永久记住选择”单选按钮，并单击“允许”按钮，将显示 BusyBox 欢迎界面，如图 3.79 所示。

（3）单击右上角的“关闭”按钮，将显示 BusyBox 工具集主界面，如图 3.80 所示。

（4）从图 3.80 中可以看到 BusyBox v1.22.1 工具已经安装，默认安装在/system/xbin 目录中。此时，

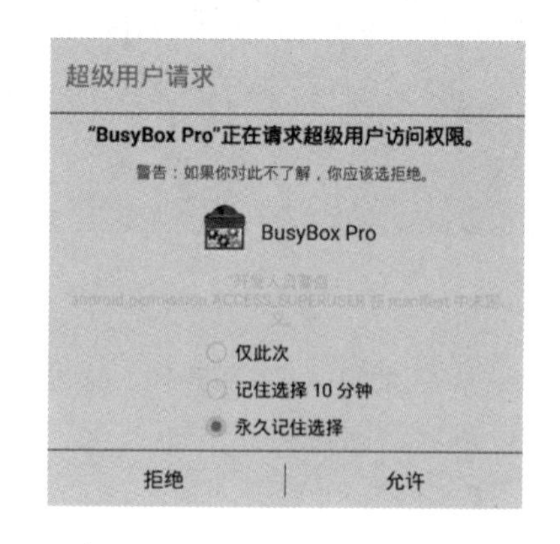

图 3.78 “超级用户请求”对话框

用户可以升级到 1.28.1 版本。单击 Install 按钮，将开始升级 BusyBox 工具。安装成功后，将显示如图 3.81 所示的界面。为了能够第一时间使用到最新版的工具，用户可以选中 Auto Update Busybox 复选框，以后将自动更新。

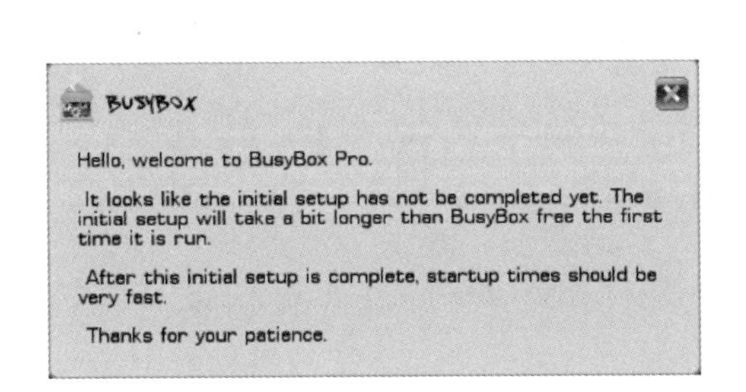

图 3.79　BusyBox 欢迎界面

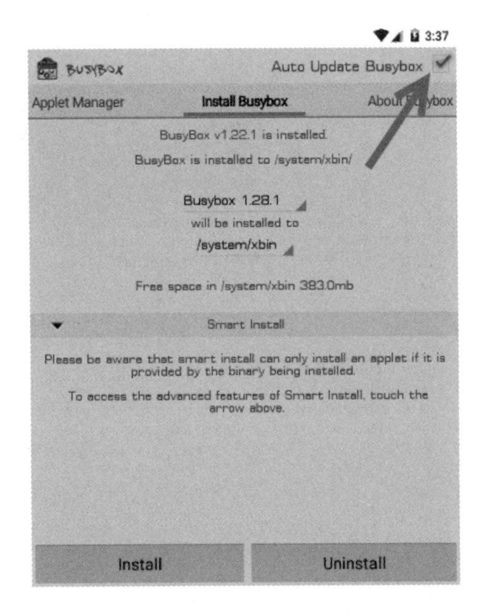

图 3.80　BusyBox 主界面

（5）单击图 3.81 右上角的关闭按钮，将看到 BusyBox 工具已成功升级到最新版 v1.28.1，如图 3.82 所示。

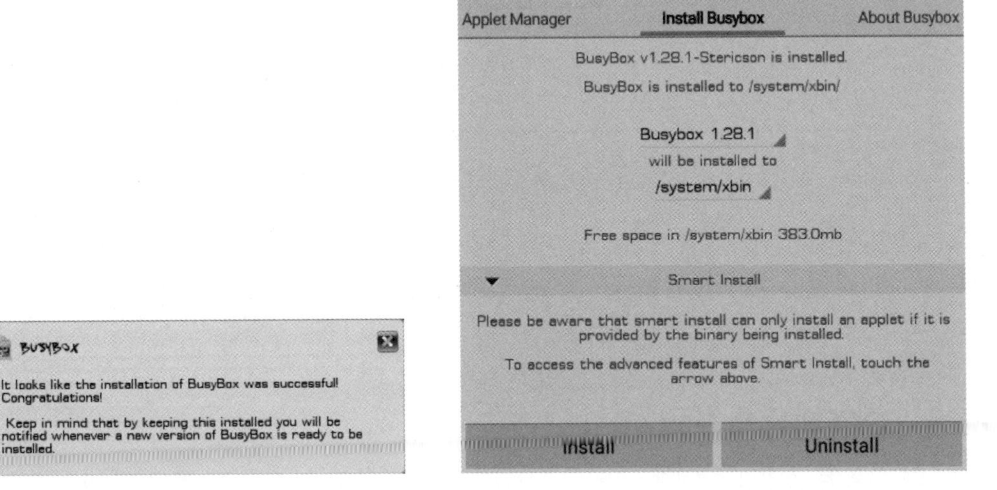

图 3.81　安装成功

图 3.82　BusyBox 升级成功

接下来就可以使用该工具集中的 Tcpdump 来抓包了。

2. 实施抓包

当将抓包环境配置好后，即可开始抓包。具体操作步骤如下：

（1）启动终端模拟器，并切换到 root 用户，如图 3.83 所示。

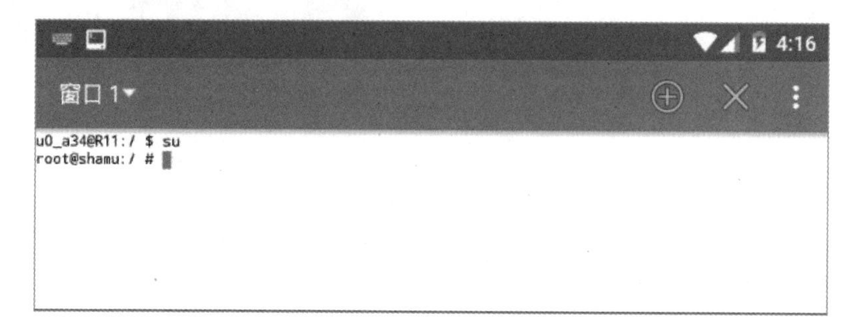

图 3.83　终端模拟器

（2）使用 Tcpdump 工具捕获数据包，并指定保存到/data/local/dump.pcap 文件中。执行命令如下：

```
/system/xbin/tcpdump -p -vv -s 0 -w /data/local/dump.pcap
```

执行以上命令后，效果如图 3.84 所示。

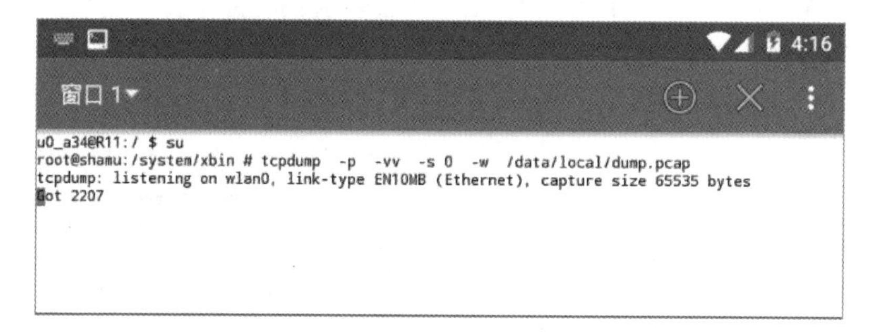

图 3.84　正在捕获数据包

（3）看到以上输出信息，则表示正在捕获数据包。此时，在模拟器上运行想要捕获包的程序，即可捕获对应的数据包。当捕获一定数量的数据包后，按 Ctrl+C 组合键停止捕获。

3.3.3 复制捕获文件到本地

为了方便对数据包进行分析，用户可以将模拟器中的捕获文件复制到本地。夜神模拟器提供了一个文件中转站功能，用来共享本地和安卓模拟器文件。用户可以通过该功能，将安卓模拟器中的文件共享到本地进行查看。下面介绍复制捕获文件到本地的方法。

在操作文件之前，首先需要查看下默认的共享文件夹位置，否则不知道将文件移动到哪个目录下。在夜神模拟器主界面的右侧栏中单击“文件中转站”按钮，将显示“共享文件夹”对话框，如图 3.85 所示。

图 3.85 “共享文件夹”对话框

从“共享文件夹”对话框中可以看到，如果想要将本地文件上传到模拟器中，只需要将本地文件拖曳到模拟器界面，即可将其传输到安卓端；默认“电脑共享路径”为 C:\Users\Administrator\Nox_share\ImageShare；“安卓共享路径”为/sdcard/Pictures。所以，本地上传到模拟器的文件将默认保存到/sdcard/Pictures 目录下。如果想要从模拟器上下载文件到本地计算机上，则下载的文件默认保存在 C:\Users\Administrator\Nox_share\ImageShare 目录下。如果不想使用默认的计算机共享路径的话，可以单击“修改”按钮修改其文件路径。

提示： 在 C:\Users\Administrator\Nox_share\目录下有 3 个共享文件夹，分别是 AppShare（共享 App 文件）、ImageShare（共享图片）和 OtherShare（其他文件）。用户可以根据文件类型，选择复制到对应的目录下。

【实例 3-13】 将捕获的文件复制并粘贴到本地的 OtherShare 文件夹下。具体操作步骤如下：

（1）打开安卓文件管理器，进入捕获文件所在的位置，即/data/local，如图 3.86 所示。

（2）从图 3.86 可以看到捕获文件 dump.pcap。选择该文件并切换到/mnt/shared 目录下，即可看到共享的 3 个文件夹，如图 3.87 所示。

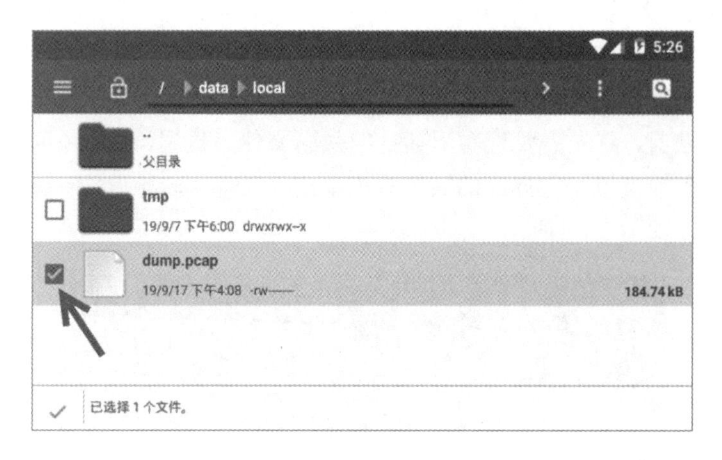

图 3.86　捕获文件所在的位置

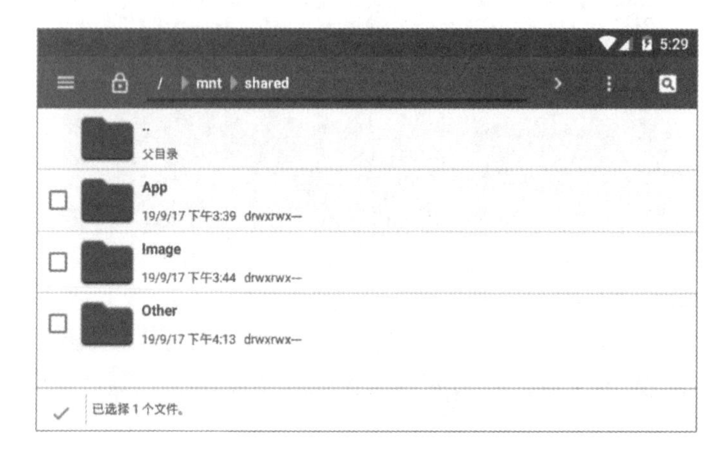

图 3.87　共享目录

（3）可以看到，有三个共享目录，分别为 App、Image 和 Other。此时，用户需要选择捕获文件粘贴的位置，这里将其粘贴到 Other 目录下。进入 Other 目录，将显示如图 3.88 所示的界面。

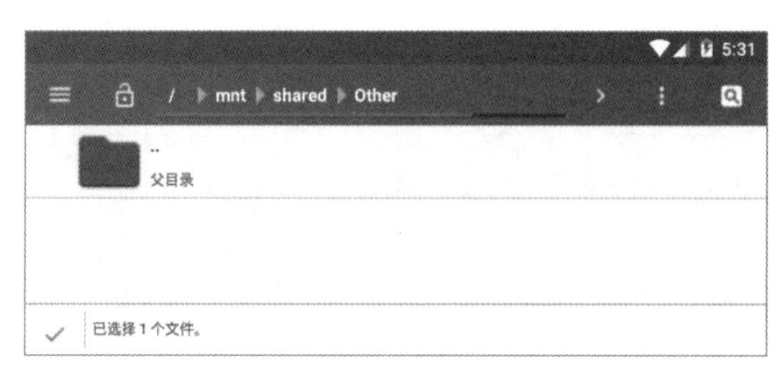

图 3.88　Other 目录

（4）单击右上角的⋮按钮，将弹出“操作”对话框，如图 3.89 所示。

（5）选择“粘贴选择项”命令，即可将捕获文件复制并粘贴到该位置，如图 3.90 所示。

（6）之后，用户到本地的 C:\Users\Administrator\Nox_share\OtherShare 目录下即可看到复制的捕获文件，如图 3.91 所示。

（7）此时，用户同样可以使用 Wireshark 工具来分析该捕获文件中的数据包。

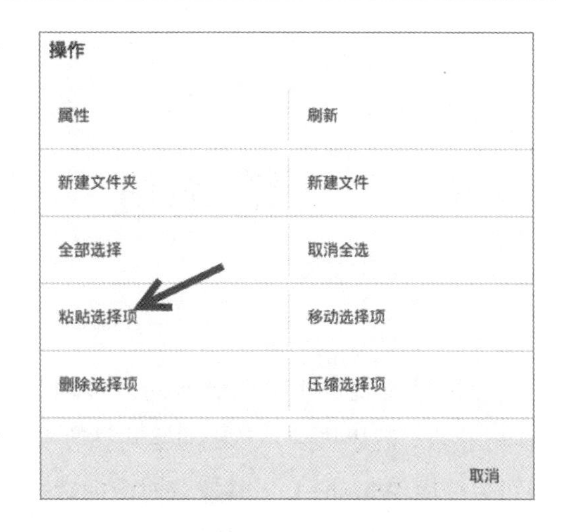

图 3.89 “操作”对话框

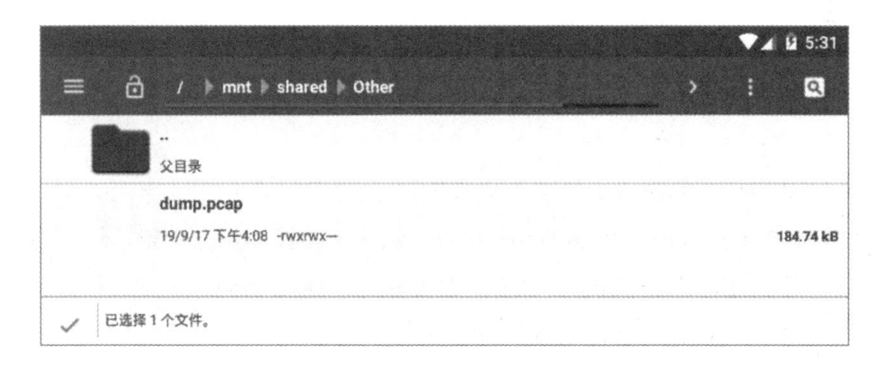

图 3.90　复制的文件

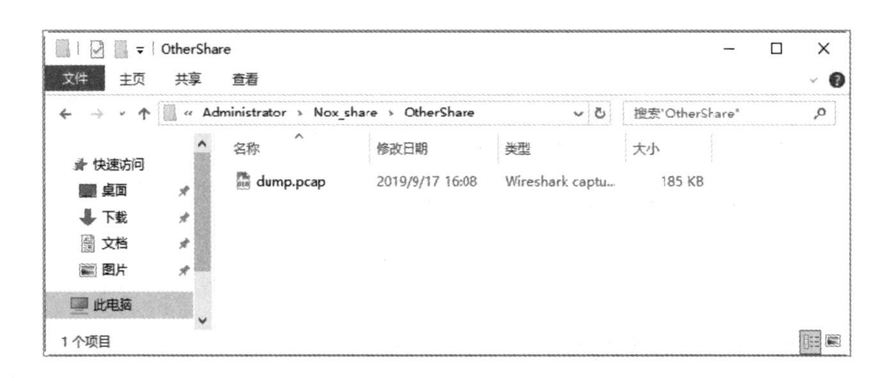

图 3.91　复制的捕获文件

第4章　外 部 抓 包

外部抓包就是在手机设备向外传输数据的路径上实施抓包。用户可以为手机构建Wi-Fi热点、蓝牙热点、USB网络共享等多种传输通道。当手机利用这些通道传输数据时，就可以使用Wireshark工具捕获对应的数据。如果手机应用强制使用移动数据通道传输数据，则无法对其抓包。本章介绍外部抓包的多种方法。

4.1　Wi-Fi热点抓包

Windows 10操作系统自带了移动热点功能，可以实现Wi-Fi和蓝牙热点共享网络。用户可以利用计算机的无线网卡创建Wi-Fi热点，供手机连接和数据传输。这种方式适合该无线网卡处于空闲的情况，Android和苹果手机都可以连接Wi-Fi热点进行数据传输。本节介绍使用Wi-Fi热点功能抓包的方法。

4.1.1　启动Wi-Fi热点

移动热点功能默认是关闭的，用户需要启动该功能。同时，用户还需要连接一个无线网卡，将其作为提供热点信号的设备。下面介绍启动Wi-Fi热点的方法。

【实例4-1】在笔记本电脑中，启动Wi-Fi热点功能，并将手机连接到网络。具体操作步骤如下：

（1）单击桌面左下方的“开始”按钮，在“开始”菜单中单击“设置”按钮（如图4.1所示），将显示“Windows设置”界面（如图4.2所示）。

（2）单击“网络和Internet”选项，将显示“网络和Internet”设置界面，如图4.3所示。

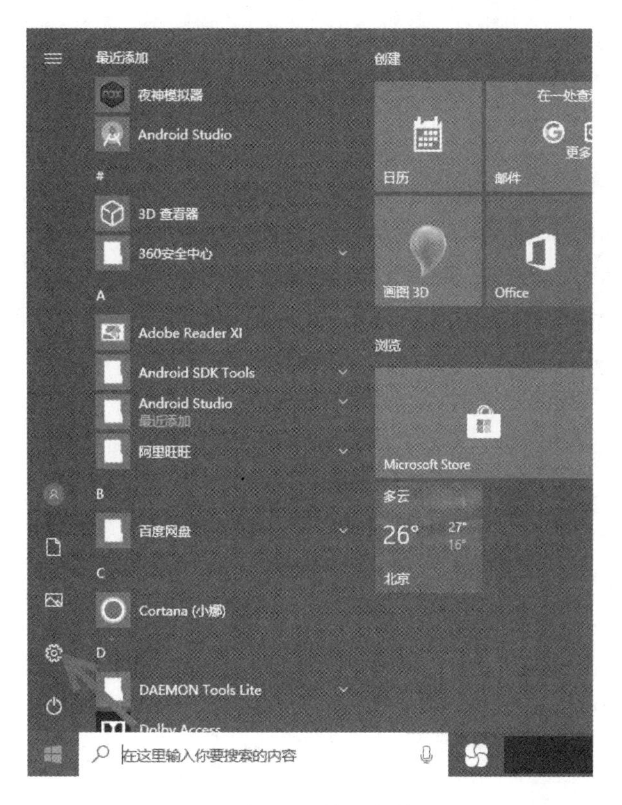

图 4.1　“开始”菜单

图 4.2　“Windows 设置”界面

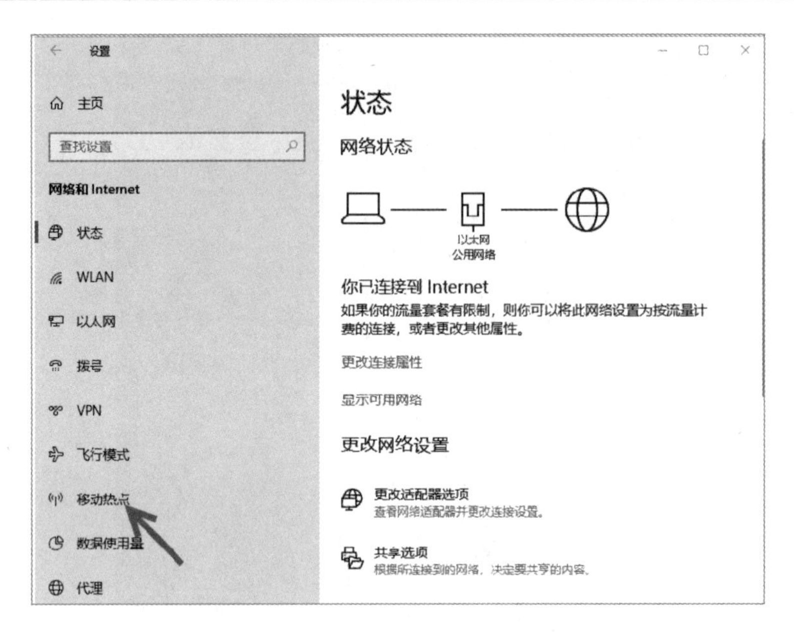

图 4.3 “网络和 Internet”设置界面

（3）在左侧栏中单击“移动热点”选项，将显示“移动热点”设置界面，如图 4.4 所示。

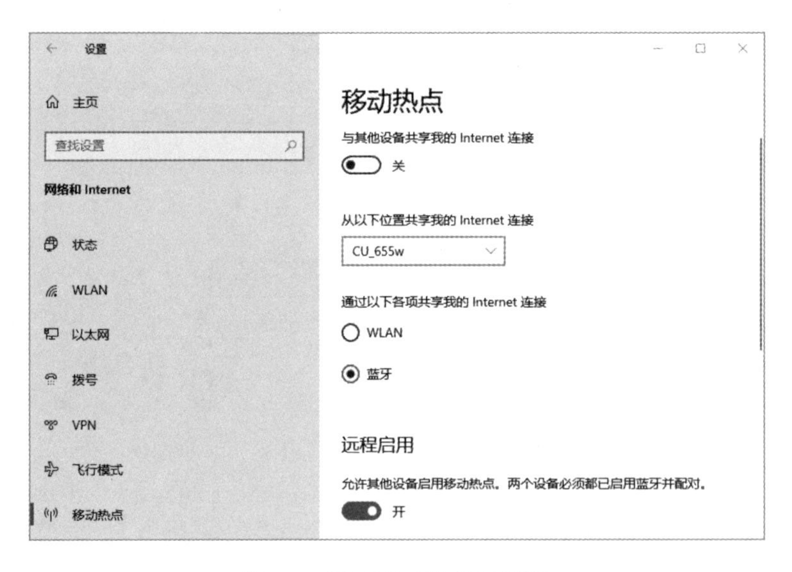

图 4.4 “移动热点”设置界面

（4）从“移动热点”设置界面中可以看到，移动热点处于关闭状态。在“通过以下各项共享我的 Internet 连接”选项栏中选中 WLAN 单选按钮，并单击“移动热点”下的按钮启动 Wi-Fi 热点，如图 4.5 所示。

图 4.5　Wi-Fi 热点启动成功

（5）从图 4.5 中可以看到，已成功启动 Wi-Fi 热点，而且默认共享的网络名称为 KDKDAHJD61Y369J 9448，密码为 454Ls7$3。用户也可以修改网络名称和密码。单击“编辑”按钮，将显示“编辑网络信息”对话框，如图 4.6 所示

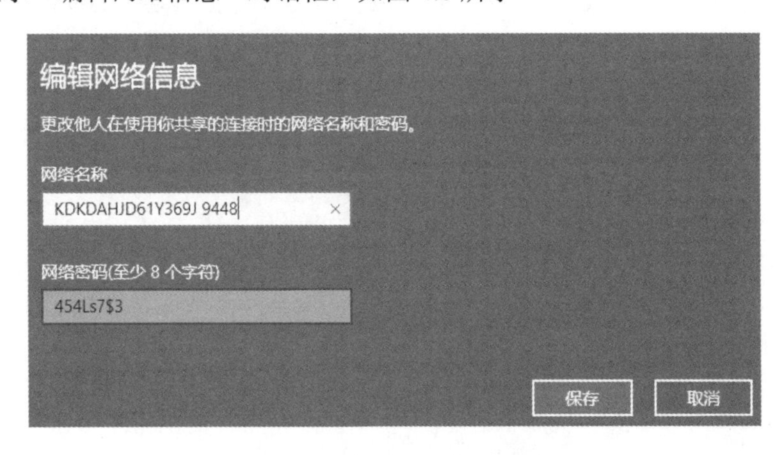

图 4.6　“编辑网络信息”对话框

（6）此时，可修改网络名称和网络密码，修改完成后单击“保存”按钮即可。接下来，在手机上打开 WLAN，即可找到名称为 KDKDAHJD61Y369J 9448 的无线信号，如图 4.7 所示。

（7）输入密码 454Ls7$3，并单击“连接”按钮，即可成功连接到计算机共享网络，如图 4.8 所示。

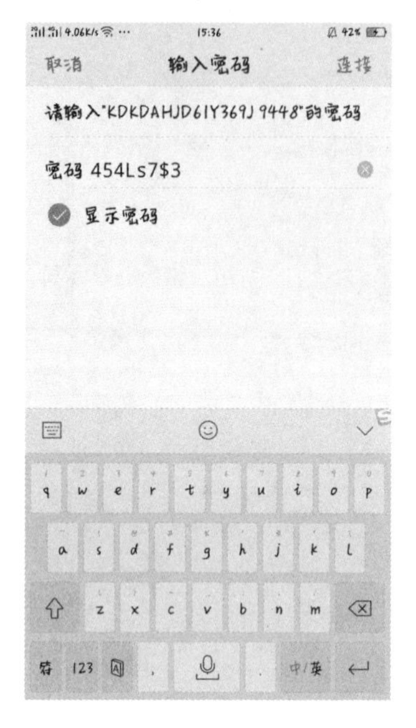

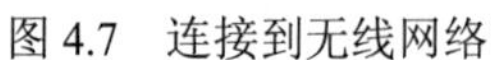
图 4.7　连接到无线网络

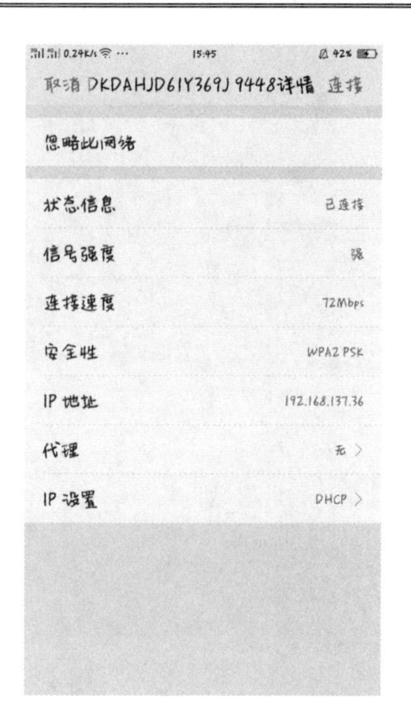

图 4.8　无线网络信息

（8）从无线网络信息界面可以看到获取的无线网络信息。其中，获取的 IP 地址为 192.168.137.36。此时，用户在“移动热点”设置界面也可以看到连接的设备信息，如图 4.9 所示。从“移动热点”设置界面可以看到有一台设备连接到了该网络。

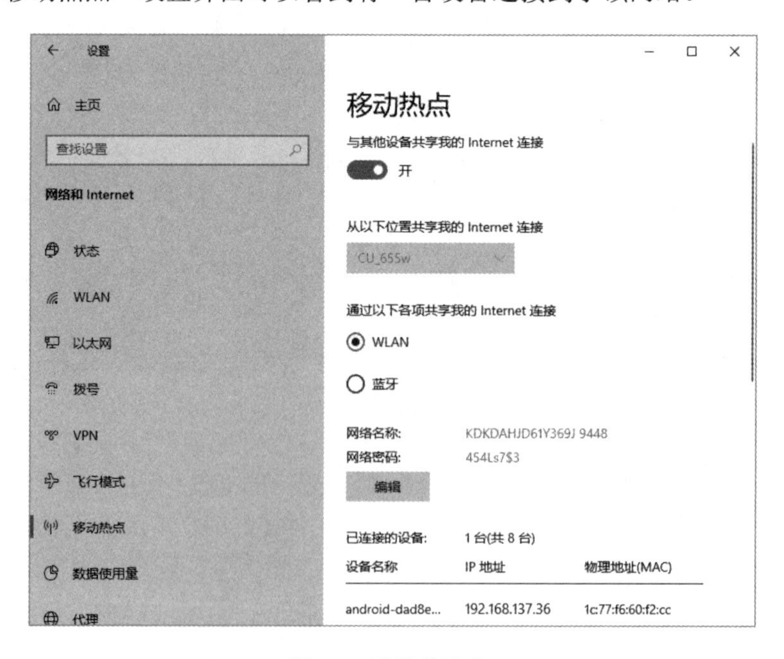

图 4.9　连接的设备

由于大部分台式机默认没有无线网卡，所以如果要在台式机中使用 Wi-Fi 热点，则需要接入一块 USB 接口的无线网卡。在“网络和 Internet”设置界面单击“移动热点”选项后将显示如图 4.10 所示的界面。

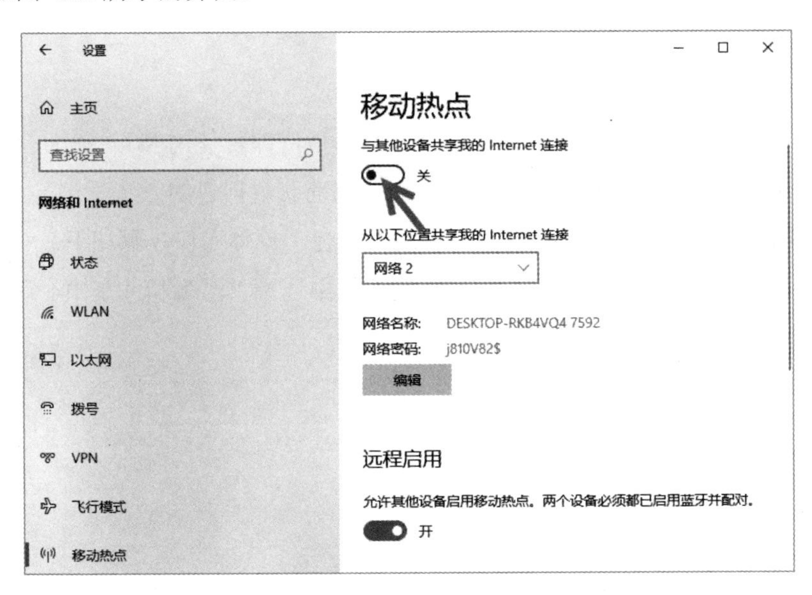

图 4.10　“移动热点”界面

单击“移动热点”下的按钮，即可启动 Wi-Fi 热点，如图 4.11 所示。

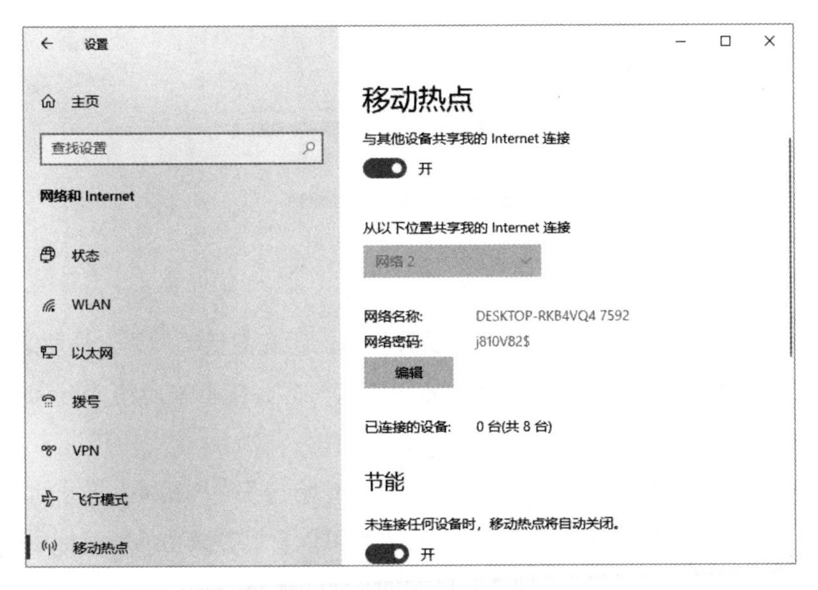

图 4.11　Wi-Fi 热点启动成功

从图 4.11 中可以看到，已成功启动 Wi-Fi 热点。接下来，在手机上即可连接该 Wi-Fi 热点共享网络。

4.1.2 捕获数据包

当成功启动热点，并将手机连接到其共享网络后，即可使用 Wireshark 指定该共享网络的接口，从而捕获目标手机的数据包。下面介绍捕获数据包的方法。

【实例 4-2】 使用 Wireshark 捕获共享网络数据包。具体操作步骤如下：

（1）确认移动热点共享网络接口。在控制面板中选择“网络和共享中心”选项，打开“网络和共享中心”界面，如图 4.12 所示。

图 4.12　网络和共享中心

（2）从“网络和共享中心”界面中可以看到当前所有的活动网络。从网络接口信息中可以看到，移动热点共享网络接口名为“本地连接*13”。接下来启动 Wireshark，将显示如图 4.13 所示的界面。

（3）选择网络接口“本地连接*13”，并单击“开始捕获”按钮，将开始捕获数据包，如图 4.14 所示。从图中的 Source 或 Destination 列可以看到，成功捕获目标手机（192.168.137.36）的数据包。

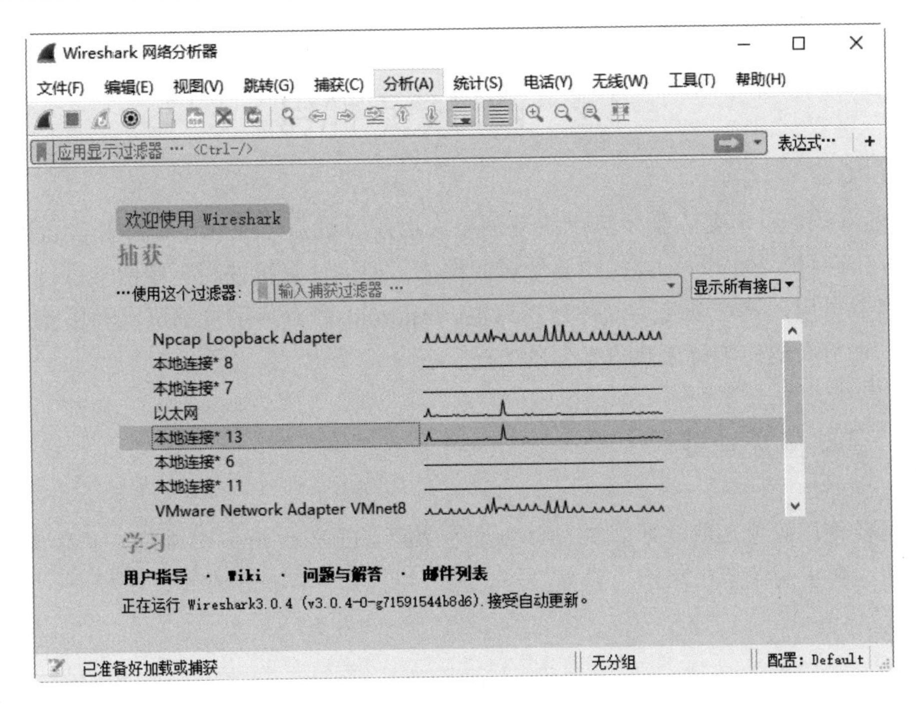

图 4.13　Wireshark 启动界面

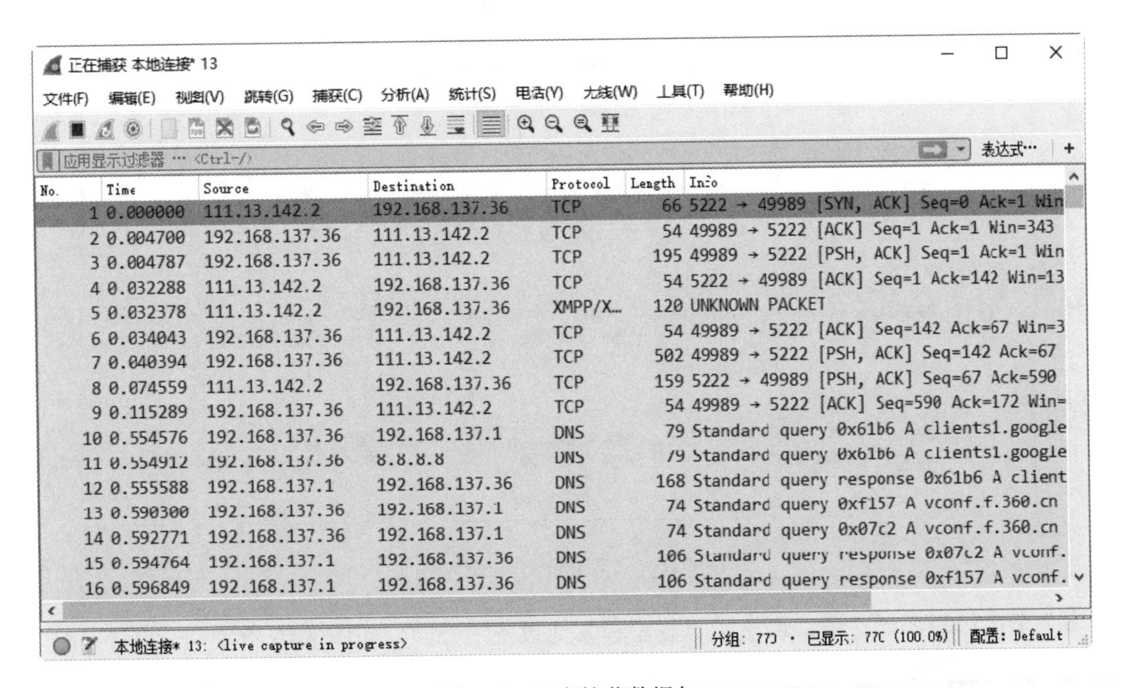

No.	Time	Source	Destination	Protocol	Length	Info
1	0.000000	111.13.142.2	192.168.137.36	TCP	66	5222 → 49989 [SYN, ACK] Seq=0 Ack=1 Win
2	0.004700	192.168.137.36	111.13.142.2	TCP	54	49989 → 5222 [ACK] Seq=1 Ack=1 Win=343
3	0.004787	192.168.137.36	111.13.142.2	TCP	195	49989 → 5222 [PSH, ACK] Seq=1 Ack=1 Win
4	0.032288	111.13.142.2	192.168.137.36	TCP	54	5222 → 49989 [ACK] Seq=1 Ack=142 Win=13
5	0.032378	111.13.142.2	192.168.137.36	XMPP/X…	120	UNKNOWN PACKET
6	0.034043	192.168.137.36	111.13.142.2	TCP	54	49989 → 5222 [ACK] Seq=142 Ack=67 Win=3
7	0.040394	192.168.137.36	111.13.142.2	TCP	502	49989 → 5222 [PSH, ACK] Seq=142 Ack=67
8	0.074559	111.13.142.2	192.168.137.36	TCP	159	5222 → 49989 [PSH, ACK] Seq=67 Ack=590
9	0.115289	192.168.137.36	111.13.142.2	TCP	54	49989 → 5222 [ACK] Seq=590 Ack=172 Win=
10	0.554576	192.168.137.36	192.168.137.1	DNS	79	Standard query 0x61b6 A clients1.google
11	0.554912	192.168.137.36	8.8.8.8	DNS	79	Standard query 0x61b6 A clients1.google
12	0.555588	192.168.137.1	192.168.137.36	DNS	168	Standard query response 0x61b6 A client
13	0.590300	192.168.137.36	192.168.137.1	DNS	74	Standard query 0xf157 A vconf.f.360.cn
14	0.592771	192.168.137.36	192.168.137.1	DNS	74	Standard query 0x07c2 A vconf.f.360.cn
15	0.594764	192.168.137.1	192.168.137.36	DNS	106	Standard query response 0x07c2 A vconf.
16	0.596849	192.168.137.1	192.168.137.36	DNS	106	Standard query response 0xf157 A vconf.

图 4.14　正在捕获数据包

4.2 蓝牙热点抓包

Windows 10 系统支持蓝牙热点共享网络。用户通过蓝牙配对后，并开启蓝牙移动热点，即可允许将手机借助计算机的蓝牙访问网络。如果计算机使用无线网卡联网，并且没有多余网卡可用，就可以使用这种方式抓包。Android 和苹果手机都可以利用蓝牙热点连接网络。本节介绍使用蓝牙热点抓包的方法。

4.2.1 启动蓝牙功能

如果要使用蓝牙功能，则需要先启动蓝牙功能。在 Windows 10 系统中，单击“开始”按钮，并在弹出的菜单中单击“设置”按钮，将打开“Windows 设置”界面，如图 4.15 所示。

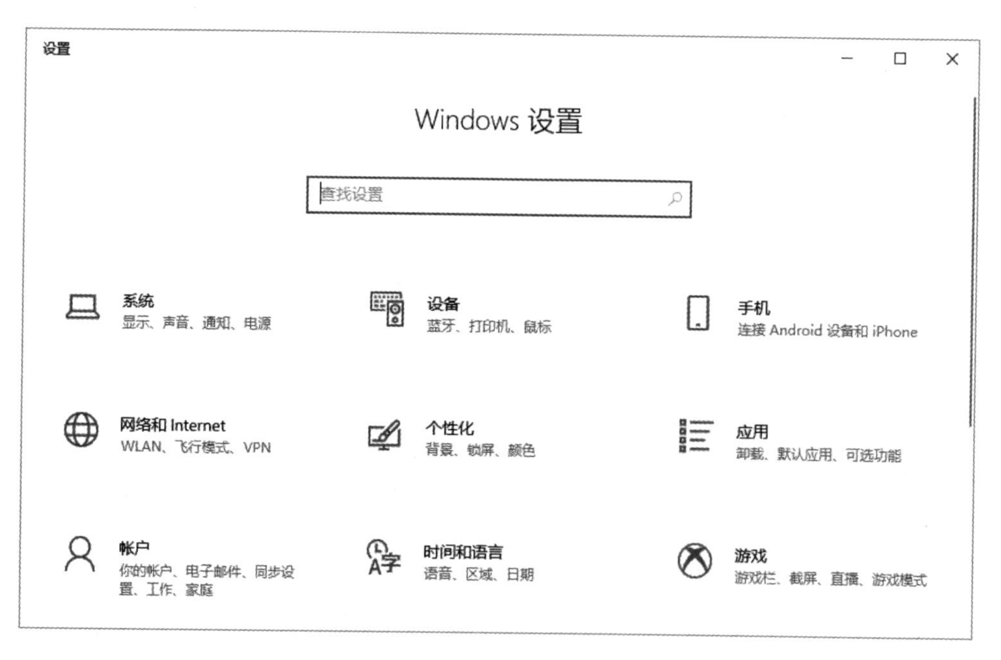

图 4.15 “Windows 设置”界面

单击“设备”选项，将显示“蓝牙和其他设备”界面，如图 4.16 所示。

从“蓝牙和其他设备”界面中可以看到，蓝牙状态显示为开，即已启用蓝牙功能，并且当前设备名为 DESKTOP-1GD69T2。接下来，即可使用其他蓝牙设备与该计算机进行蓝牙配对。

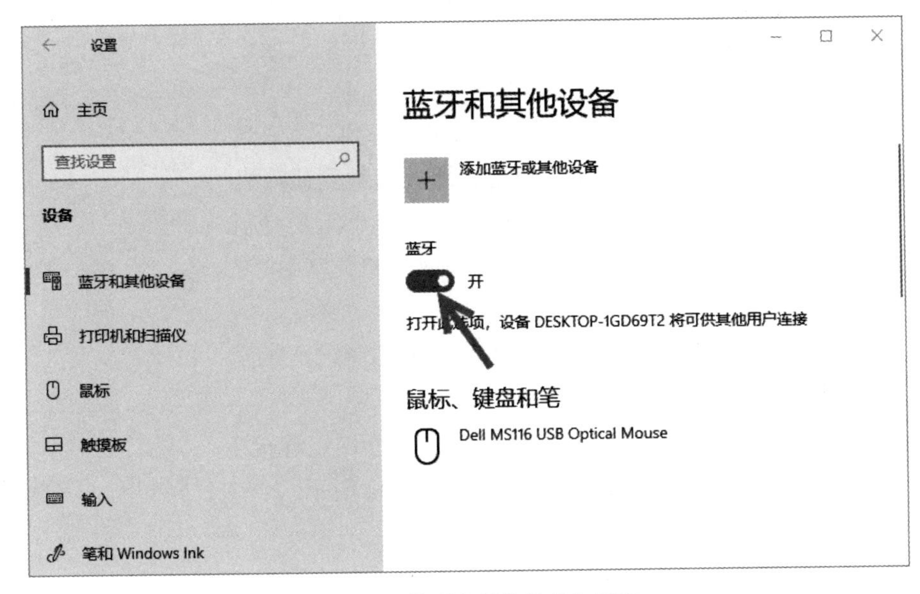

图 4.16　“蓝牙和其他设备”界面

4.2.2　蓝牙配对

当将计算机中的蓝牙功能开启后，便可以使用手机进行蓝牙配对。下面介绍具体的配对方法。

【实例 4-3】将手机与计算机进行蓝牙配对。具体操作步骤如下：

（1）在手机上开启蓝牙功能。在手机上启动“设置”程序，并单击“蓝牙”选项，如图 4.17 所示。

（2）打开“蓝牙”界面，可以看到当前设备的蓝牙功能还没有启动，如图 4.18 所示。

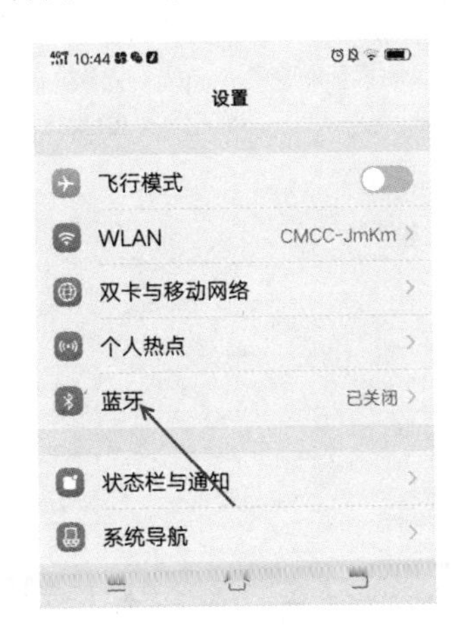

图 4.17　“设置”界面

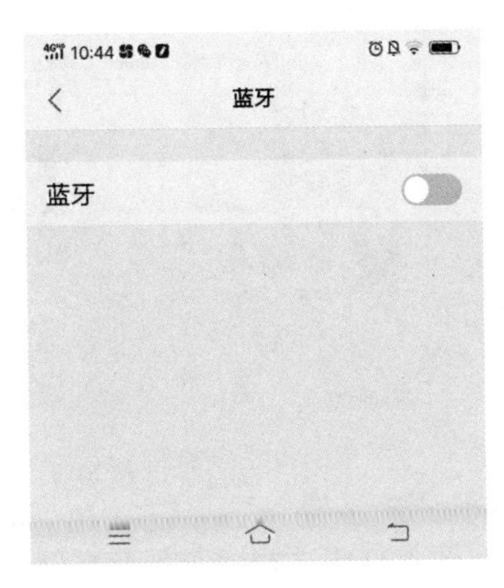

图 4.18　“蓝牙”界面

（3）单击按钮，将启动蓝牙，并自动搜索附近的蓝牙设备，如图 4.19 所示。

（4）从“蓝牙”界面的“其他设备”栏中可以看到，搜索到一个名为 DESKTOP-1GD69T2 的蓝牙设备，即已搜索到计算机的蓝牙模块。接下来，在计算机上设置进行蓝牙配对。在控制面板中选择“网络和共享中心”选项，打开“网络和共享中心”界面，如图 4.20 所示。

（5）单击“更改适配器设置”选项，打开“网络连接”界面，如图 4.21 所示。

（6）从“网络连接”界面中可以看到有一个“蓝牙网络连接”选项，右击该选项，将弹出一个快捷菜单，如图 4.22 所示。

图 4.19　搜索蓝牙设备

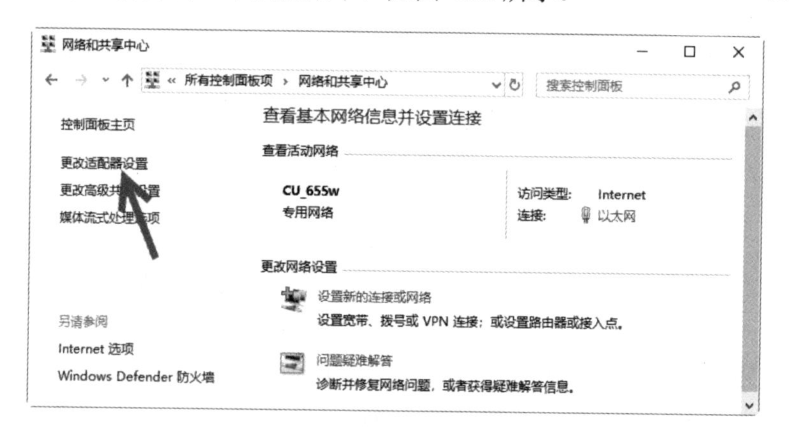

图 4.20　网络和共享中心

图 4.21　“网络连接”界面

（7）在图 4.22 中选择“查看蓝牙网络设备”命令，将显示“蓝牙个人区域网设备”界面，如图 4.23 所示。

图 4.22　快捷菜单

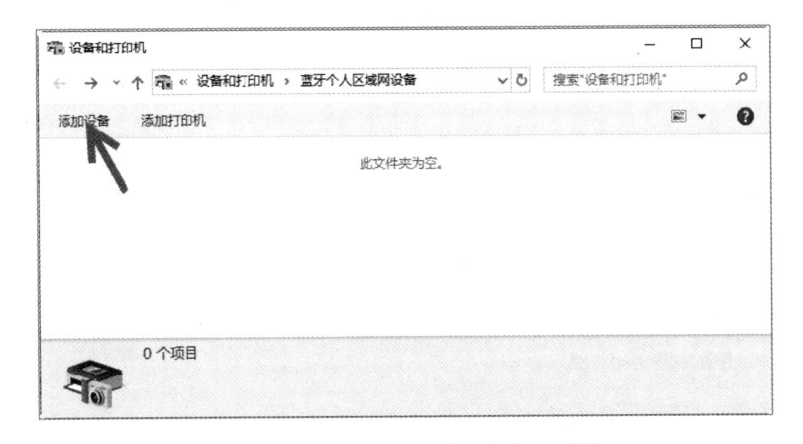

图 4.23　“蓝牙个人区域网设备”界面

（8）从“蓝牙个人区域网设备”界面可以看到，目前还没有配对的蓝牙设备。单击“添加设备”选项，将开始搜索蓝牙设备，如图 4.24 所示。

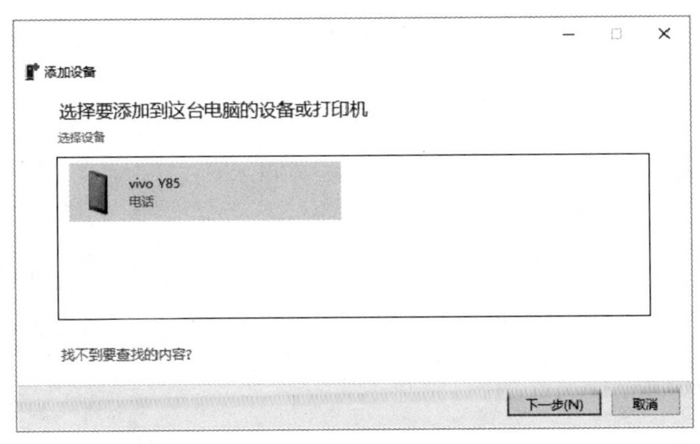

图 4.24　搜索到的蓝牙设备

（9）从图 4.24 中可以看到，搜索到一个名为 vivo Y85 的蓝牙设备。选择该设备，并单击“下一步”按钮，将显示“比较密码”界面，如图 4.25 所示。从图中可以看到显示了一个匹配密码。此时，手机上也将弹出一个蓝牙配对请求，如图 4.26 所示。

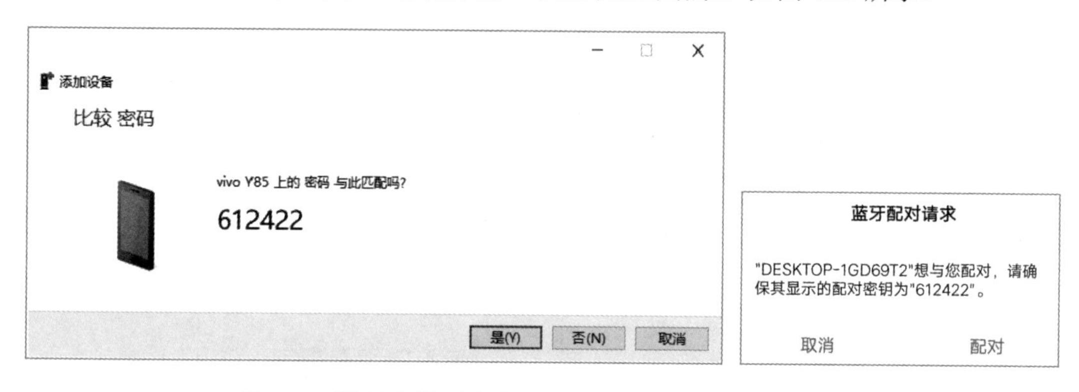

图 4.25 “比较密码”界面　　图 4.26 蓝牙配对请求

（10）从图 4.26 中可以看到，当前请求配对的密钥与计算机上的密钥相同。单击“配对”按钮，并在计算机上单击“是”按钮，将开始配对，如图 4.27 所示。

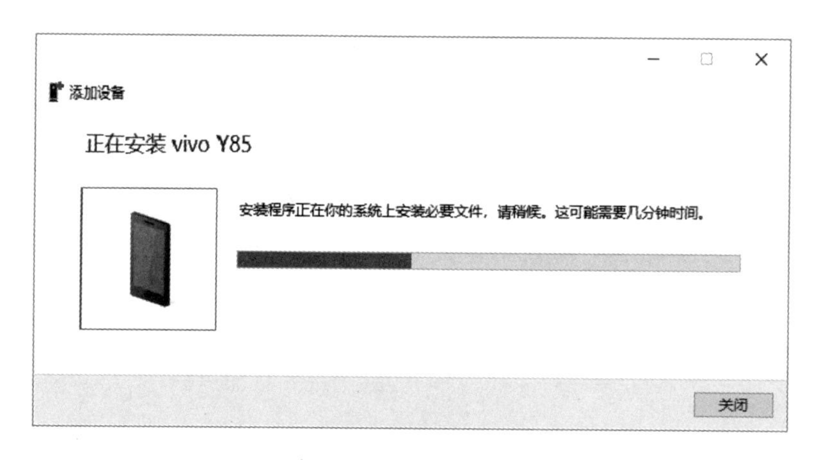

图 4.27 正在配对

（11）从该界面可以看到，正在目标设备上安装必要的文件。此时，手机上将弹出一个蓝牙请求访问对话框，如图 4.28 所示。

（12）单击“确定”按钮，即可在手机上安装必要文件。安装成功后，将看到设备已配对成功，如图 4.29 所示。

图 4.28 蓝牙请求访问对话框

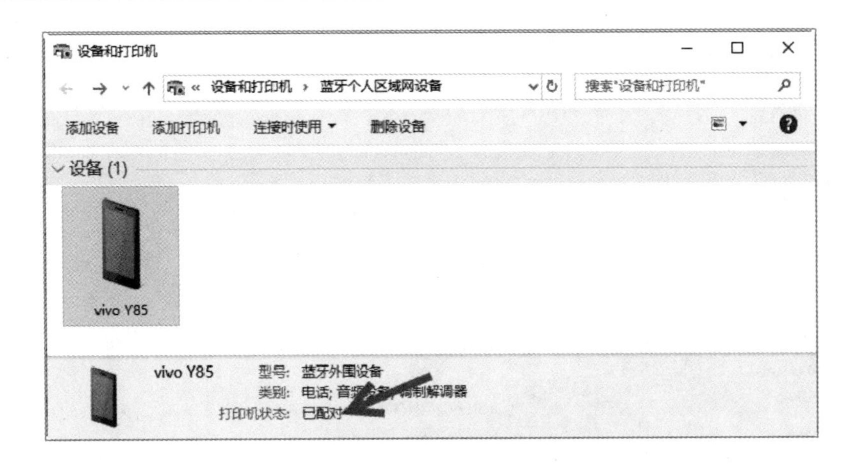

图 4.29　配对成功

4.2.3　开启蓝牙移动热点

当蓝牙设备配对成功后，即可开启蓝牙移动热点，然后便可将手机连接到该共享网络。下面介绍具体的实现方法。

【实例 4-4】启动蓝牙移动热点。具体操作步骤如下：

（1）在计算机中依次选择“设置”|“网络和 Internet”|“移动热点”选项，将显示“移动热点”界面，如图 4.30 所示。

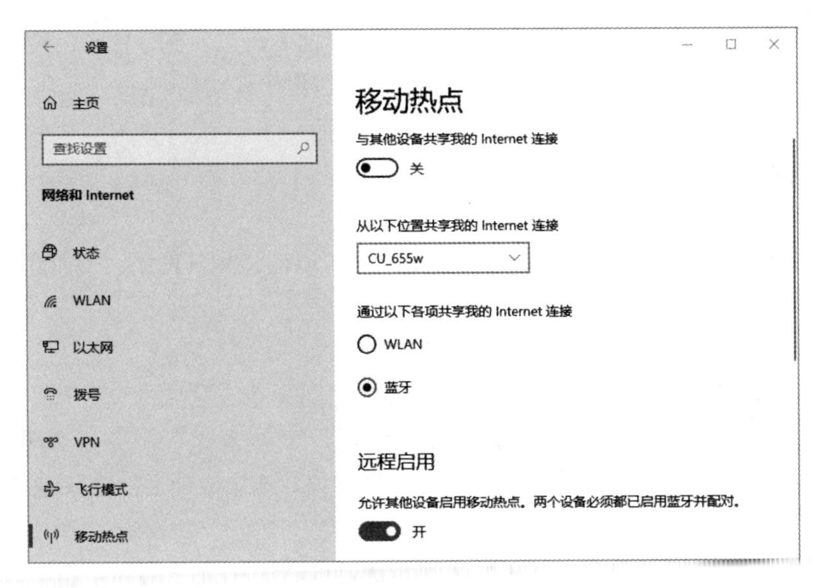

图 4.30　“移动热点”界面

（2）从“移动热点”界面可以看到，移动热点状态为关。单击按钮启动移动热点，并在“通过以下各项共享我的 Internet 连接”选项栏中选中“蓝牙”单选按钮，如图 4.31 所示。

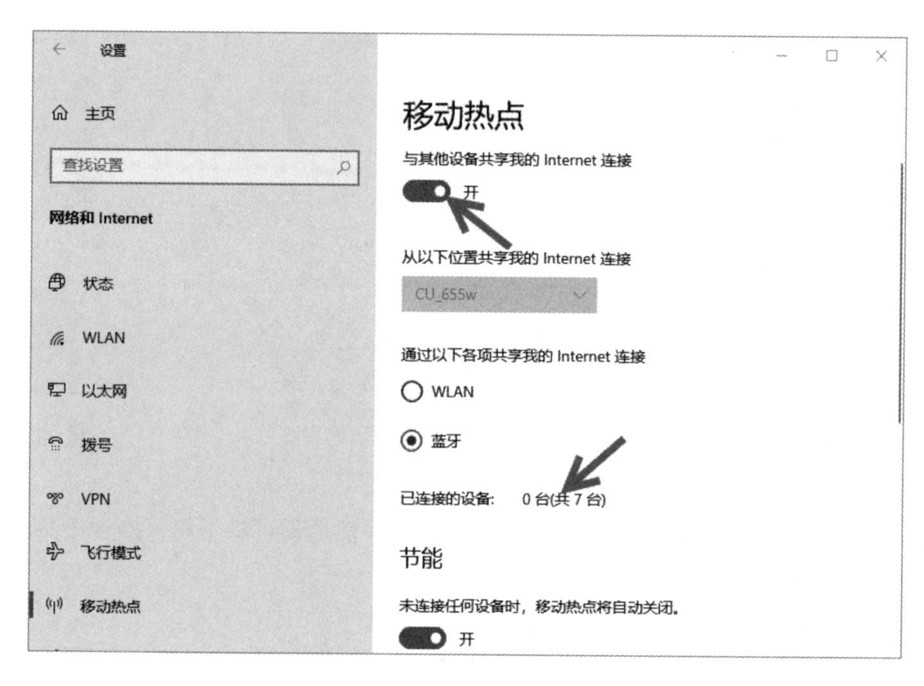

图 4.31　蓝牙移动热点启动成功

此时，则表示蓝牙移动热点已成功启动。从该界面中可以看到，目前连接的设备为 0，总共可以连接 7 台设备。接下来便可以将设备连接到蓝牙移动热点。

4.2.4　连接蓝牙网络

当将设备配对成功，并且启动蓝牙热点后，便可以连接到其网络。下面介绍连接蓝牙网络的具体方法。

【实例 4-5】连接蓝牙网络。具体操作步骤如下：

（1）在计算机中将配对的设备连接到网络。在“蓝牙个人区域网设备”界面选择配对的蓝牙设备，并在菜单栏依次选择“连接时使用”|“接入点”命令，如图 4.32 所示。

（2）选择“接入点”命令后，将开始连接蓝牙网络。连接成功后，显示连接成功界面，如图 4.33 所示。

（3）从图 4.33 中可以看到，蓝牙网络连接成功。接下来还需要在手机上设置，并连接蓝牙网络。在手机上打开“蓝牙”界面，即可看到配对的设备，如图 4.34 所示。

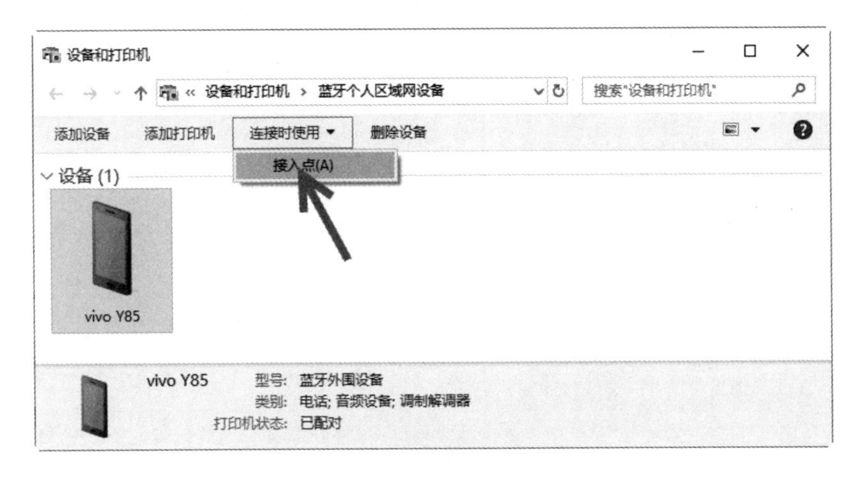

图 4.32　连接蓝牙网络

（4）从图 4.34 中可以看到所有配对设备，其中名为 DESKTOP-1GD69T2 的设备便是本例中的计算机。但是目前还没有连接成功。如果要连接设备，还需要进行简单设置。单击该设备的设置按钮⊙，将显示该设备的详细信息，如图 4.35 所示。

图 4.33　连接成功

图 4.34　配对的设备

图 4.35　启动访问网络

（5）从图 4.35 中可以看到，配置服务包括通话音频和访问网络。此时，单击“访问网络”选项的按钮，启动访问网络功能，如图 4.36 所示。此时，即可成功连接到网络，如图 4.37 所示。

图 4.36　启动访问网络

图 4.37　连接到网络

从图 4.37 中可以看到，名为 DESKTOP-1GD69T2 的设备状态为已连接。此时，在“移动热点”界面，即可看到连接的蓝牙设备，如图 4.38 所示。

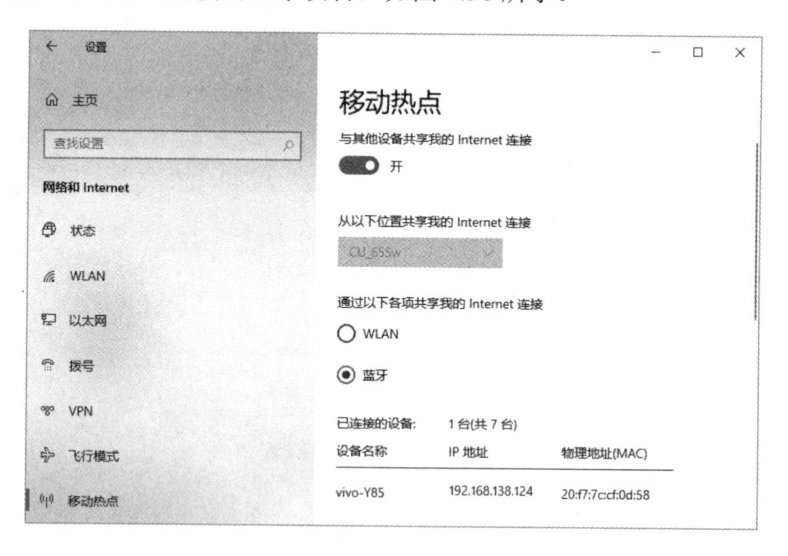

图 4.38　连接成功

从“移动热点”界面可以看到，有一台设备已经连接到该蓝牙移动热点。其中，该设备名为 vivo Y85、IP 地址为 192.168.138.124、MAC 地址为 20:f7:7c:cf:0d:58。此时，在“网络连接”界面，也可以看到蓝牙网络已经连接，如图 4.39 所示。

图 4.39　蓝牙网络连接成功

从图 4.39 中可以看到，蓝牙网络已成功连接到 vivo Y85。接下来，就可以捕获手机上的数据包了。

4.2.5　捕获数据包

经过前面的一系列设置，手机成功连接到蓝牙移动热点。接下来在 Wireshark 中选择蓝牙网络接口，即可开始捕获数据包。具体操作步骤如下：

（1）启动 Wireshark，将显示 Wireshark 的启动界面，如图 4.40 所示。

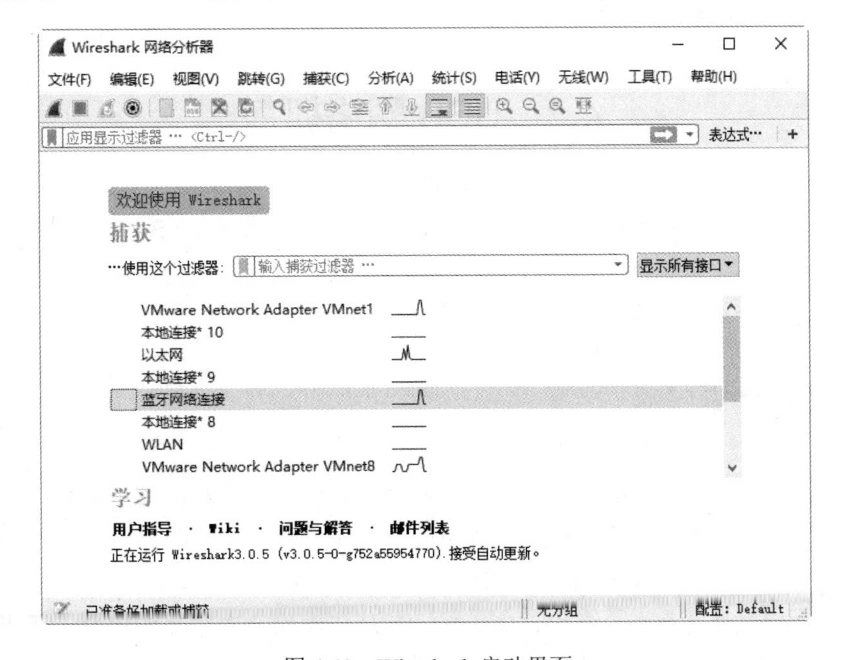

图 4.40　Wireshark 启动界面

（2）双击“蓝牙网络连接”接口，或者选择“蓝牙网络连接”接口，然后单击工具栏的“开始捕获”按钮，将开始捕获数据包，如图 3.41 所示。

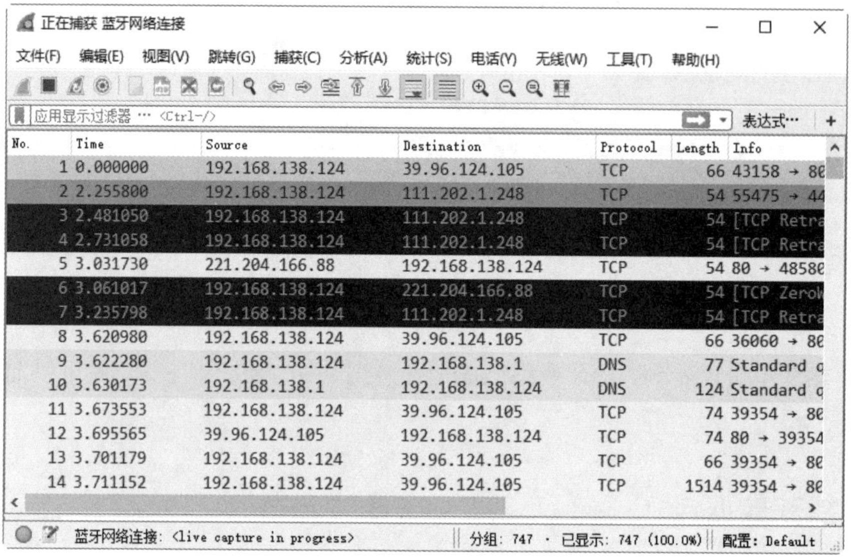

图 3.41　正在捕获数据包

（3）从图 3.41 中可以看到，正在捕获蓝牙网络接口的数据包。如果不想要再捕获的话，单击“停止捕获”按钮，即可停止捕获。

4.3　USB 网络抓包

如果用户没有多余的无线网卡或者蓝牙设备，则可以通过 USB 数据线，为手机共享网络连接，这样也可以抓取手机传输的网络数据。这种方式只适合 Android 手机，不适合苹果手机。本节介绍如何通过 USB 进行数据传输。

4.3.1　USB 共享网络

USB 共享网络功能是 Android 设备自带功能，默认启用后是将 Android 设备的网络共享给计算机。此时，用户只需要做一些简单配置，即可将计算机的网络共享给 Android 设备。但是，使用这种方式需要 Root 权限。另外，还需要安装两个软件，分别是 BusyBox 和超级终端，用来执行命令。其中，BusyBox 和超级终端的安装及使用方法在 3.3 节已经介绍过。当用户将这些准备工作完成后，即可连接其互联网。

提示：在一些 Android 设备上，USB 共享网络名可能为 USB 绑定。而且不同的 Android 设备，打开的方法也不同。例如，一些 Android 设备的打开方式为“设置”|“无线和网络”|“更多”|“网络共享与便携式热点”|“USB 共享网络”；一些 Android 设备的打开方式为“设置”|“其他无线连接”等。

【实例 4-6】以 OPPO 设备为例，在 Windows 10 中通过 USB 共享网络功能连接到互联网。具体操作步骤如下：

（1）启用 USB 共享网络功能。首先，将 Android 设备通过 USB 数据线连接到计算机，然后在 Android 设备上依次打开“设置”|“其他无线连接”，将显示“其他无线连接”界面，如图 4.42 所示。

（2）从“其他无线连接”界面可以看到“USB 共享网络”功能，默认没有开启。此时，单击按钮，将启动 USB 共享网络功能，如图 4.43 所示。

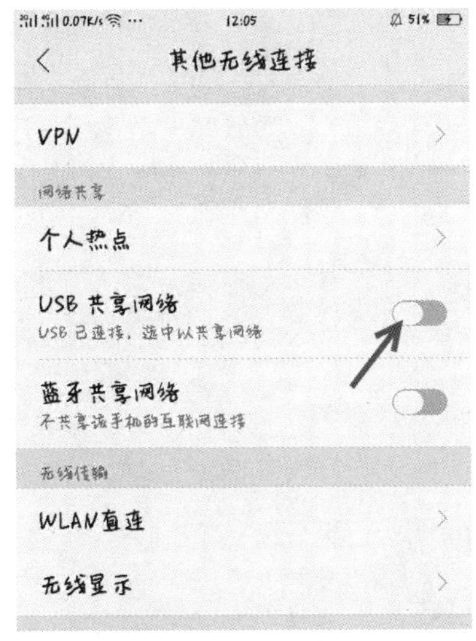

图 4.42　其他无线连接

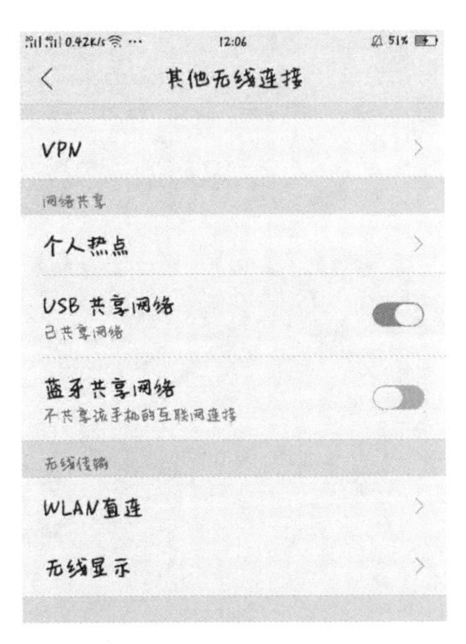

图 4.43　启动 USB 共享网络

（3）当启动 USB 共享网络功能后，本地计算机中将会出现一个虚拟网卡。右击桌面上的“网络”图标，选择“属性”命令，打开“网络和共享中心”界面，如图 4.44 所示。

（4）单击“更改适配器设置”选项，即可看到 USB 共享网络的虚拟网卡，如图 4.45 所示。

（5）从图 4.45 中可以看到新创建的虚拟网卡，其名称为“以太网 5”。为了便于分辨，这里将该网卡重命名为 Android，如图 4.46 所示。

图 4.44　网络和共享中心

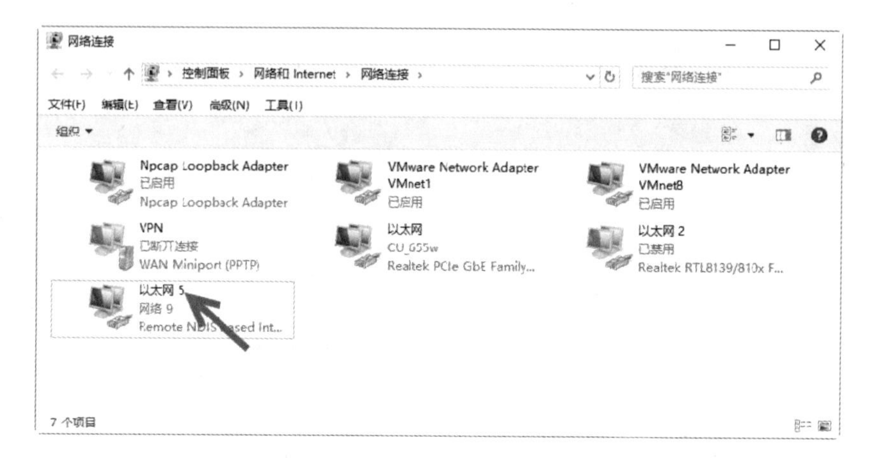

图 4.45　虚拟网卡

图 4.46　重命名虚拟网卡

（6）接下来将计算机的网络共享给 Android 网卡。在图 4.46 中，右击连接互联网的网卡（如以太网），并选择“属性”命令，将打开“以太网属性”对话框，如图 4.47 所示。

（7）选择“共享”选项卡，如图 4.48 所示。

图 4.47　“以太网属性”对话框

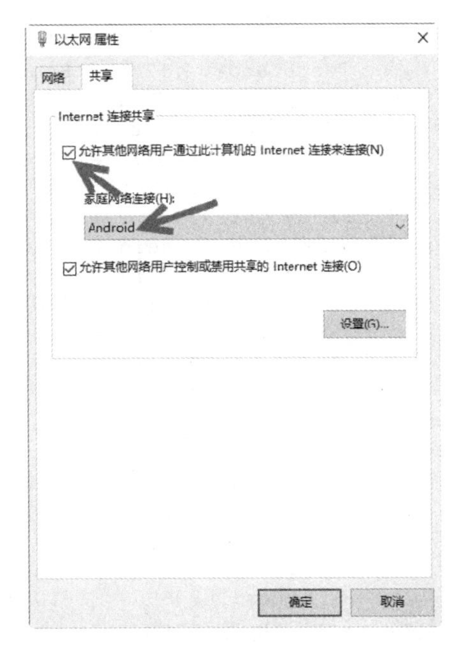

图 4.48　“共享”选项卡

（8）选中“允许其他网络用户通过此计算机的 Internet 连接来连接（N）”复选框，并在“家庭网络连接（H）”下拉列表中选择 Android 网卡，然后单击“确定”按钮。此时，以太网网卡将显示该网络共享，如图 4.49 所示。

图 4.49　已共享以太网网络

（9）此时，以太网网络已共享成功，接下来查看 Android 设备的 IP 地址。在超级终端执行命令如下：

```
busybox ifconfig
lo        Link encap:Local Loopback
          inet addr:127.0.0.1  Mask:255.0.0.0
          inet6 addr: ::1/128 Scope:Host
          UP LOOPBACK RUNNING  MTU:65536  Metric:1
          RX packets:655187 errors:0 dropped:0 overruns:0 frame:0
          TX packets:655187 errors:0 dropped:0 overruns:0 carrier:0
          collisions:0 txqueuelen:0
          RX bytes:1423953276 (1.3 GiB)  TX bytes:1423953276 (1.3 GiB)
p2p0      Link encap:Ethernet  HWaddr 1E:77:F6:60:F2:CC
          UP BROADCAST MULTICAST  MTU:1500  Metric:1
          RX packets:0 errors:0 dropped:0 overruns:0 frame:0
          TX packets:0 errors:0 dropped:0 overruns:0 carrier:0
          collisions:0 txqueuelen:1000
          RX bytes:0 (0.0 B)  TX bytes:0 (0.0 B)
rmnet_ipa Link encap:UNSPEC  HWaddr 00-00-00-00-00-00-00-00-00-00-00-00-
00-00-00-00
          UP RUNNING  MTU:2000  Metric:1
          RX packets:16460 errors:0 dropped:0 overruns:0 frame:0
          TX packets:32937 errors:0 dropped:0 overruns:0 carrier:0
          collisions:0 txqueuelen:1000
          RX bytes:16796909 (16.0 MiB)  TX bytes:11198528 (10.6 MiB)
rndis0    Link encap:Ethernet  HWaddr 32:82:73:53:8D:34
          inet addr:192.168.42.129  Bcast:192.168.42.255  Mask:255.255.255.0
          inet6 addr: fe80::3082:73ff:fe53:8d34/64 Scope:Link
          UP BROADCAST RUNNING MULTICAST  MTU:1500  Metric:1
          RX packets:411 errors:0 dropped:4 overruns:0 frame:0
          TX packets:81 errors:0 dropped:0 overruns:0 carrier:0
          collisions:0 txqueuelen:1000
          RX bytes:72868 (71.1 KiB)  TX bytes:10141 (9.9 KiB)
wlan0     Link encap:Ethernet  HWaddr 1C:77:F6:60:F2:CC
          UP BROADCAST MULTICAST  MTU:1500  Metric:1
          RX packets:3397405 errors:0 dropped:1699 overruns:0 frame:0
          TX packets:2491745 errors:0 dropped:0 overruns:0 carrier:0
          collisions:0 txqueuelen:1000
          RX bytes:3973669224 (3.7 GiB)  TX bytes:334155986 (318.6 MiB)
```

从输出的信息中可以看到该 Android 设备中所有网络接口的配置信息。其中，rndis0 接口是 USB 接口，IP 地址为 192.168.42.129。接下来，将计算机上 Android 网卡的 IP 地址修改为 192.168.42.1，并设置 DNS 服务器地址为 8.8.8.8。

（10）右击 Android 网卡，并选择“属性”命令，打开“Android 属性”对话框，如图 4.50 所示。

（11）选择“Internet 协议版本 4（TCP/IPv4）”选项，然后单击“属性”按钮，打开“Internet 协议版本 4（TCP/IPv4）属性”对话框，如图 4.51 所示。

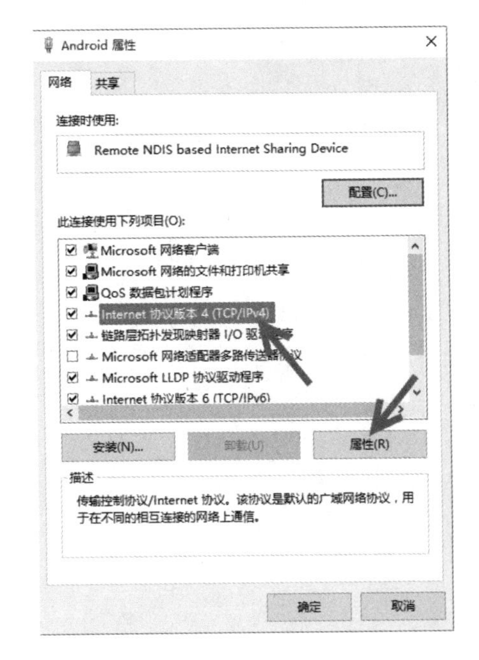

图 4.50 “Android 属性”对话框

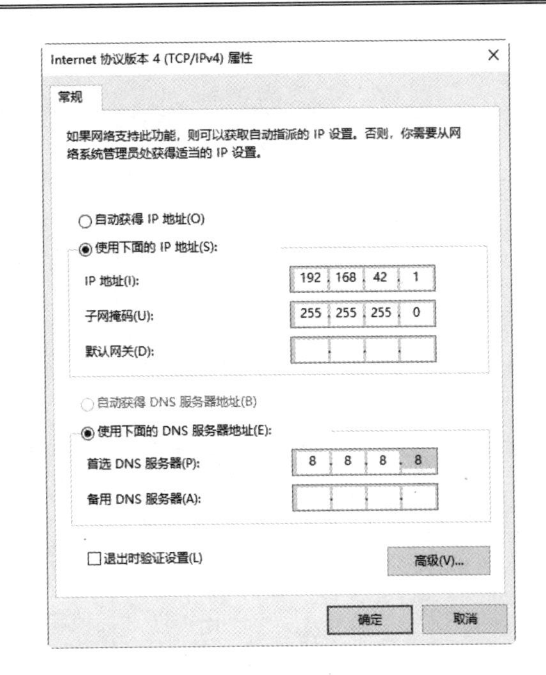

图 4.51 “Internet 协议版本 4（TCP/IPv4）属性”对话框

（12）在图 4.51 中选中“使用下面的 IP 地址（S）”单选按钮，并指定 IP 地址为 192.168.42.1、子网掩码为 255.255.255.0、首选 DNS 服务器地址为 8.8.8.8，然后单击“确定”按钮，则 IP 地址配置成功。接下来，还需要在 Android 设备上添加一条默认网关，Android 设备才能访问互联网。执行命令如下：

```
busybox route add default gw 192.168.42.1
```

执行以上命令后，将不会输出任何信息。

提示： 在以上过程中执行的命令，用户可以在 Android 设备的超级终端执行，也可以使用 ADB 工具执行。如果用户使用 ADB 工具执行 Shell 命令的话，直接输入“adb shell 命令”即可。例如，查看设备的 IP 地址的命令如下：

```
adb shell busybox ifconfig
```

4.3.2 USB 互连网

USB 互连网功能就是通过 USB 数据线共享 Windows PC 网络的。在一些 Android 设备中，单独提供了该功能。下面通过 USB 互连网功能来连接到计算机的共享网络。具体操作步骤如下：

（1）将 USB 数据线连接到计算机，然后在 Android 设备上依次单击“设置”|“无线和网络”|“更多”选项，显示“无线和网络”设置界面，如图 4.52 所示。

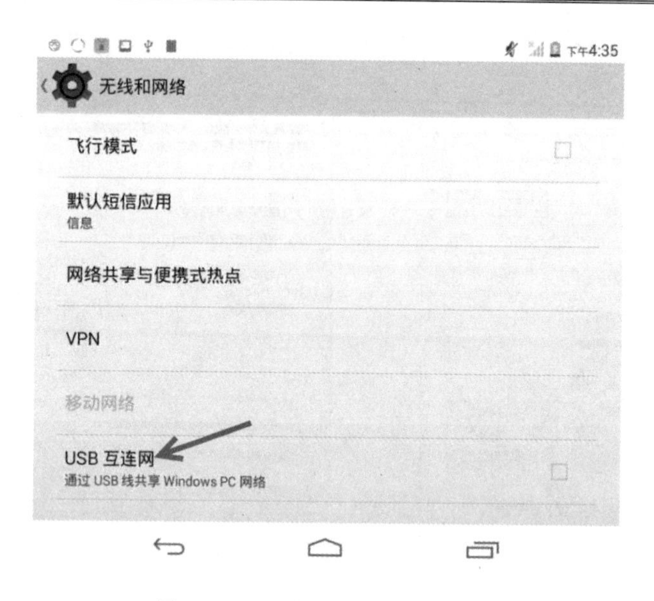

图 4.52 “无线和网络”设置界面

（2）在“无线和网络”设置界面选择“USB 互连网”选项，将显示“USB 互连网”界面，要求选择计算机系统的版本，如图 4.53 所示。

图 4.53 选择计算机系统的版本

（3）根据自己的计算机系统版本进行选择。这里默认支持的系统版本有 Windows XP、Windows Vista、Windows 7 和 Windows 8，没有 Windows10 系统版本，所以选择最新的版本 Windows 8，并单击“下一步”按钮，将显示如图 4.54 所示的界面。

（4）图 4.54 所示的界面给出了通过 USB 连接到互联网的具体步骤。单击“完成”按钮后，USB 互连网功能就成功启动了，如图 4.55 所示。

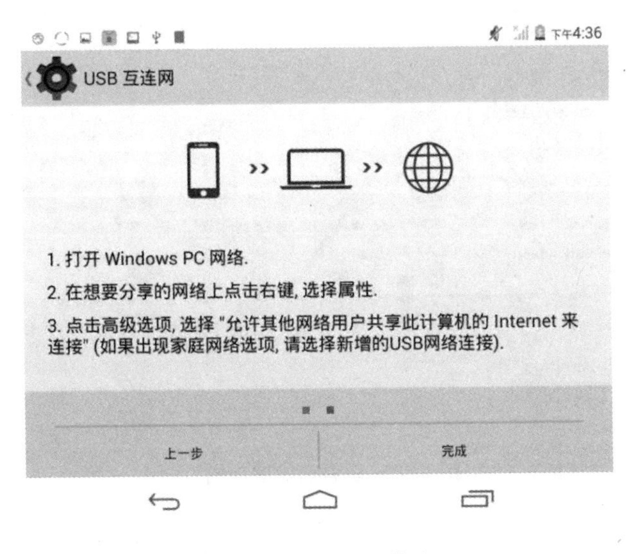

图 4.54　USB 互联网

图 4.55　USB 互连网已连接

（5）从图 4.55 可以看到，USB 互连网的状态为“已连接”，并且右侧的复选框为选中状态。此时，同样将会在本地计算机上出现一个虚拟网卡，为了方便识别，这里将该虚拟网卡重命名为 USB，如图 4.56 所示。

（6）接下来将以太网网络共享给 USB 网卡。右击“以太网”选项，选择“属性”命令，打开“以太网属性”对话框，如图 4.57 所示。

（7）选择“共享”选项卡，将显示共享设置选项，如图 4.58 所示。

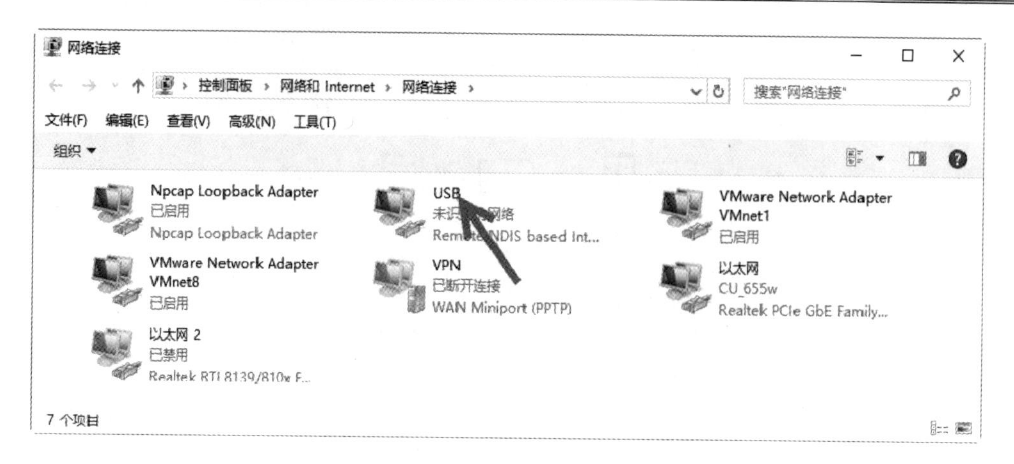

图 4.56　新添加的虚拟网卡

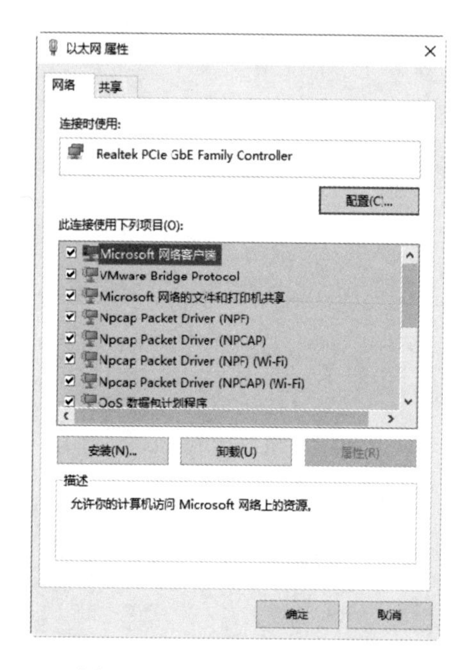

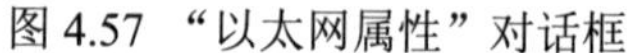
图 4.57 “以太网属性”对话框

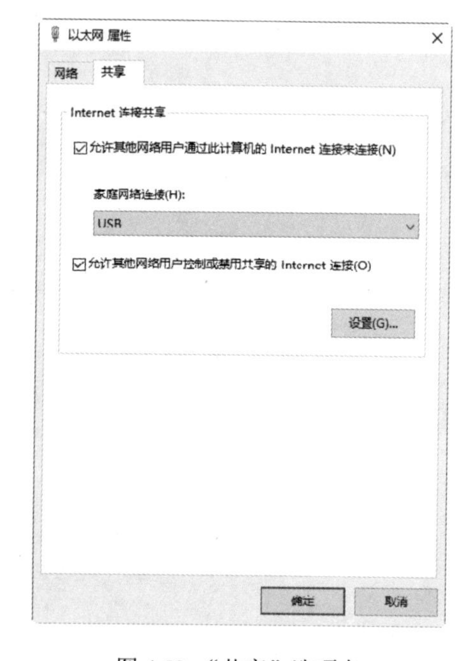

图 4.58 “共享”选项卡

（8）选中“允许其他网络用户通过此计算机的 Internet 连接来连接”复选框，并在“家庭网络连接”下拉列表中选择 USB 网卡，然后单击“确定”按钮，共享网络设置成功。接下来还需要配置 IP 地址，使 Android 设备与 USB 网卡处于同一网段。首先需要查看 Android 设备的 IP 地址，执行命令如下：

```
C:\Users\Administrator>adb shell busybox ifconfig
lo        Link encap:Local Loopback
          inet addr:127.0.0.1  Mask:255.0.0.0
          inet6 addr: ::1/128 Scope:Host
```

```
          UP LOOPBACK RUNNING  MTU:16436  Metric:1
          RX packets:8323 errors:0 dropped:0 overruns:0 frame:0
          TX packets:8323 errors:0 dropped:0 overruns:0 carrier:0
          collisions:0 txqueuelen:0
          RX bytes:732815 (715.6 KiB)  TX bytes:732815 (715.6 KiB)
rndis0    Link encap:Ethernet  HWaddr D6:89:00:87:89:62
          inet addr:192.168.137.100  Bcast:192.168.137.255  Mask:255.255.
255.0
          inet6 addr: fe80::d489:ff:fe87:8962/64 Scope:Link
          UP BROADCAST RUNNING MULTICAST  MTU:1500  Metric:1
          RX packets:449 errors:0 dropped:4 overruns:0 frame:0
          TX packets:645 errors:0 dropped:0 overruns:0 carrier:0
          collisions:0 txqueuelen:1000
          RX bytes:53408 (52.1 KiB)  TX bytes:55638 (54.3 KiB)
wlan0     Link encap:Ethernet  HWaddr 00:08:22:57:A7:9A
          UP BROADCAST MULTICAST  MTU:1500  Metric:1
          RX packets:34752 errors:0 dropped:0 overruns:0 frame:0
          TX packets:19129 errors:0 dropped:0 overruns:0 carrier:0
          collisions:0 txqueuelen:1000
          RX bytes:43477355 (41.4 MiB)  TX bytes:2374502 (2.2 MiB)
```

从输出的信息中可以看到，当前设备中所有接口的配置信息。其中，USB 网络接口 rndis0 的 IP 地址为 192.168.137.100。接下来设置 USB 网卡的 IP 地址。

（9）右击“USB”网卡，选择“属性”命令，将显示“USB 属性”对话框，如图 4.59 所示。

（10）选择“Internet 协议版本 4(TCP/IPv4)”选项，单击“属性”按钮，将显示“Internet 协议版本 4(TCP/IPv4)属性”对话框，如图 4.60 所示。

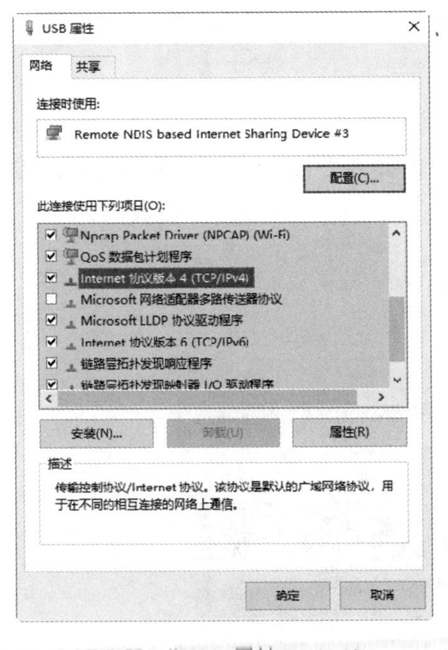

图 4.59 “USB 属性”对话框

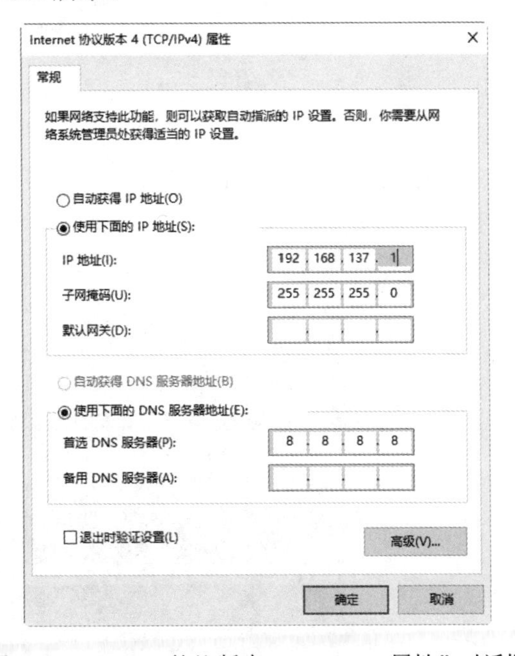

图 4.60 “Internet 协议版本 4(TCP/IPv4)属性”对话框

（11）选中“使用下面的 IP 地址”单选按钮，并设置 IP 地址为 192.168.137.1、子网掩码为 255.255.255.0、首选 DNS 服务器为 8.8.8.8，然后单击“确定”按钮，IP 地址设置完成。此时，Android 设备就可以访问互联网了。

4.3.3 捕获 USB 接口数据包

当将 Android 设备通过 USB 数据线连接到互联网后，即可在本地计算机捕获数据包。下面捕获 USB 网络数据包，具体操作步骤如下：

（1）启动 Wireshark，将显示如图 4.61 所示的界面。

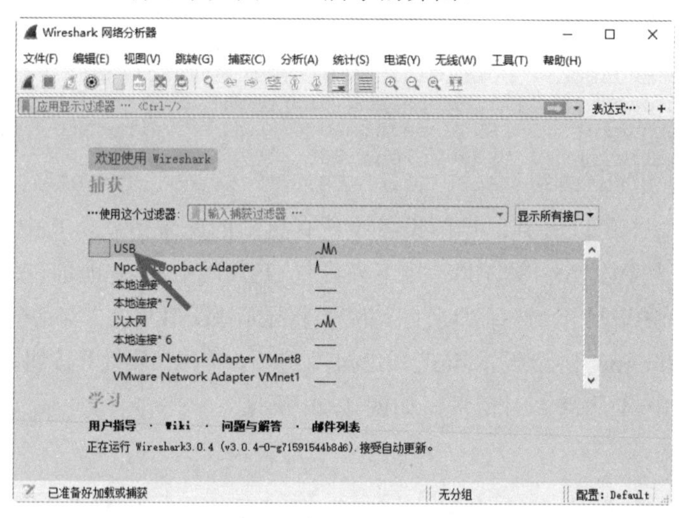

图 4.61　Wireshark 启动界面

（2）在捕获列表中选择 USB 接口，并单击“开始捕获”按钮，将开始捕获 USB 网络数据包，如图 4.62 所示。

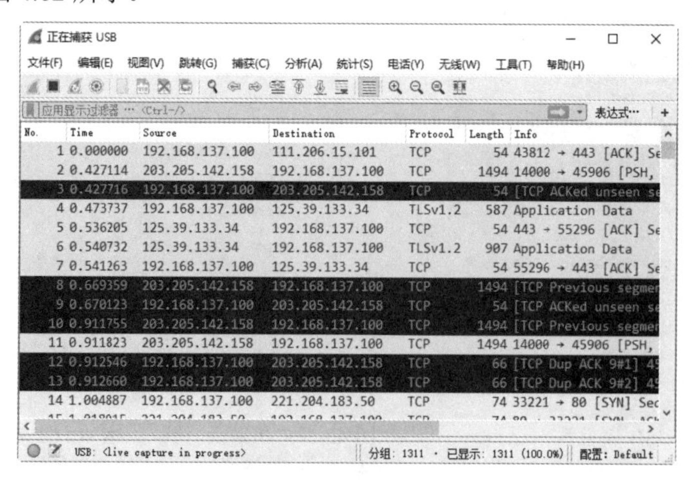

图 4.62　正在捕获数据包

（3）从图 4.62 中可以看到，正在捕获数据包。此时，在 Android 设备上运行想要分析的程序，即可捕获对应程序的数据包。

4.4 Wi-Fi 网络监听抓包

在 Wi-Fi 网络中，所有的数据都是以广播的方式传播的，所以只需要将无线网卡设置为监听模式，便可以嗅探到周边所有的无线数据包。本节介绍 Wi-Fi 网络嗅探抓包的方法。

4.4.1 设置监听

默认情况下，无线网卡工作在管理模式下。在该模式下，用户可以接入到 Internet 上网。如果要监听其他设备的无线网络数据包，则需要设置为监听模式。在 Kali Linux 中，用户可以使用 Airmon-ng 或 iwconfig 工具来设置监听。下面分别介绍使用这两个工具设置监听的方法。

1．选择网卡

无线网卡可以工作在多种模式下，以实现不同的功能。如果要捕获 Wi-Fi 网络数据包，则必须将无线网卡设置为监听模式。如果所使用的无线网卡不支持监听模式，则无法监听数据。为了方便用户对无线网卡的选择，下面列举了一些支持监听模式的无线网卡，如表 4.1 所示。

表 4.1 支持监听模式的无线网卡

芯 片	Windows驱动（监听模式）	Linux驱动
Atheros	v4.2、v3.0.1.12、AR5000	Madwifi、ath5k、ath9k、ath9k_htc、ar9170/carl9170
Atheros	无	ath6kl
Atmel	无	Atmel AT76c503a
Atmel	无	Atmel AT76 USB
Broadcom	Broadcom peek driver	bcm43xx
Broadcom with b43 driver	无	b43
Broadcom 802.11n	无	brcm80211
Centrino b	无	ipw2100
Centrino b/g	无	ipw2200

（续）

芯　　片	Windows驱动（监听模式）	Linux驱动
Centrino a/b/g	无	ipw2915、ipw3945、iwl3945
Centrino a/g/n	无	iwlwifi
Cisco/Aironet	Cisco PCX500/PCX504 peek driver	airo-linux
Hermes I	Agere peek driver	Orinoco、 Orinoco Monitor Mode Patch
Ndiswrapper	N/A	ndiswrapper
cx3110x (Nokia 770/800)	无	cx3110x
prism2/2.5	LinkFerret or aerosol	HostAP、wlan-ng
prismGT	PrismGT by 500brabus	prism54
prismGT (alternative)	无	p54
Ralink	无	rt2x00、 RaLink RT2570 USB Enhanced Driver RaLink RT73 USB Enhanced Driver
Ralink RT2870/3070	无	rt2800usb
Realtek 8180	Realtek peek driver	rtl8180-sa2400
Realtek 8187L	无	r8187rtl8187
Realtek 8187B	无	rtl8187 (2.6.27+) r8187b (beta)
TI	无	ACX100/ACX111/ACX100USB
ZyDAS 1201	无	zd1201
ZyDAS 1211	无	zd1211rw plus patch
RT3572	无	rt2800usb
RTl8812AU	无	realtek-rtl88xxau-dkms

2. 使用Airmon-ng设置监听

Airmon-ng 是 Aircrack-ng 套件中的工具之一，使用该工具可以启动或停止监听。该工具的语法格式如下：

```
airmon-ng start/stop <interface>
```

其中，参数 start 用来启动监听模式；stop 用来停止监听模式；interface 用来指定无线网络接口。

【实例 4-7】使用 Airmon-ng 工具启动无线网卡的监听模式。具体操作步骤如下：

（1）将无线网卡接入到计算机中，并使用 lsusb 命令查看该无线网卡是否被正确识别。执行命令如下：

```
root@daxueba:~# lsusb
Bus 001 Device 004: ID 148f:5370 Ralink Technology, Corp. RT5370 Wireless
Adapter
Bus 001 Device 001: ID 1d6b:0002 Linux Foundation 2.0 root hub
Bus 002 Device 003: ID 0e0f:0002 VMware, Inc. Virtual USB Hub
Bus 002 Device 002: ID 0e0f:0003 VMware, Inc. Virtual Mouse
Bus 002 Device 001: ID 1d6b:0001 Linux Foundation 1.1 root hub
```

以上输出信息，显示了当前系统中的所有 USB 设备。通过查看设备名称可以看到，成功识别出了接入的无线网卡。其中，该无线网卡的 ID 为 148f:5370，生产厂商名字和设备名为 Ralink Technology, Corp. RT5370 Wireless Adapter。

（2）使用 ifconfig 命令查看该无线网卡是否被激活。执行命令如下：

```
root@daxueba:~# ifconfig
eth0: flags=4163<UP,BROADCAST,RUNNING,MULTICAST>  mtu 1500
        inet6 fe80::20c:29ff:fe31:3623  prefixlen 64  scopeid 0x20<link>
        ether 00:0c:29:31:36:23  txqueuelen 1000  (Ethernet)
        RX packets 2999  bytes 195831 (191.2 KiB)
        RX errors 0  dropped 0  overruns 0  frame 0
        TX packets 75  bytes 6593 (6.4 KiB)
        TX errors 0  dropped 0 overruns 0  carrier 0  collisions 0
lo: flags=73<UP,LOOPBACK,RUNNING>  mtu 65536
        inet 127.0.0.1  netmask 255.0.0.0
        inet6 ::1  prefixlen 128  scopeid 0x10<host>
        loop  txqueuelen 1000  (Local Loopback)
        RX packets 72699  bytes 27084761 (25.8 MiB)
        RX errors 0  dropped 0  overruns 0  frame 0
        TX packets 72699  bytes 27084761 (25.8 MiB)
        TX errors 0  dropped 0 overruns 0  carrier 0  collisions 0
wlan0: flags=4099<UP,BROADCAST,MULTICAST>  mtu 1500
        ether de:17:fb:09:11:d4  txqueuelen 1000  (Ethernet)
        RX packets 0  bytes 0 (0.0 B)
        RX errors 0  dropped 0  overruns 0  frame 0
        TX packets 0  bytes 0 (0.0 B)
        TX errors 0  dropped 0 overruns 0  carrier 0  collisions 0
```

从输出的信息中可以看到，显示了三个网络接口信息，分别是 eth0（有线网络接口）、lo（本地回环接口）和 wlan0（无线网络接口）。其中，无线网络接口名一般是 wlanX，由此可以说明，接入的无线网络已激活。

（3）使用 iwconfig 命令查看无线网卡工作模式。执行命令如下：

```
root@daxueba:~# iwconfig wlan0
wlan0     IEEE 802.11  ESSID:off/any
          Mode:Managed  Access Point: Not-Associated   Tx-Power=20 dBm
          Retry short  long limit:2   RTS thr:off   Fragment thr:off
          Encryption key:off
          Power Management:off
```

从输出的信息中可以看到，当前无线网卡工作的模式为 Managed，即管理模式。接下来将设置无线网卡为监听模式。

（4）启用监听模式。执行命令如下：

```
root@daxueba:~# airmon-ng start wlan0
Found 4 processes that could cause trouble.
Kill them using 'airmon-ng check kill' before putting
the card in monitor mode, they will interfere by changing channels
and sometimes putting the interface back in managed mode
   PID Name
   413 NetworkManager
   497 dhclient
   884 wpa_supplicant
  6720 dhclient
PHY     Interface   Driver      Chipset
phy7    wlan0       rt2800usb   Ralink Technology, Corp. RT5370
        (mac80211 monitor mode vif enabled for [phy7]wlan0 on [phy7]
wlan0mon)
        (mac80211 station mode vif disabled for [phy7]wlan0)
```

看到以上输出信息，即表示成功启动了监听模式，监听的接口为 wlan0mon。当想要停止监听时，则执行如下命令：

```
root@daxueba:~# airmon-ng stop wlan0mon
PHY     Interface   Driver      Chipset
phy4    wlan0mon    rt2800usb   Ralink Technology, Corp. RT5370
        (mac80211 station mode vif enabled on [phy4]wlan0)
        (mac80211 monitor mode vif disabled for [phy4]wlan0mon)
```

看到以上输出信息，即表示成功停止了监听模式。停止监听后无线网络接口仍然为 wlan0。

3. 使用iwconfig设置监听

iwconfig 是 Linux Wireless Extensions（LWE）的用户层配置工具之一。LWE 是 Linux 下对无线网络配置的工具，包括内核的支持、用户层配置工具和驱动接口的支持三部分。目前，很多无线网卡都支持 LWE，而且主流的 Linux 发行版都已经自带了该配置工具。大部分无线网卡，都支持使用 Airmon-ng 工具来启用监听模式。但对于一些支持 5GHz 的无线网卡（如芯片为 RTL8812AU），则不支持使用 Airmon-ng 工具来启用监听模式。此时，必须使用 iwconfig 工具来启用监听模式，其语法格式如下：

```
iwconfig <interface> mode monitor
```

其中，interface 表示无线网络接口名称；monitor 表示设置为监听模式。

【实例 4-8】 使用 iwconfig 设置无线网卡为监听模式。具体操作步骤如下：

（1）查看无线网络接口的工作模式。执行命令如下：

```
root@daxueba:~# iwconfig
lo        no wireless extensions.
wlan0     IEEE 802.11  ESSID:off/any
          Mode:Managed  Access Point: Not-Associated   Tx-Power=18 dBm
          Retry short limit:7   RTS thr:off   Fragment thr:off
          Encryption key:off
          Power Management:off
eth0      no wireless extensions.
```

从输出的信息中可以看到，该无线网络接口名称为wlan0，并且工作在Managed模式。接下来，将启用该无线网卡为监听模式。

（2）停止无线网络接口。执行命令如下：

```
root@daxueba:~# ip link set wlan0 down
```

执行以上命令后，将不会输出任何信息。

提示：使用iwconfig命令设置无线网卡工作模式时，必须先停止无线网络接口。否则，将会提示设备或资源繁忙，具体如下：

```
Error for wireless request "Set Mode" (8B06) :
    SET failed on device wlan0 ; Device or resource busy.
```

（3）设置无线网卡为监听模式。执行命令如下：

```
root@daxueba:~# iwconfig wlan0 mode monitor
```

执行以上命令后，将不会输出任何信息。接下来，启动该无线网卡，即可使用它的监听模式来监听数据包。

（4）启动无线网卡。执行命令如下：

```
root@daxueba:~# ip link set wlan0 up
```

执行以上命令后，不会输出任何信息。接下来，使用iwconfig命令查看无线网络接口信息，以确定监听模式是否启动成功。

（5）再次查看无线网卡的工作模式。执行命令如下：

```
root@daxueba:~# iwconfig wlan0
wlan0     IEEE 802.11  Mode:Monitor  Frequency:5.745 GHz  Tx-Power=20 dBm
          Retry short  long limit:2   RTS thr:off   Fragment thr:off
          Power Management:off
```

从输出的信息中可以看到，当前工作模式为Monitor，即监听模式，而且该无线网卡接口的监听模式接口名仍然是wlan0。

当不需要进行监听时，可以停止监听。具体操作步骤如下：

（1）停止无线网络接口。执行命令如下：

```
root@daxueba:~# ip link set wlan0 down
```

（2）设置无线网卡为管理模式。执行命令如下：

```
root@daxueba:~# iwconfig wlan0 mode managed
```

（3）启动无线网络接口。执行命令如下：

```
root@daxueba:~# ip link set wlan0 up
```

（4）查看无线网卡的工作模式。执行命令如下：

```
root@daxueba:~# iwconfig wlan0
wlan0     IEEE 802.11  ESSID:off/any
          Mode:Managed  Access Point: Not-Associated   Tx-Power=20 dBm
          Retry short  long limit:2   RTS thr:off   Fragment thr:off
          Encryption key:off
          Power Management:off
```

从输出的信息中可以看到，当前无线网络的工作模式为 Managed。由此可以说明，成功停止了监听。

4.4.2 设置监听信道

信道是指以无线信号作为传输媒体的数据信号传送通道。当 AP 在传输数据时，将工作在一个特定的信道。由于无线网卡在监听数据包时会不停地跳频，所以在捕获数据包时，可能导致监听漏掉重要的数据包，如握手包等。为了避免数据包丢失，可以手动设置监听信道，而且还可以设置同时监听多个信道。下面介绍设置监听信道的方法。

1．确认信道

如果要设置监听信道，则必须知道 AP 工作的信道。可以通过在路由器管理界面，或者通过扫描 Wi-Fi 网络数据包的方式，来确认 AP 工作的信道。下面介绍这两种确认信道的方法。

【实例 4-9】以 TP-LINK 路由器为例，查看 AP 工作的信道。具体操作步骤如下：

（1）登录路由器的管理界面。该路由器的登录地址为 http://192.168.0.1/，在浏览器中访问该地址后，将弹出“登录”对话框，如图 4.63 所示。

（2）输入登录的用户名和密码，然后单击“登录”按钮，将显示路由器的主界面，如图 4.64 所示。

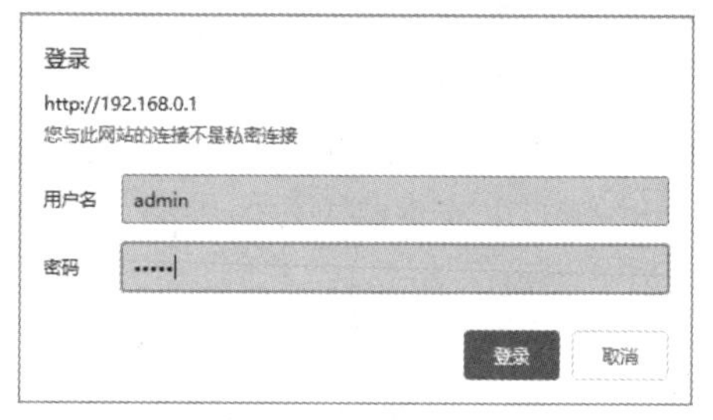

图 4.63 “登录”对话框

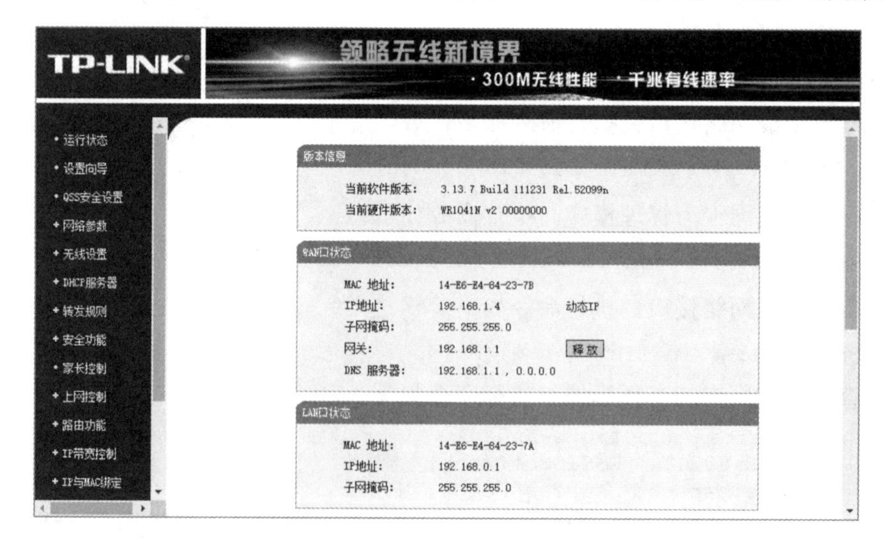

图 4.64 路由器主界面

（3）在左侧栏中依次选择“无线设置”|“基本设置”选项，将显示无线网络基本设置界面，如图 4.65 所示。

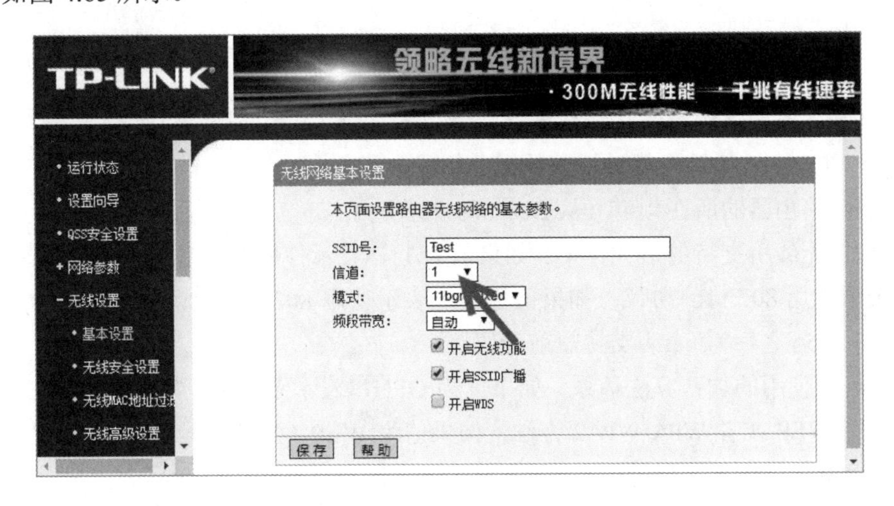

图 4.65　无线网络基本设置界面

（4）从该界面中可以看到当前路由器的基本信息，如 SSID 号、信道、模式、频段带宽等。其中，工作的信道为 1。

Kali Linux 提供了一个 Airodump-ng 工具，可以用来扫描 Wi-Fi 网络。通过分析扫描结果，即可知道每个 AP 工作的信道。使用 Airodump-ng 工具扫描 Wi-Fi 网络的语法格式如下：

```
airodump-ng <interface>
```

其中，参数 interface 用来指定无线网卡监听接口。

【实例 4-10】使用 Airodump-ng 工具扫描附近的 Wi-Fi 网络，以获取 AP 工作的信道。执行命令如下：

```
root@daxueba:~# airodump-ng wlan0mon
CH  3 ][ Elapsed: 6 s ][ 2019-09-24 10:15

 BSSID      PWR  Beacons  #Data  #/s  CH  MB    ENC   CIPHER AUTH  ESSID

 AC:A4:6E: -63  3         0      0    6   130   WPA2  CCMP   PSK   CMCC-JmKm
 9F:01:0C
 14:E6:E4: -24  3         0      0    1   54e.  WEP   WEP    Test
 84:23:7A
 70:85:40: -33  5         0      0    4   130   WPA2  CCMP   PSK   CU_655w
 53:E0:3B
 80:89:17: -75  2         0      0    11  405   WPA2  CCMP   PSK   TP-LINK_
 66:A1:B8                                                          A1B8

 BSSID              STATION            PWR  Rate   Lost  Frames  Probe

 70:85:40:53:E0:3B  1C:77:F6:60:F2:CC  -60  0 - 6  0     2
```

以上输出信息，显示了扫描到的所有 Wi-Fi 网络。其共包括 18 列，每列含义如下。

- BSSID：AP 的 MAC 地址。
- PWR：信号强度。数字越小，信号越强。
- Beacons：无线发出的通告编号。
- #Data：对应路由器的在线数据吞吐量。数字越大，数据上传量越大。
- #/s：过去 10 秒钟内每秒捕获数据分组的数量。
- CH：路由器的所在频道（从 Beacons 中获取）。
- MB：无线所支持的最大速率。如果值为 11，表示使用 802.11b 协议；如果值为 22，表示使用 802.11b+协议；如果值更大，表示使用 802.11g 协议。如果值中出现了点（高于 54 之后），表明支持短前导码。
- ENC：使用的加密算法体系。如果值为 OPN，表示无加密；如果值为 WEP?，表示使用 WEP 或者 WPA/WPA2 方法；如果值为 WEP（没有问号），表示使用静态或动态 WEP 方式；如果值为 TKIP 或 CCMP，表示使用 WPA/WPA2。
- CIPHER：检测到的加密算法，可能的值为 CCMP、WRAAP、TKIP、WEP、WEP104。通常，TKIP 与 WPA 结合使用，CCMP 与 WPA2 结合使用。如果密钥索引值大于 0，显示为 WEP40。标准情况下，索引 0-3 是 40bit，104bit 应该是 0。
- AUTH：使用的认证协议。常用的有 MGT（WPA/WPA2 使用独立的认证服务器，如 802.1x，Radius、EAP 等）、SKA（WEP 的共享密钥）、PSK（WPA/WPA2 的预共享密钥）或者 OPN（WEP 开放式）。
- ESSID：路由器的名称。如果启用隐藏的 SSID 的话，它为空。这种情况下，Airodump-ng 试图从 Probe Responses 和 Association Requests 包中获取 SSID。
- STATION：客户端的 MAC 地址，包括连上的和正在搜索无线的客户端。如果客户端没有连接上，就在 BSSID 下显示“notassociated”。
- Rate：表示传输率。
- Lost：在过去 10 秒钟内丢失的数据分组，基于序列号检测。它意味着从客户端来的数据丢包，每个非管理帧中都有一个序列号字段，把刚接收到的那个帧中的序列号和前一个帧中的序列号一减就能知道丢了几个包。
- Frames：客户端发送的数据分组数量。
- Probe：被客户端查探的 ESSID。如果客户端正试图连接一个无线，但是没有连接上，那么就显示在这里。

根据以上对每列的描述，即可指定每个 AP 对应的信息。其中，CH 列显示了每个 AP 工作的信道。例如，名称为 Test 的 AP 工作信道为 1，加密方式为 WEP；名称为 CU_655w 的 AP 工作信道为 4，加密方式为 WPA2 等。记住将要捕获的 AP 数据包工作信道，然后设置监听该信道。

2．使用Airmon-ng设置监听信道

当确定 AP 工作的信道后，便可以设置监听信道。使用 Airmon-ng 工具设置监听信道的语法格式如下：

```
airmon-ng start <interface> <channel>
```

其中，参数 interface 用来指定无线网络接口；channel 用来指定监听的信道。

【实例 4-11】设置监听信道为 1。执行命令如下：

```
root@daxueba:~# airmon-ng start wlan0 1
Found 4 processes that could cause trouble.
Kill them using 'airmon-ng check kill' before putting
the card in monitor mode, they will interfere by changing channels
and sometimes putting the interface back in managed mode
   PID Name
   413 NetworkManager
   497 dhclient
   884 wpa_supplicant
  6720 dhclient
PHY     Interface     Driver      Chipset
phy7    wlan0         rt2800usb   Ralink Technology, Corp. RT5370
        (mac80211 monitor mode vif enabled for [phy7]wlan0 on [phy7]
wlan0mon)
        (mac80211 station mode vif disabled for [phy7]wlan0)
```

看到以上输出信息，即表示成功启动了监听模式，并且监听的信道为 1。其中，监听的接口为 wlan0mon。

3．使用iwconfig设置监听信道

使用 Airmon-ng 工具设置监听信道时，只能监听一个信道。如果想要同时监听多个信道，可以使用 iwconfig 工具实现。使用 iwconfig 工具设置监听信道的语法格式如下：

```
iwconfig [interface] channel N
```

其中，interface 指定启用监听模式的接口；N 则表示监听的信道。当指定同时监听多个信道时，信道之间使用逗号分隔。

【实例 4-12】设置监听信道为 1。执行命令如下：

```
root@daxueba:~# iwconfig wlan0 channel 1
```

执行以上命令后，如果未输出任何信息，则说明设置监听信道成功。

【实例 4-13】设置同时监听信道 1、6 和 11。执行命令如下：

```
root@daxueba:~# iwconfig wlan0 channel 1,6,11
```

注意：同时监听的信道太多，也会造成数据包遗漏。

4.4.3 捕获数据包

当成功将无线网卡设置为监听模式后，就可以监听所有 Wi-Fi 网络数据包了。下面介绍使用 Wireshark 捕获 Wi-Fi 网络数据包的方法。

【实例 4-14】使用 Wireshark 捕获数据包。具体操作步骤如下：

（1）在“开始”菜单中依次选择“应用程序”|“嗅探/欺骗”|Wireshark 命令，将显示 Wireshark 启动界面，如图 4.66 所示。

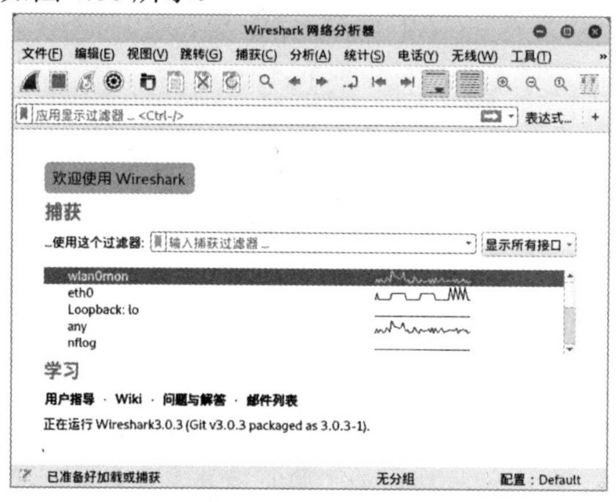

图 4.66 Wireshark 启动界面

（2）在捕获接口列表中选择监听接口 wlan0mon，并单击“开始捕获”按钮，将开始捕获 Wi-Fi 网络数据包，如图 4.67 所示。或者直接双击网络接口 wlan0mon，也将开始捕获数据包。

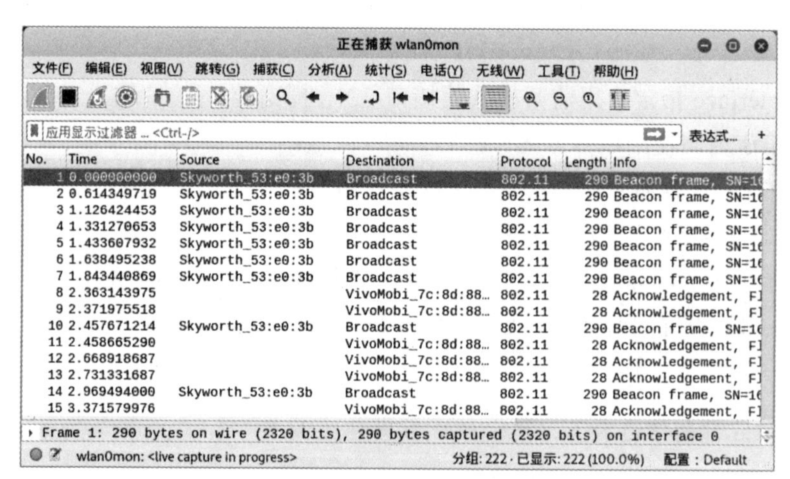

图 4.67 正在捕获 Wi-Fi 网络数据包

（3）看到图 4.67 中显示的数据包，则表示成功捕获 Wi-Fi 网络数据包。当捕获一定数据包后，单击“停止捕获”按钮■，将停止捕获数据包。为了方便之后对数据包进行分析，可以将捕获的包保存到一个捕获文件中。在菜单栏中依次选择“文件”|“保存”命令，将弹出“Wireshark.保存捕获文件为”对话框，如图 4.68 所示。

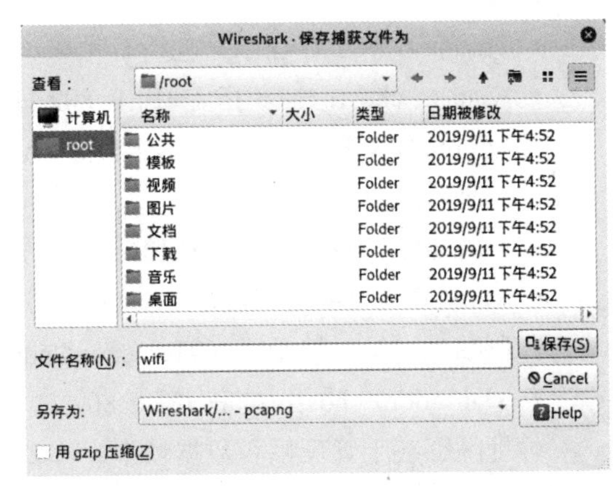

图 4.68　“Wireshark.保存捕获文件为”对话框

（4）指定捕获文件的位置、文件名和文件格式。这里将指定保存的位置为/root、文件名为 wifi，使用默认的文件格式 pcapng，然后单击“保存”按钮，即可成功保存捕获的数据包。

4.4.4　过滤设备

默认情况下，Wireshark 将捕获所有设备的数据包，而且当设置监听后，将捕获所有 Wi-Fi 设备的数据包。如果用户所在网络存在很多 Wi-Fi 设备的话，将可能捕获大量冗余数据包。这样在分析数据包时，就不太容易了，而且还会受到一些无关数据包的影响。此时，可以通过使用捕获过滤器，指定捕获特定设备的 Wi-Fi 数据包。捕获过滤器的语法格式如下：

```
Protocol  Direction  Host(s)  Value  Logical Operations  Other expression
```

其中各选项含义如下。

- Protocol（协议）：该选项用来指定协议。可使用的值有 ether、fddi、wlan、ip、arp、rarp、decnet、lat、sca、moproc、mopdl、tcp 和 udp。如果没有特别指明是什么协议，则默认使用所有支持的协议。
- Direction（方向）：该选项用来指定来源或目的地，默认使用 src or dst 作为关键字。可使用的值有 src、dst、src and dst 和 src or dst。
- Host(s)：指定主机地址。如果没有指定，默认使用 host 关键字。可使用的值有 net、port、host 和 portrange。
- Logical Operations（逻辑运算）：该选项用来指定逻辑运算符。可使用的值有 not、and 和 or。其中，not（否）具有最高的优先级；or（或）和 and（与）具有相同的优先级，运算时从左至右进行。

为了方便用户对无线数据包进行过滤，下面列举了常见的无线数据包捕获过滤器。

- wlan ra ehost：捕获指定 IEEE 802.11 RA（接收地址）的无线数据包。除了管理帧

（frame），RA 存在于其他所有帧中。

- wlan ta ehost：捕获指定 IEEE 802.11 TA（发送地址）的无线数据包。除了管理帧（frame）、CTS（Clear To Send）和 ACK（Acknowledgment）控制帧外，TA 存在于其他所有帧中。
- wlan addr1 ehost：捕获 IEEE 802.11 第一地址的无线数据包。
- wlan addr2 ehost：捕获 IEEE 802.11 第二地址的无线数据包。除了 CTS 和 ACK 控制帧外，第二地址区（The second address field）存在于其他所有帧中。
- wlan addr3 ehost：捕获 IEEE 802.11 第三地址的无线数据包。除控制帧外，第三地址区存在于管理帧和数据帧中。
- wlan addr4 ehost：捕获 IEEE 802.11 第四地址的无线数据包。第四地址区仅存在 WDS（Wireless Distribution System）帧中。
- type wlan_type：捕获指定类型的无线数据包。可使用的帧类型值为 mgt、ctl 和 data。
- type wlan_type subtype wlan_subtype：指定帧类型和子类型的捕获过滤器。可指定的帧类型包括 mgt（管理帧）、ctl（控制帧）和 data（数据帧）。当指定帧类型为 mgt 时，则指定的子类型有效值为 assoc-req、assoc-resp、reassoc-req、ressoc-resp、probe-req、probe-resq、beacon、atim、disassoc、auth 和 deauth；当指定帧类型为 ctl 时，则指定的子类型有效值为 ps-poll、rts、cts、ack、cf-end 和 cf-end-ack；当指定帧类型为 data 时，则指定的有效子类型为 data、data-cf-ack、data-cf-poll、data-cf-ack-poll、null、cf-ack、cf-poll、cf-ack-poll、qos-data、qos-data-cf-ack、qos-data-cf-poll、qos-data-cf-ack-poll、qos、qos-cf-poll 和 qos-cf-ack-poll。
- subtype wlan_subtype：捕获指定子类型的无线数据包。
- dir dir：捕获指定方向的 IEEE 802.11 帧。在 IEEE 802.11 帧中，Data Frame 具有方向，使用 DS（分布式系统）字段来标识，以区分不同类型帧中关于地址的解析方式。其中，DS 字段用两位表示，这两个位的含义分别表示“To Ds”和“From DS”。该捕获过滤器可使用的有效方向值为 nods、tods、fromds、dstods 或一个数字。其中，nods 值对应的数字为 00；tods 值对应的数字为 01；fromds 值对应的数字为 10；dstods 值对应的数字为 11。

【实例 4-15】捕获 MAC 地址为 1C:77:F6:60:F2:CC 的设备的 Wi-Fi 数据包。其中，指定的捕获过滤器为 ether host 1C:77:F6:60:F2:CC。具体操作步骤如下：

（1）启动 Wireshark，并在菜单栏依次选择“捕获”|“选项”命令，打开“Wireshark. 捕获接口”对话框，如图 4.69 所示。

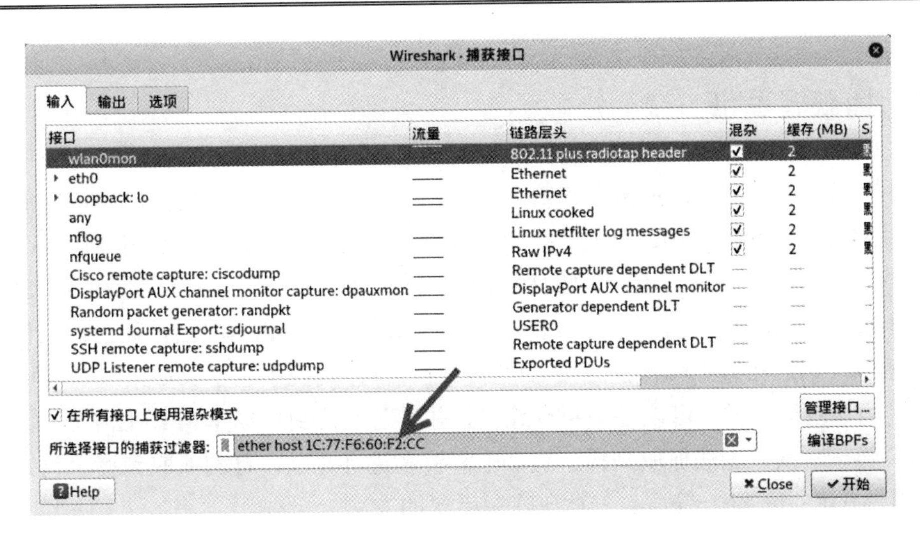

图 4.69　“Wireshark.捕获接口”对话框

（2）选择监听接口 wlan0mon，然后在“所选择接口的捕获过滤器”文本框中输入捕获过滤器 ether host 1C:77:F6:60:F2:CC，单击“开始”按钮，即可捕获指定设备的 Wi-Fi 数据包，如图 4.70 所示。

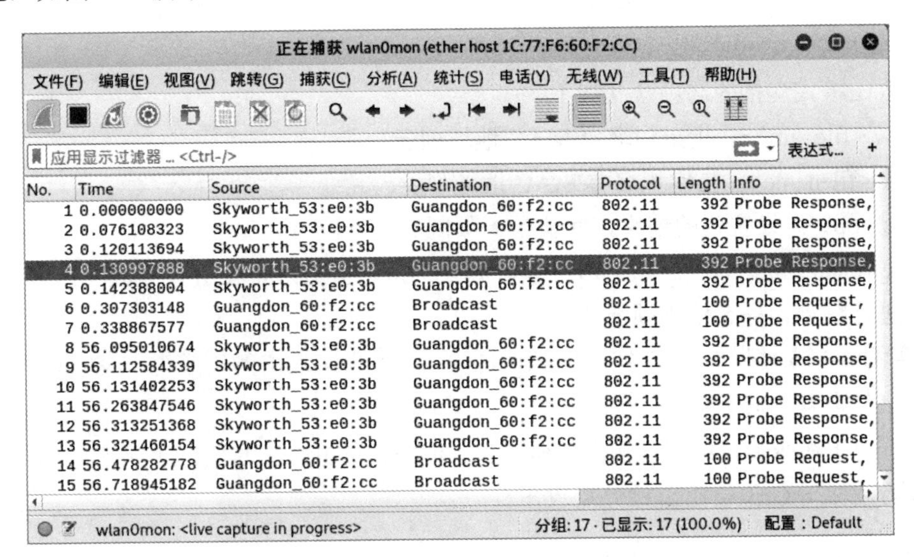

图 4.70　正在捕获数据包

（3）从图 4.70 的标题栏中可以看到使用的捕获过滤器。而且，从捕获列表中可以看到，所有数据包都是源或目标为 1C:77:F6:60:F2:CC 地址的数据包。当不需要继续捕获数据包时，单击“停止捕获”按钮■，即可停止捕获。

4.4.5 捕获握手包

握手包是指采用 WPA 加密方式的无线 AP 与无线客户端进行连接前的认证信息包，其包含后期数据传输的密钥。由于无线数据包都是加密的，而且传输密钥又包含在握手包中，所以只有捕获握手包，才可以成功解密数据包。握手包只有在客户端和 AP 建立连接时才会出现，所以在抓包的同时，可以通过实施死亡（Deauth）攻击，让已经连接 AP 的客户端断线，然后在客户端再次连接 AP 时，就可以抓到握手包了。如果配置有特定的环境，只是为了练习测试，可以手动断开连接，并重新连接到目标 Wi-Fi，以捕获其握手包。如果用户尝试一次，无法抓取到握手包，则需要多进行几次，直到抓取到握手包。下面将介绍使用 MDK3 和 Aireplay-ng 工具捕获握手包的方法。

1．使用MDK3工具

MDK3 是一款无线 DOS 攻击测试工具，能够发起 Beacon Flood、Authentication DoS、Deauthentication/Disassociation Amok 等模式的攻击。用户通过使用 MDK3 实施解除认证攻击，即可捕获握手包。使用 MDK3 工具实施解除认证攻击的语法格式如下：

```
mdk3 <interface> d <test_options>
```

该攻击模式支持的选项含义如下。

- -w <filename>：指定白名单 MAC 地址列表。
- -b <filename>：指定黑名单 MAC 地址列表。
- -s <pps>：设置包的速率，默认是无限制的。
- -c [chan,chan,…]：启用信道跳频。如果不指定信道，将在所有信道（14 b/g）之间进行跳频。每 5 秒跳频一次。

【实例 4-16】使用 MDK3 实施解除认证攻击，并指定攻击的信道为 1。执行命令如下：

```
root@daxueba:~# mdk3 wlan0mon d -s 120 -c 1
```

执行以上命令后，将不会输出任何信息。但是，MDK3 工具实际上是运行的。当捕获握手包后，按下 Ctrl+C 组合键停止攻击。

提示：使用 MDK3 实施解除认证攻击时，应在运行一段时间后便停止攻击，否则会导致客户端无法连接到 AP。

2．使用Aireplay-ng工具

Aireplay-ng 是 Aircrack-ng 组件包的一个工具，它可以注入和重放数据帧，用于后期的 WEP、WPA-PSk 破解。该工具提供了 9 种攻击模式，包括死亡包攻击、伪造认证攻击、

重放注入攻击、ARP 重放攻击、Chopchop 攻击、PRGA 攻击、Caffe-latte 攻击、转发攻击和 Cisco Aironet 攻击。通过实施这些攻击，即可捕获握手包。这里将使用 Aireplay-ng 工具实施死亡攻击，以获取握手包。其语法格式如下：

```
aireplay-ng -0 1 -a <ap_mac> -c <client_mac> wlan0mon
```

以上语法中的选项及含义如下。

- -0：表示实施死亡攻击。
- 1：表示攻击次数。用户可以根据实际情况，设置更多次。
- -a：表示 AP 的 MAC 地址。
- -c：表示客户端的 MAC 地址。

【实例 4-17】使用 Aireplay-ng 工具实施死亡攻击。执行命令如下：

```
root@daxueba:~# aireplay-ng -0 1 -a 70:85:40:53:E0:3B -c 1C:77:F6:60:F2:CC
wlan0mon
15:05:43  Waiting for beacon frame (BSSID: 70:85:40:53:E0:3B) on channel
8
15:05:44  Sending 64 directed DeAuth (code 7). STMAC: [1C:77:F6:60:F2:CC]
[ 9|65 ACKs]
```

看到以上输出信息，则表示攻击成功。

3. 确认是否捕获握手包

通过使用 MDK3 或 Aireplay-ng 工具，即可捕获握手包。为了确认是否成功捕获握手包，可以使用显示过滤器进行过滤。其中，过滤 WEP 握手包的显示过滤器语法格式如下：

```
wlan.fc.type_subtype eq 0x0B
```

在 Wireshark 的显示过滤器文本框中输入以上过滤器后，将显示如图 4.71 所示的界面。

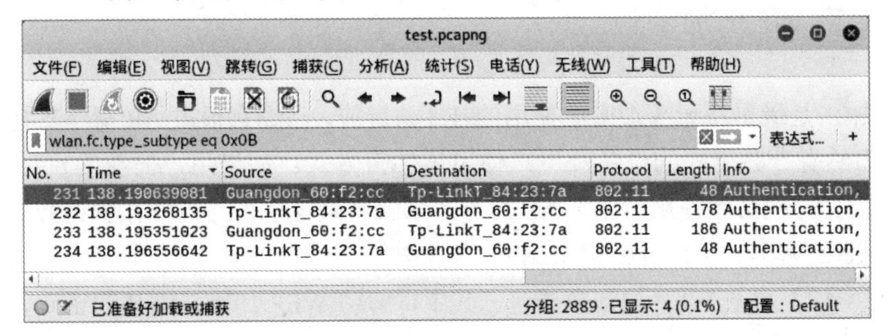

图 4.71　WEP 握手包

从输出的信息中可以看到捕获的认证包。其中，231～234 帧为 WEP 加密认证的一个完整握手包。

如果用户想要查看 WPA/WPA2 的握手包，可以使用 eapol 显示过滤器进行过滤，其语法格式如下：

```
eapol
```

在显示过滤器文本框中输入显示过滤器 eapol，即可成功过滤出捕获的握手包，如图 4.72 所示。

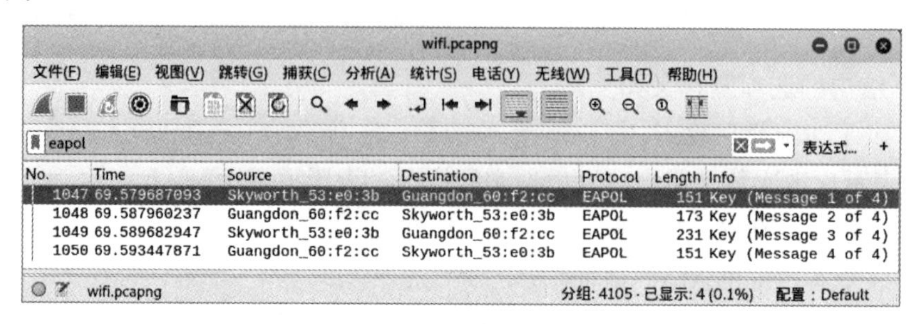

No.	Time	Source	Destination	Protocol	Length	Info
1047	69.579687093	Skyworth_53:e0:3b	Guangdon_60:f2:cc	EAPOL	151	Key (Message 1 of 4)
1048	69.587960237	Guangdon_60:f2:cc	Skyworth_53:e0:3b	EAPOL	173	Key (Message 2 of 4)
1049	69.589682947	Skyworth_53:e0:3b	Guangdon_60:f2:cc	EAPOL	231	Key (Message 3 of 4)
1050	69.593447871	Guangdon_60:f2:cc	Skyworth_53:e0:3b	EAPOL	151	Key (Message 4 of 4)

图 4.72　握手包

从图 4.72 中可以看到，成功捕获 4 个完整的握手包。如果丢失某个握手包，则无法解密数据包。

4.5　解密数据包

由于 AP 使用了加密方式，所以监听到的数据包也都是加密的。如果想要分析其数据包，则必须对其进行解密。其中，AP 常见的加密方式有 WEP 和 WPA/WPA2。本节分别介绍解密 WEP 和 WPA/WPA2 加密的数据包的方法。

4.5.1　解密 WEP 加密包

WEP 加密是最早在无线加密中使用的技术。目前，已经有很多 AP 都不支持该加密方式，但是仍然有一些老式的设备及用户使用该加密方式。如果用户捕获的目标 AP 使用 WEP 加密的话，则必须使用解密 WEP 的方式来解密数据包。当用户在解密数据包时，必须知道该 AP 的密码。下面介绍解密 WEP 加密数据包的方法。

【实例 4-18】解密 WEP 加密数据包。其中，解密 WEP 加密包添加的密码，是十六进制格式的密码。例如，本例中 AP 的 ASCII 码格式密码为 abcde，则对应的十六进制格式的密码为 61:62:63:64:65。具体操作步骤如下：

（1）为了快速找到加密的数据包，可以使用显示过滤器 wlan.fc.type_subtype==0x28 进行过滤。在显示过滤器文本框中输入该显示过滤器后，即可过滤出使用 WEP 方式加密的数据包，结果如图 4.73 所示。

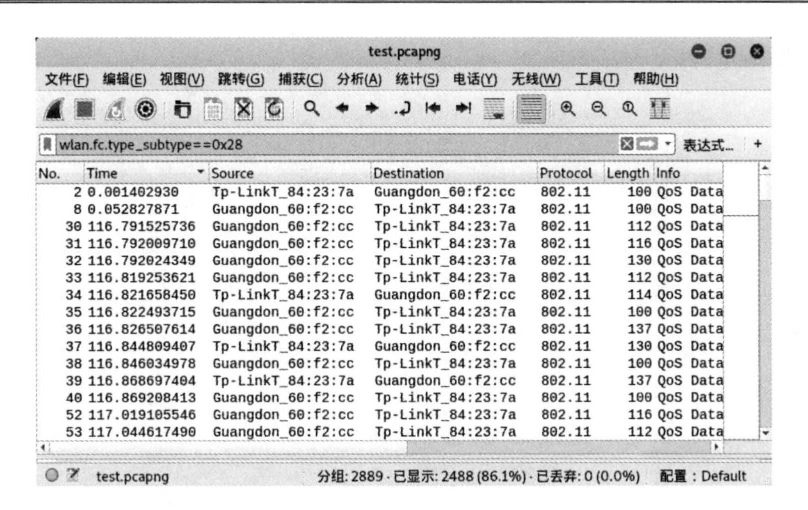

图 4.73　加密数据包

（2）从图 4.73 中可以看到，所有的数据包协议都为 802.11。由此可以说明，都是被加密的无线数据包。此时，在 Wireshark 主窗口的菜单栏中依次选择“编辑”|“首选项”命令，打开“Wireshark.首选项”对话框，如图 4.74 所示。

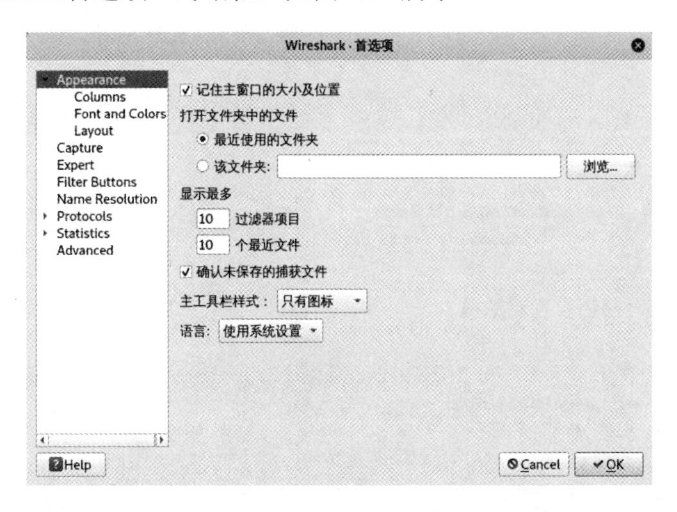

图 4.74　“Wireshark.首选项”对话框

（3）在左侧栏中选择 Protocols 选项，单击小三角按钮▸展开协议列表，并选择 IEEE 802.11 协议，如图 4.75 所示。

（4）单击 Decryption keys 右侧的 Edit 按钮，将显示如图 4.76 所示的对话框。

（5）从图 4.76 中可以看到，默认没有任何的密钥。此时，单击加号按钮 + 添加密钥，可以看到，添加的加密类型为 wep，密码为 61:62:63:64:65，结果如图 4.77 所示

（6）注意，密码之间的冒号也可以省略。此时，单击 OK 按钮，即可成功解密其加密

的数据包，如图 4.78 所示。

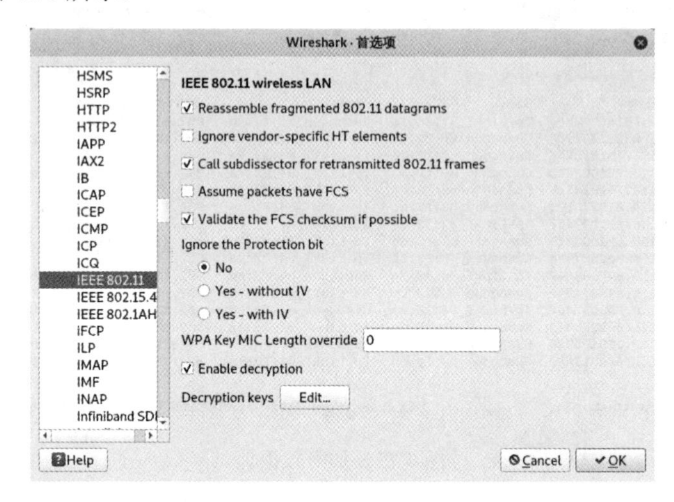

图 4.75　IEEE 802.11 协议配置项

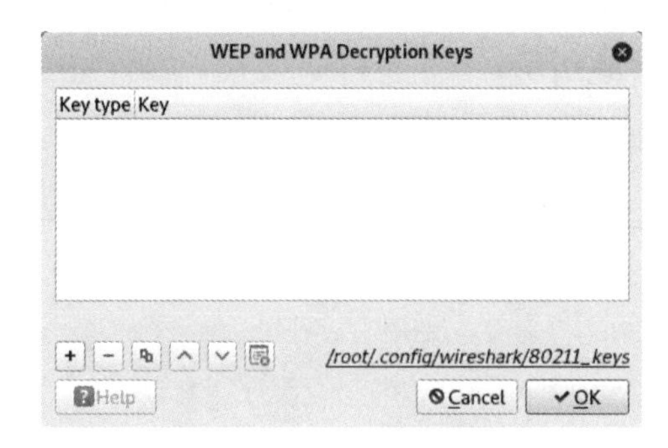

图 4.76　密钥设置对话框

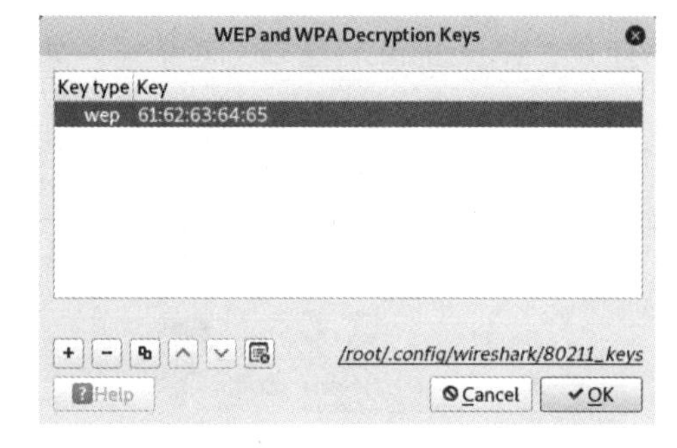

图 4.77　添加密钥

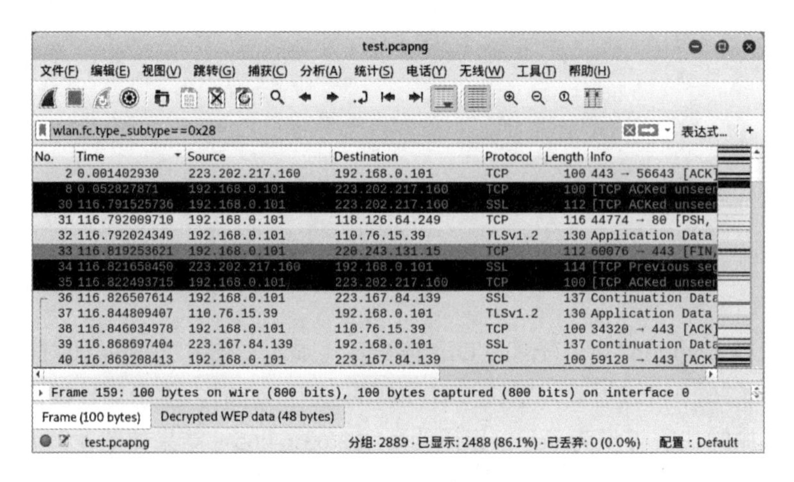

图 4.78　解密后的数据包

（7）从图 4.78 中可以看到，所有的数据包已成功解密。此时，便可以对客户端传输的数据做进一步分析了。

4.5.2　解密 WPA/WPA2 加密包

如果目标 AP 使用 WPA/WPA2 加密方式的话，则必须使用解密 WPA/WPA2 的方式来解密数据包。下面介绍解密 WPA/WPA2 加密数据包的方法。

【实例 4-19】 在 Wireshark 中解密使用 WPA/WPA2 方式加密的数据包。其中，目标 AP 的名称为 Test，密码为 daxueba!。具体操作步骤如下：

（1）使用显示过滤器 wlan.fc.type_subtype==0x28 过滤 WPA/WPA2 加密的数据包，如图 4.79 所示。

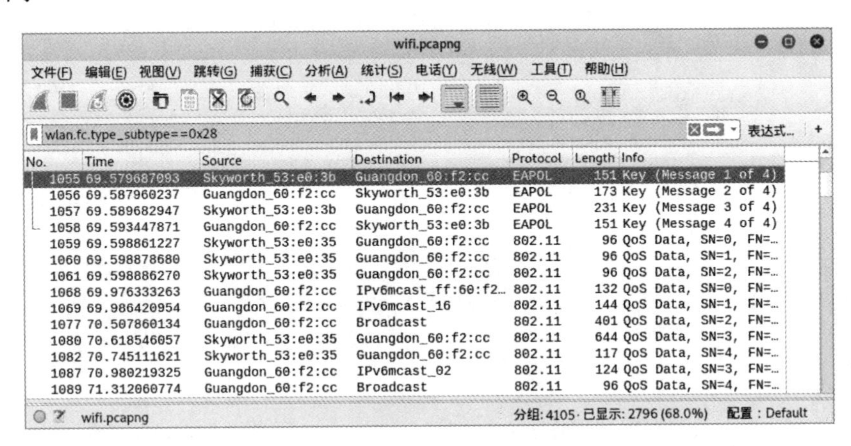

图 4.79　过滤出的加密数据包

（2）从图 4.79 中可以看到，成功显示了所有加密的数据包。其中，前 4 个包是握手包，协议格式为 EAPOL，其他数据包的格式都为 802.11。注意，如果是 WPA/WPA2 加密方式，则必须捕获握手包才可以解密。此时，在 Wireshark 的菜单栏中依次选择“编辑”|“首选项”命令，打开“Wireshark.首选项”对话框，然后依次选择 Protocols|IEEE 802.11 协议，如图 4.80 所示。

（3）单击 Decryption keys 右侧的 Edit 按钮，将显示如图 4.81 所示的对话框。

（4）单击加号 + 按钮添加 WPA/WPA2 密钥。添加 WPA/WPA2 加密类型的方式有两种，分别是 wpa-pwd 和 wpa-psk。其中，wpa-pwd 密钥类型的密钥格式为“密码:BSSID”；wpa-psk 密钥类型的密钥格式为“wpa-psk:raw pre-shared key”。这里为了添加方便，将使用 wpa-pwd 密钥类型，添加的密钥结果如图 4.82 所示。

（5）此时，单击 OK 按钮，便可以成功解密数据包，如图 4.83 所示。

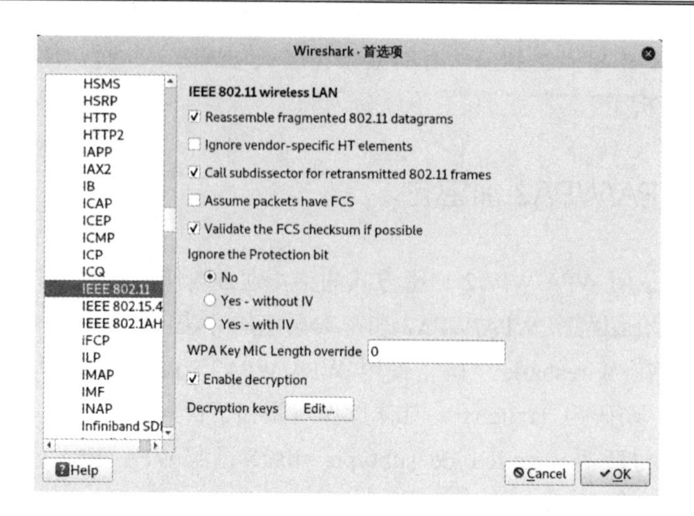

图 4.80　IEEE 802.11 协议配置项

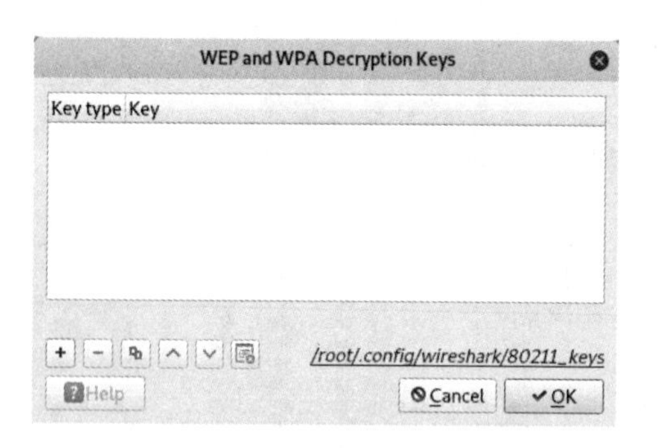

图 4.81　设置密钥对话框

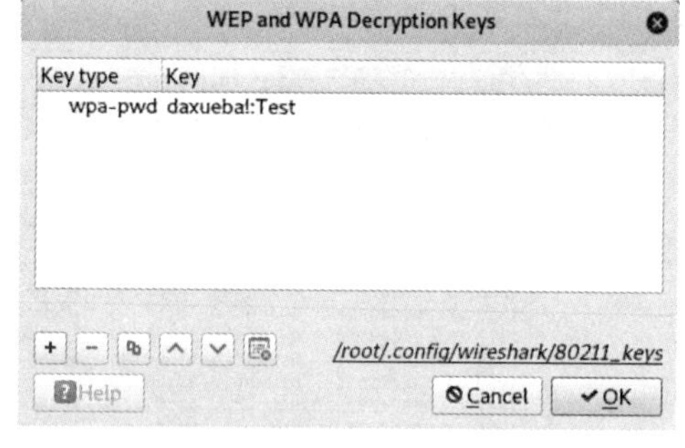

图 4.82　添加密钥

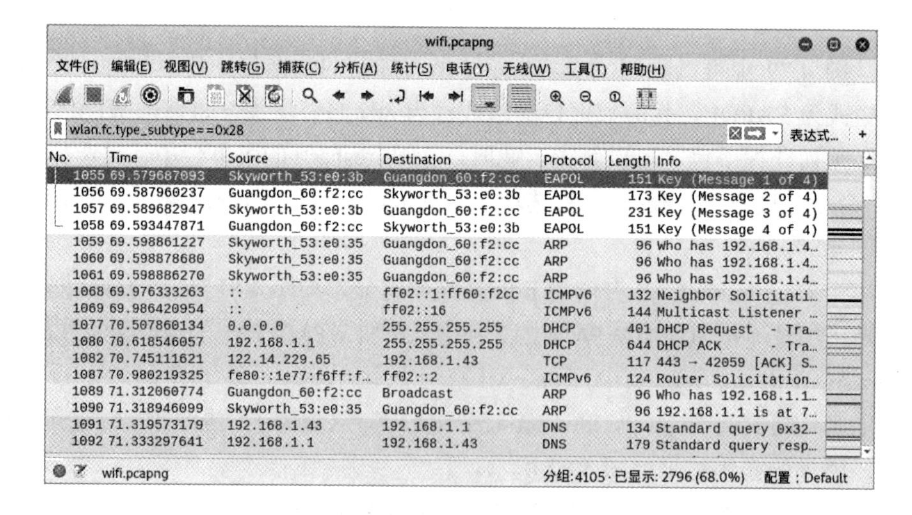

图 4.83　解密成功

从图 4.83 中可以看到，802.11 协议加密的数据包已成功解密。从显示的包中可以看到，解密后的包协议有 DHCP、ARP、TCP、DNS 等。此时，便可以对客户端传输的数据做进一步分析了。

在解密 WPA/WPA2 加密数据包时，也可以使用 wpa-psk 密钥类型，这种方式需要用户先手动生成一个 PSK 值。用户可以到 https://www.wireshark.org/tools/wpa-psk.html 网站生成对应的 PSK。当成功访问以上网站后，将显示如图 4.84 所示的页面。

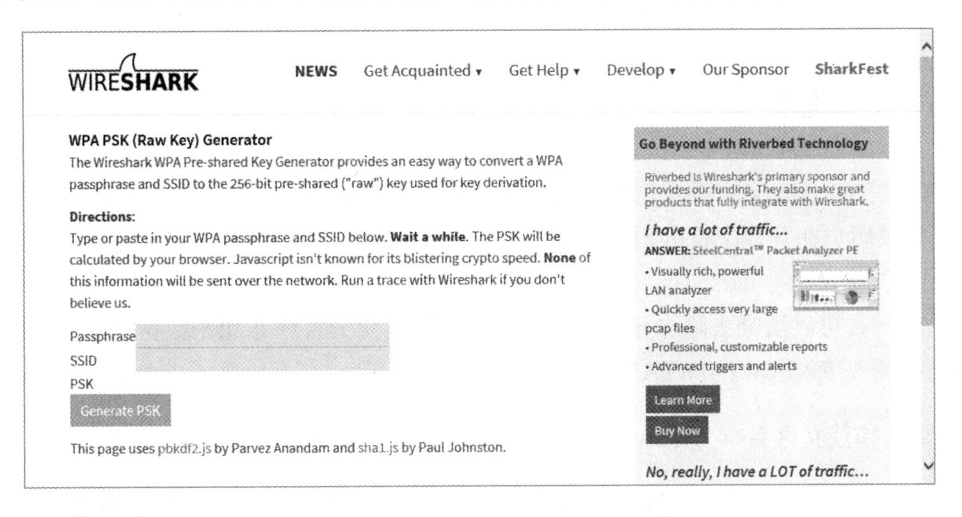

图 4.84　生成 PSK

在 Passphrase 文本框中输入密码短语，在 SSID 文本框中输入 AP 的名称，然后单击 Generate PSK 按钮，计算结果如图 4.85 所示。

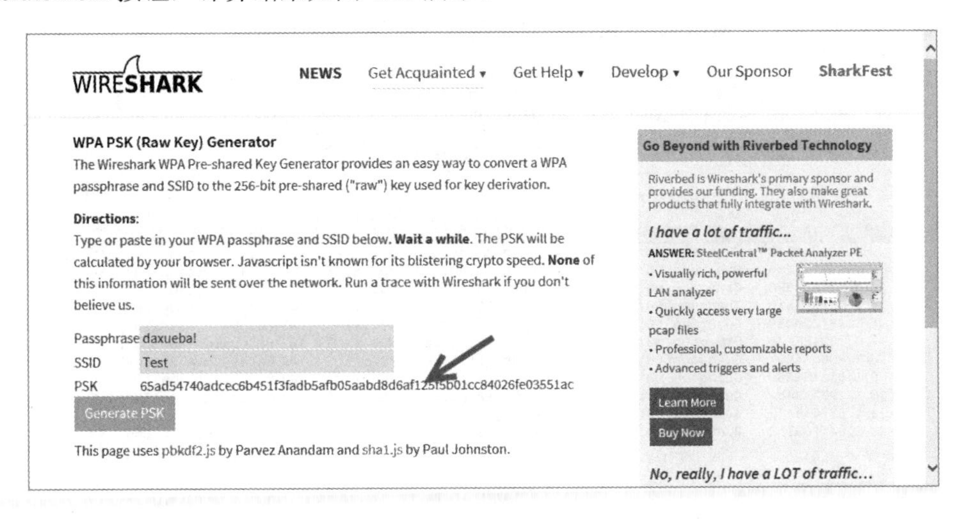

图 4.85　生成的 PSK 值

从该页面可以看到计算出的 PSK 值，然后在 Wireshark 中添加进去，结果如图 4.86 所示。

此时，依次单击 OK 按钮，即可成功解密加密的数据包。

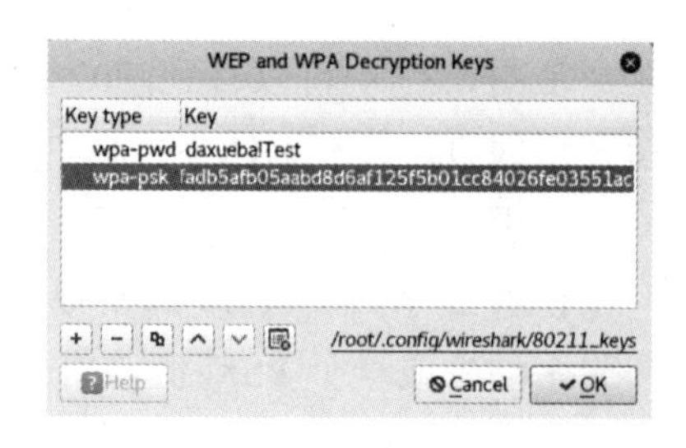

图 4.86　添加的密钥

4.5.3　永久解密

通过在 Wireshark 中设置密钥的方式解密数据包时，每次打开捕获文件，都需要进行解密。如果用户在其他主机分析该捕获文件，则又需要重新设置解密，这样显然比较麻烦。此时，用户可以使用 Airdecap-ng 工具实现永久解密。Airdecap-ng 是 Aircrack-ng 工具集中的工具之一，可以用来去除加密信息，使加密数据包变成普通非加密数据包。下面分别介绍永久解密 WEP 和 WPA/WPA2 加密数据包的方法。

1. 将捕获文件另存为.pcap格式

Airdecap-ng 工具在解密数据包时，仅支持.pcap 格式的捕获文件。默认情况下，Wireshark 捕获的数据包文件格式为.pcapng。用户可以通过 Wireshark 将捕获文件另存为.pcap 格式，以便 Airdecap-ng 工具使用。

【实例 4-20】 将捕获文件 wifi.pcapng 另存为 wifi.pcap。具体操作步骤如下：

（1）打开捕获文件 wifi.pcapng，将显示如图 4.87 所示的界面。

wifi.pcapng

文件(F) 编辑(E) 视图(V) 跳转(G) 捕获(C) 分析(A) 统计(S) 电话(Y) 无线(W) 工具(T) 帮助(H)

应用显示过滤器 … <Ctrl-/>　表达式…　+

No.	Time	Source	Destination	Protocol	Length	Info
1	0.000000000	Guangdon_60:f2:cc	Skyworth_53:e0:3b	802.11	42	Null function (No dat
2	0.200764810	Guangdon_60:f2:cc	Skyworth_53:e0:3b	802.11	42	Null function (No dat
3	0.305731256	Guangdon_60:f2:cc	Skyworth_53:e0:3b	802.11	42	Null function (No dat
4	0.505804898	Guangdon_60:f2:cc	Skyworth_53:e0:3b	802.11	42	Null function (No dat
5	0.612984815	Guangdon_60:f2:cc	Skyworth_53:e0:3b	802.11	42	Null function (No dat
6	0.787420489	Guangdon_60:f2:cc	IPv6mcast_ff:53:e0…	802.11	143	QoS Data, SN=1335, FN
7	0.790120148	Skyworth_53:e0:35	Guangdon_60:f2:cc	802.11	143	QoS Data, SN=3652, FN
8	0.806574607	Guangdon_60:f2:cc	IPv6mcast_ff:53:e0…	802.11	142	Data, SN=479, FN=0, F
9	1.012761855	Guangdon_60:f2:cc	Skyworth_53:e0:3b	802.11	42	Null function (No dat
10	1.227243462	Guangdon_60:f2:cc	Skyworth_53:e0:3b	802.11	42	Null function (No dat
11	1.627608483	Guangdon_60:f2:cc	Skyworth_53:e0:3b	802.11	42	Null function (No dat
12	1.841740762	Guangdon_60:f2:cc	Skyworth_53:e0:3b	802.11	42	Null function (No dat

wifi.pcapng　分组: 4105 · 已显示: 4113 (100.0%)　配置：Default

图 4.87　捕获文件

（2）在菜单栏依次选择“文件”|“另存为”命令，将显示“Wireshark.保存捕获文件为”对话框，如图 4.88 所示。

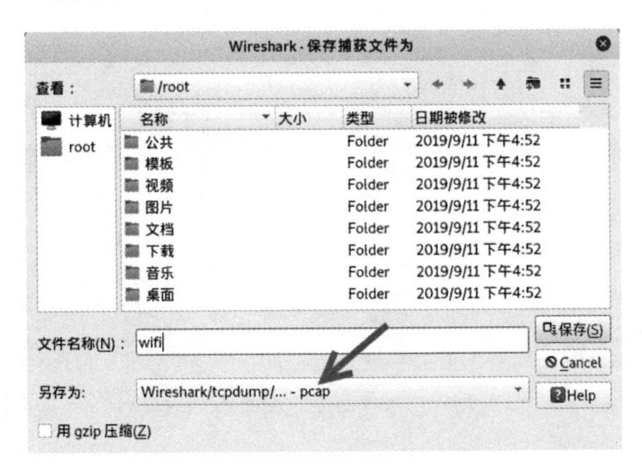

图 4.88 “Wireshark.保存捕获文件为”对话框

（3）指定保存位置和文件名后，单击“另存为”下拉列表，选择 Wireshark/tcpdump/…-pcap 格式，然后单击“保存”按钮，即可成功将捕获文件另存为.pcap 格式。

2. 永久解密WEP数据包

使用 Airdecap-ng 工具永久解密 WEP 加密数据包的语法格式如下：

```
airdecap-ng -w [password] [pcap file]
```

其中，选项-w [password]用于指定 AP 的密码，形式为 ASCII 值的十六进制值。

【实例 4-21】使用 Airdecap-ng 工具永久解密 WEP 加密数据包。执行命令如下：

```
root@daxueba:~# airdecap-ng -w "61:62:63:64:65" test.pcap
Total number of stations seen            5              #所见客户端总数
Total number of packets read             4466           #读取的总包数
Total number of WEP data packets         3299           #WEP 数据包数
Total number of WPA data packets         0              #WPA 数据包数
Number of plaintext data packets         0              #纯文本数据包数
Number of decrypted WEP  packets         3299           #解密的 WEP 包数
Number of corrupted WEP  packets         0              #破坏的 WEP 包数
Number of decrypted WPA  packets         0              #解密的 WPA 包数
Number of bad TKIP (WPA) packets         0              #坏的 TKIP 包数
Number of bad CCMP (WPA) packets         0              #坏的 CCMP 包数
```

从输出的信息中可以看到，成功解密了 3299 个 WEP 加密数据包。其中，解密后的包默认输出到 test-dec.pcap 捕获文件中。接下来，就可以在任何计算机上使用 Wireshark 来分析数据包了，无须再配置路由器信息了。此时，使用 Wireshark 工具查看解密后的捕获文件 test-dec.pcap，结果如图 4.89 所示。

test-dec.pcap

文件(F) 编辑(E) 视图(V) 跳转(G) 捕获(C) 分析(A) 统计(S) 电话(Y) 无线(W) 工具(T) 帮助(H)

应用显示过滤器 … <Ctrl-/>　　表达式…　+

No.	Time	Source	Destination	Protocol	Length	Info
1	0.000000	::	ff02::1:ff60:f2cc	ICMPv6	96	Neighbor Solicitati
2	0.001108	::	ff02::1:ff60:f2cc	ICMPv6	96	Neighbor Solicitati
3	0.019506	::	ff02::16	ICMPv6	108	Multicast Listener
4	0.020540	::	ff02::16	ICMPv6	108	Multicast Listener
5	1.087428	fe80::1e77:f6ff:f…	ff02::2	ICMPv6	88	Router Solicitation
6	1.240178	fe80::1e77:f6ff:f…	ff02::2	ICMPv6	88	Router Solicitation
7	1.860498	0.0.0.0	255.255.255.255	DHCP	365	DHCP Request - Tra
8	1.861896	0.0.0.0	255.255.255.255	DHCP	365	DHCP Request - Tra
9	4.130819	0.0.0.0	255.255.255.255	DHCP	360	DHCP Discover - Tra
10	4.132032	0.0.0.0	255.255.255.255	DHCP	360	DHCP Discover - Tra
11	4.999980	fe80::1e77:f6ff:f…	ff02::2	ICMPv6	88	Router Solicitation
12	5.000781	fe80::1e77:f6ff:f…	ff02::2	ICMPv6	88	Router Solicitation

test-dec.pcap　　分组: 3299 · 已显示: 3299 (100.0%)　　配置：Default

图 4.89　解密后的数据包

从图 4.89 的状态栏中可以看到，该数据包文件中保存了 3299 个数据包，而且都已成功解密。

3．永久解密WPA/WPA2数据包

使用 Airdecap-ng 工具永久解密 WPA 加密数据包的语法格式如下：

```
airdecap-ng -e [ESSID] -p [password] [pcap file]
```

以上语法中的选项及含义如下。

- -e：指定目标 AP 的 ESSID。
- -p：指定 AP 的密码。

【实例 4-22】使用 Airdecap-ng 工具解密捕获文件 wifi.pcap 中的加密数据包。执行命令如下：

```
root@daxueba:~# airdecap-ng -e Test -p daxueba! wifi.pcap
Total number of stations seen            8           #所见客户端总数
Total number of packets read             4105        #读取的总包数
Total number of WEP data packets         0           #WEP 数据包数
Total number of WPA data packets         2795        #WPA 数据包数
Number of plaintext data packets         0           #纯文本数据包数
Number of decrypted WEP  packets         0           #解密的 WEP 包数
Number of corrupted WEP  packets         0           #破坏的 WEP 包数
Number of decrypted WPA  packets         2683        #解密的 WPA 包
Number of bad TKIP (WPA) packets         0           #坏的 TKIP 包数
Number of bad CCMP (WPA) packets         0           #坏的 CCMP 包数
```

从以上输出信息中可以看到，成功解密了 2683 个加密的 WPA 数据包。其中，解密后的包默认输出到 wifi-dec.pcap 捕获文件中。此时，使用 Wireshark 查看 wifi-dec.pcap 捕获

文件，即可分析所有的数据包，如图 4.90 所示。

wifi-dec.pcap

文件(F) 编辑(E) 视图(V) 跳转(G) 捕获(C) 分析(A) 统计(S) 电话(Y) 无线(W) 工具(T) 帮助(H)

应用显示过滤器 … <Ctrl-/>　　表达式…　+

No.	Time	Source	Destination	Protocol	Length	Info
1	0.000000	Skyworth_53:e0:35	Guangdon_60:f2:cc	ARP	60	Who has 192.168.1.
2	0.001492	Skyworth_53:e0:35	Guangdon_60:f2:cc	ARP	60	Who has 192.168.1.
3	0.002052	Skyworth_53:e0:35	Guangdon_60:f2:cc	ARP	60	Who has 192.168.1.
4	1.900335	Skyworth_53:e0:35	Guangdon_60:f2:cc	ARP	60	Who has 192.168.1.
5	1.900925	Skyworth_53:e0:35	Guangdon_60:f2:cc	ARP	60	Who has 192.168.1.
6	1.902660	Skyworth_53:e0:35	Guangdon_60:f2:cc	ARP	60	Who has 192.168.1.
7	2.285882	::	ff02::1:ff60:f2cc	ICMPv6	96	Neighbor Solicitat
8	2.295705	::	ff02::16	ICMPv6	108	Multicast Listener
9	3.055684	::	ff02::16	ICMPv6	108	Multicast Listener
10	3.285713	fe80::1e77:f6ff:f…	ff02::2	ICMPv6	88	Router Solicitatio
11	4.939705	0.0.0.0	255.255.255.255	DHCP	365	DHCP Request - Tr
12	7.295251	fe80::1e77:f6ff:f…	ff02::2	ICMPv6	91	Router Solicitatio

wifi-dec.pcap　　分组: 2683 · 已显示: 2683 (100.0%)　　配置：Default

图 4.90　解密后的数据包

从该窗口的底部状态栏中，可以看到该捕获文件中共有 2683 个数据包，都已被解密。

4.6　路由器镜像抓包

当其他用户的手机和自己的计算机处于同一个网络时，则可以借助路由器的镜像端口进行抓包。镜像端口就是将一个或多个源端口的数据流量转发到某一个指定端口，用于实现对网络的监听。其中，指定的端口称为镜像端口。本节介绍路由器抓包的方法。

4.6.1　设置镜像端口

很多路由器和交换机都支持该功能，但是默认都没有启用该功能。如果要使用镜像端口捕获数据包，则必须先在路由器中设置镜像端口。下面介绍设置镜像端口的方法。

【实例 4-23】以飞鱼星路由器为例，介绍设置镜像端口的方法。具体操作步骤如下：

（1）登录飞鱼星路由器。本例中该路由器的 IP 地址为 192.168.8.1，所以在浏览器中输入地址 http://192.168.8.1/，将显示“登录”对话框，如图 4.91 所示。

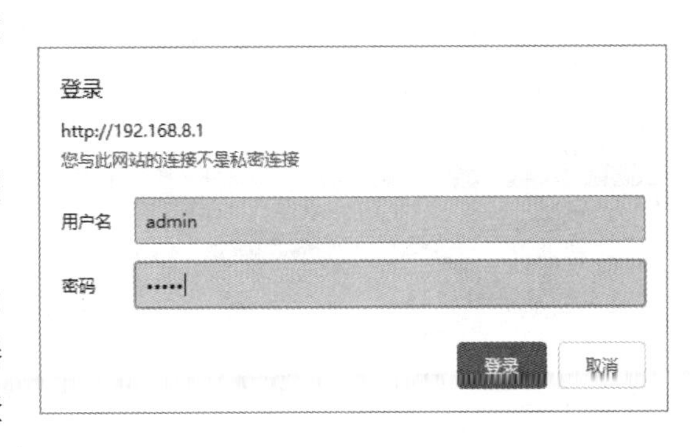

图 4.91　“登录”对话框

（2）输入登录的用户名和密码，默认用户名和密码都为 admin，然后单击“登录”按钮，将显示该路由器的欢迎界面，如图 4.92 所示。

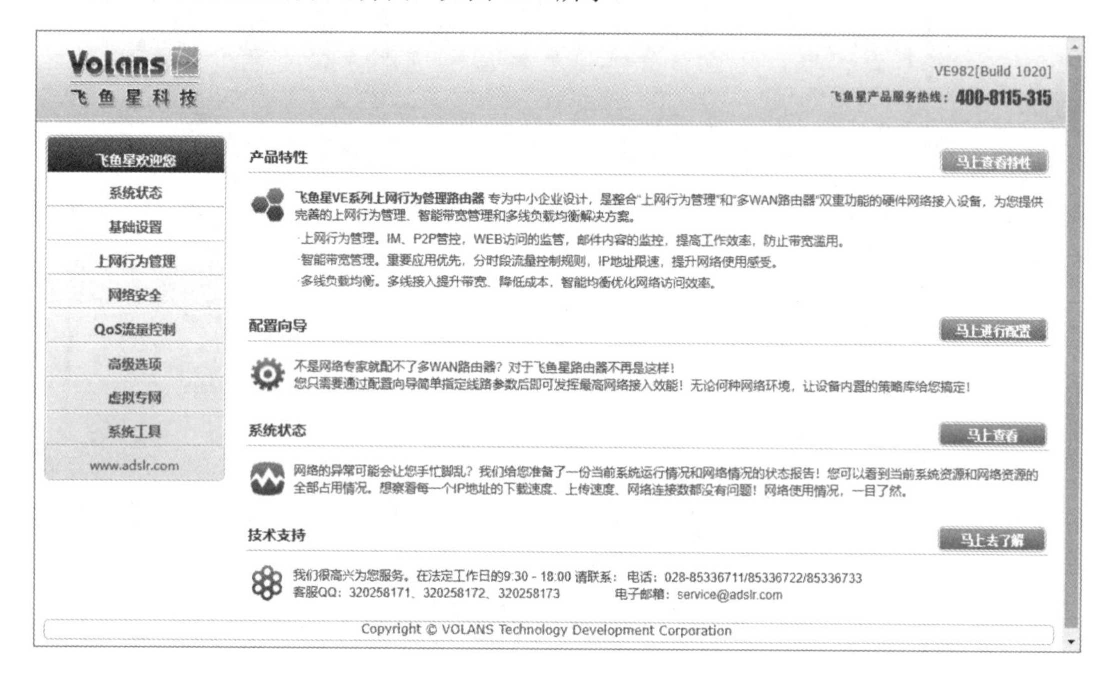

图 4.92　欢迎界面

（3）在左侧栏中显示了路由器的所有设置选项，这里依次选择“高级选项”|“端口镜像”选项，将显示端口镜像设置界面，如图 4.93 所示。

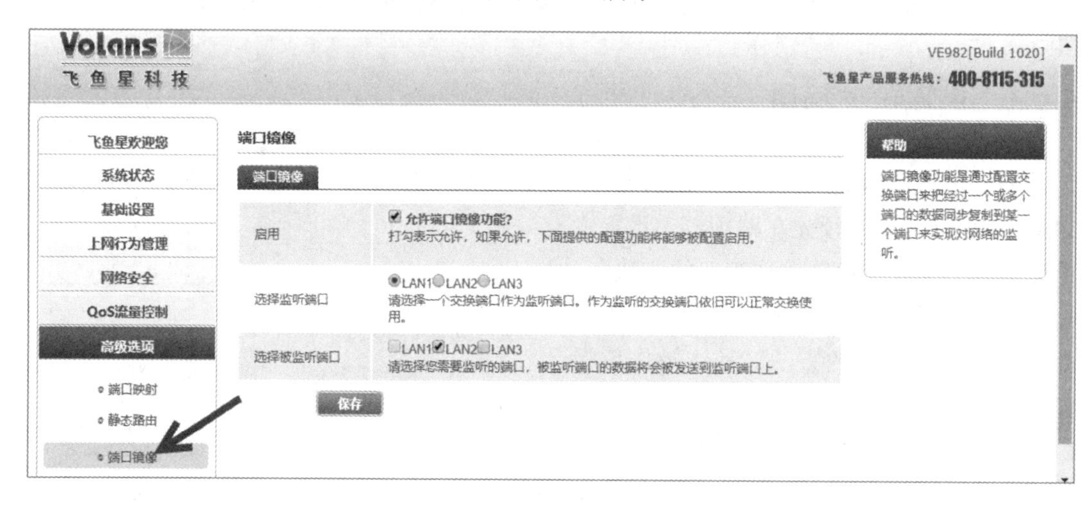

图 4.93　端口镜像

（4）这里包含三个设置选项，分别是“启用”“选择监听端口”和“选择被监听端口”。其中，“启用”选项是用来设置是否启动端口镜像功能；“选择监听端口”表示指定监听数据包的接口；“选择被监听端口”表示指定镜像的端口。选中“允许端口镜像功能?”复选框，则表示启用端口镜像，然后分别设置监听端口为 LAN1，被监听端口为 LAN2，这样 LAN2 端口的所有数据包都将发送到 LAN1 接口。所以，用户在 LAN1 接口上捕获数据包，即可监听到来自 LAN2 接口的所有数据包。设置完成后，单击“保存”按钮，使配置生效。当然，也可以同时监听 LAN2 和 LAN3 两个接口的数据包，只需将这两个接口的复选框都选中即可。

4.6.2 捕获数据包

通过前面的操作，镜像端口就设置好了，接下来即可使用镜像端口来捕获数据包。

【实例 4-24】使用 Wireshark 通过镜像端口被动监听数据包。其中，连接 LAN1 接口的主机 IP 地址为 192.168.8.122；连接 LAN2 接口的主机 IP 地址为 192.168.8.157。为了方便对数据包进行分析，这里指定使用捕获过滤器 host 192.168.8.157 捕获数据包。具体操作步骤如下：

（1）启动 Wireshark 工具，然后在菜单栏中依次选择“捕获”|“选项”命令，打开“Wireshark.捕获接口”对话框，如图 4.94 所示。

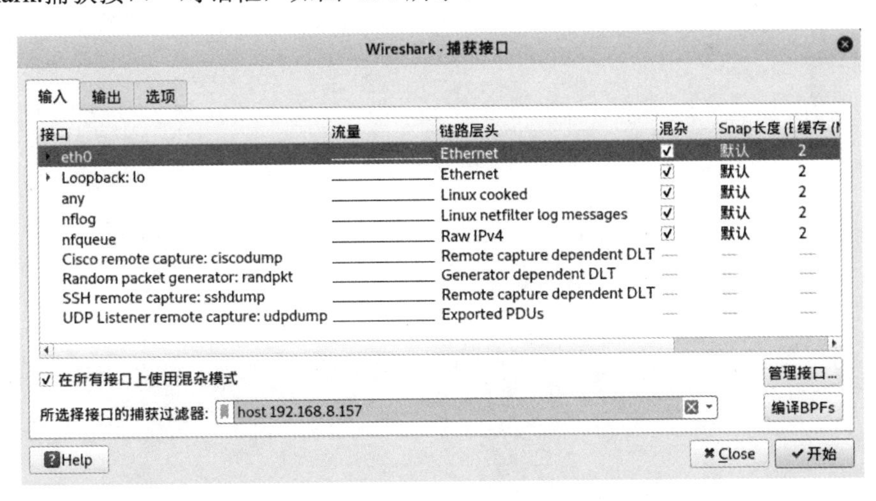

图 4.94 “Wireshark.捕获接口”对话框

（2）在接口列表中选择接口 eth0，并指定使用捕获过滤器 host 192.168.8.157，表示仅捕获主机 192.168.8.157 的数据包。选中对应的“混杂”复选框，然后，单击“开始”按钮，将捕获指定主机的数据包，如图 4.95 所示。

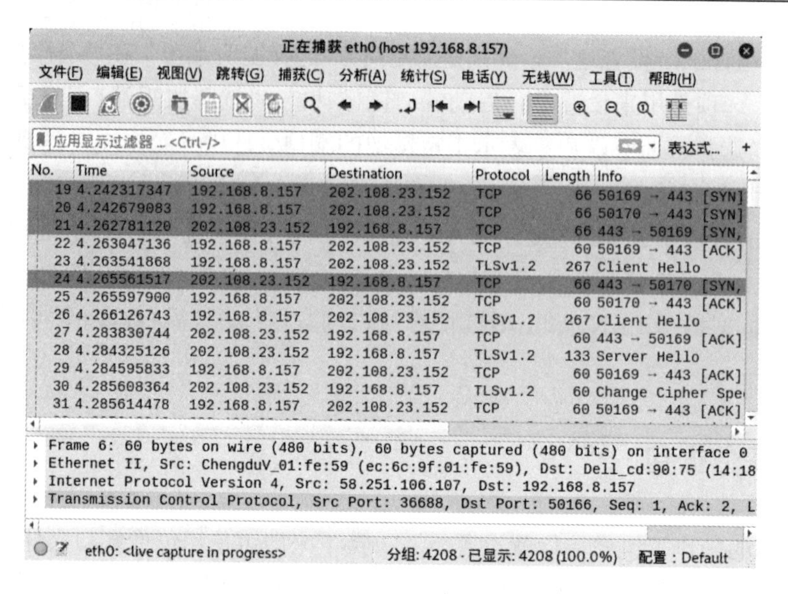

图 4.95 正在捕获数据包

（3）从图 4.95 中可以看到，正在捕获目标主机 192.168.8.157 的数据包。其中，捕获的包中源或目标 IP 地址为 192.168.8.157。此时，就可以对监听到的数据包进行分析，以获取目标主机的信息。

第 5 章　基础数据分析

通过前面章节介绍的抓包方式，可以捕获手机应用程序的数据包，接下来就可以对这些数据进行分析了。所有程序发送的数据包都是基于 TCP/IP 传输的，所以可以通过分析其协议，获取数据包中的信息。本章对这些数据进行简要分析。

5.1　DNS 数据分析

域名系统（Domain Name System，DNS）是互联网的一项服务。它作为域名和 IP 地址相互映射的一个分布式数据库，能够使用户更方便地访问互联网。手机上运行的很多 App 都是通过访问对应的网站服务器来获取信息的。在连接网站服务之前，首先会通过 DNS 协议请求解析域名对应的 IP 地址，然后根据获取的 IP 地址访问对应的网站服务器主机。本节对 DNS 做数据分析，以获取 App 请求解析的域名以及对应的 IP 地址。

5.1.1　DNS 协议工作流程

在对 DNS 数据包分析之前，首先介绍它的工作流程，以方便用户更好地分析数据包。其中，DNS 协议的工作流程如图 5.1 所示。

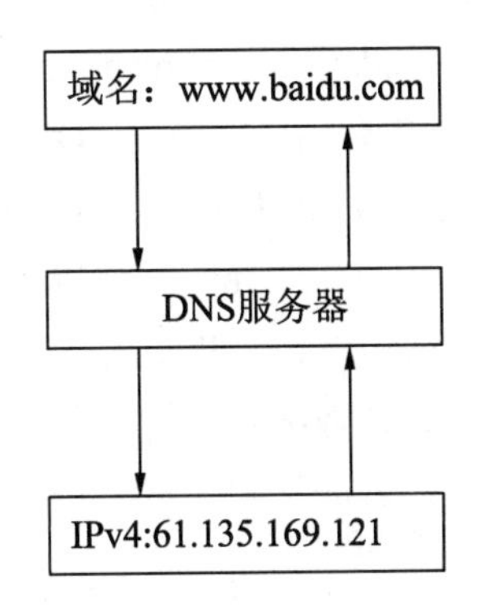

图 5.1　DNS 协议工作流程

该图表示客户端主机请求解析域名 www.baidu.com 的 IP 地址。其工作流程如下：

（1）客户端向 DNS 服务器发送一份查询报文，请求获取主机名 www.baidu.com 的 IP 地址。其中，该报文中包含着要访问的主机名字段。

（2）当 DNS 服务器收到请求后，将会响应一份应答报文。其中，报文中包含该主机名对应的 IP 地址。

5.1.2 DNS 查询

DNS 查询就是客户端请求查询域名的 IP 地址。通过分析 DNS 查询数据包，即可知道 App 请求了哪些域名。下面对 DNS 查询数据包进行分析。

【实例 5-1】 以捕获微信 App 的数据包为例，对 DNS 查询数据包进行分析。具体操作步骤如下：

（1）为了快速找出所有的 DNS 数据包，使用显示过滤器 dns 进行显示过滤。在显示过滤器文本框中输入显示过滤器 dns，并单击右侧的箭头按钮应用该过滤器，结果如图 5.2 所示。

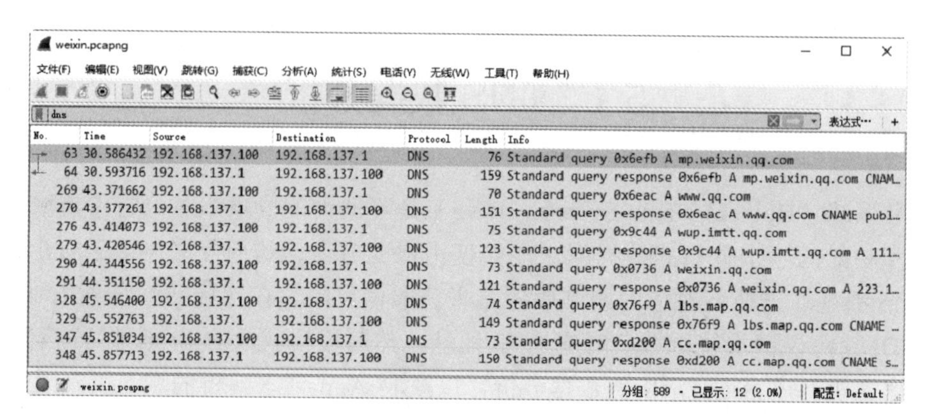

图 5.2　DNS 数据包

（2）从图 5.2 中的 Protocol 列可以看到，成功地过滤出了 DNS 协议的数据包，每两个包为一个完整会话。其中，一个包为 DNS 查询（Standard query），一个包为 DNS 响应（Standard query response）。例如，在以上包列表中，63 和 64 分组为一个会话。在同一个 DNS 会话中，事务 ID 是相同的。如果想要快速找出 DNS 查询的数据包，可以使用显示过滤器 dns.flags == 0x0100 进行过滤，结果如图 5.3 所示。

（3）从 Info 列可以看到 App 查询的所有域名。例如，请求的域名有 mp.weixin.qq.com、www.qq.com 和 wup.imtt.qq.com 等。这里将以 mp.weixin.qq.com 查询数据包（63 帧）为例，分析该数据帧的详细信息。

```
Frame 63: 76 bytes on wire (608 bits), 76 bytes captured (608 bits) on
interface 0                                                  #帧摘要信息
Ethernet II, Src: 22:3c:2a:e0:c8:b4 (22:3c:2a:e0:c8:b4), Dst: 3a:7e:8d:b5:
ec:b5 (3a:7e:8d:b5:ec:b5)                                    #以太网协议
#IPv4 协议
Internet Protocol Version 4, Src: 192.168.137.100, Dst: 192.168.137.1
User Datagram Protocol, Src Port: 6722, Dst Port: 53         #UDP
```

```
Domain Name System (query)                              #DNS 查询
   Transaction ID: 0x6efb                               #事务 ID
   Flags: 0x0100 Standard query                         #标志位
   Questions: 1                                         #问题计数
   Answer RRs: 0                                        #响应计数
   Authority RRs: 0                                     #域名服务器计数
   Additional RRs: 0                                    #额外计数
   Queries                                              #查询的信息
      mp.weixin.qq.com: type A, class IN                #域名信息
         Name: mp.weixin.qq.com                         #请求的域名
         [Name Length: 16]                              #域名长度
         [Label Count: 4]                               #标签数
         Type: A (Host Address) (1)                     #域名类型
         Class: IN (0x0001)                             #地址类型
   [Response In: 64]                                    #响应帧
```

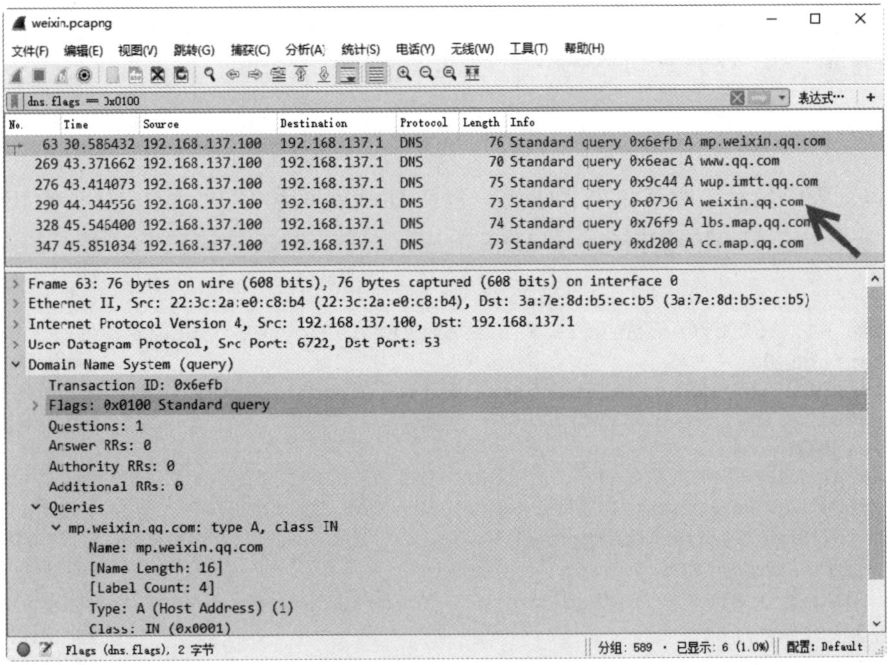

图 5.3　DNS 查询数据包

从以上的包信息中可以看到该 DNS 查询的事务 ID 为 0x6efb，查询数为 1，查询的域名为 mp.weixin.qq.com，类型为主机地址等。接下来，通过分析 DNS 响应，即可知道其域名对应的 IP 地址。用户使用同样的方法，可以分析 App 请求的所有域名响应的 IP 地址。

5.1.3　DNS 响应

DNS 响应就是 DNS 服务器返回的响应包。通过分析 DNS 响应数据包，即可知道某

域名对应的 IP 地址。这样就可以根据 IP 地址，找出对应 App 请求的所有数据包，然后即可对其数据包进行分析，以获取用户传输的数据。下面分析 DNS 响应包。

【实例 5-2】仍以微信 App 的数据包为例分析 DNS 响应包。具体操作步骤如下：

使用显示过滤器 dns 快速过滤出 DNS 数据包，结果如图 5.4 所示。

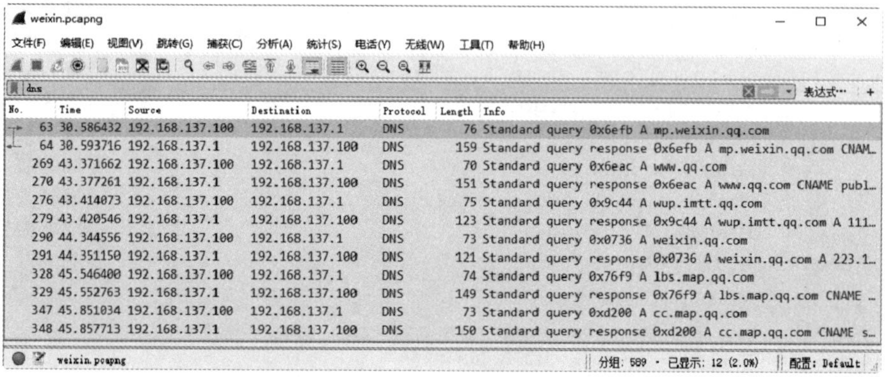

No.	Time	Source	Destination	Protocol	Length	Info
63	30.586432	192.168.137.100	192.168.137.1	DNS	76	Standard query 0x6efb A mp.weixin.qq.com
64	30.593716	192.168.137.1	192.168.137.100	DNS	159	Standard query response 0x6efb A mp.weixin.qq.com CNAM…
269	43.371662	192.168.137.100	192.168.137.1	DNS	70	Standard query 0x6eac A www.qq.com
270	43.377261	192.168.137.1	192.168.137.100	DNS	151	Standard query response 0x6eac A www.qq.com CNAME publ…
276	43.414073	192.168.137.100	192.168.137.1	DNS	75	Standard query 0x9c44 A wup.imtt.qq.com
279	43.420546	192.168.137.1	192.168.137.100	DNS	123	Standard query response 0x9c44 A wup.imtt.qq.com A 111…
290	44.344556	192.168.137.100	192.168.137.1	DNS	73	Standard query 0x0736 A weixin.qq.com
291	44.351150	192.168.137.1	192.168.137.100	DNS	121	Standard query response 0x0736 A weixin.qq.com A 223.1…
328	45.546400	192.168.137.100	192.168.137.1	DNS	74	Standard query 0x76f9 A lbs.map.qq.com
329	45.552763	192.168.137.1	192.168.137.100	DNS	149	Standard query response 0x76f9 A lbs.map.qq.com CNAME …
347	45.851034	192.168.137.100	192.168.137.1	DNS	73	Standard query 0xd200 A cc.map.qq.com
348	45.857713	192.168.137.1	192.168.137.100	DNS	150	Standard query response 0xd200 A cc.map.qq.com CNAME s…

图 5.4　DNS 数据包

在该列表中显示了所有 DNS 数据包，包括 DNS 查询和 DNS 请求。从事务 ID 可以看到，64 帧是响应 63 帧的数据包，即 DNS 响应。其中，DNS 响应包（64 帧）的详细信息如下：

```
Frame 64: 159 bytes on wire (1272 bits), 159 bytes captured (1272 bits) on
interface 0                                                      #帧摘要信息
Ethernet II, Src: 3a:7e:8d:b5:ec:b5 (3a:7e:8d:b5:ec:b5), Dst: 22:3c:2a:e0:
c8:b4 (22:3c:2a:e0:c8:b4)                                        #以太网协议
#IPv4 协议
Internet Protocol Version 4, Src: 192.168.137.1, Dst: 192.168.137.100
User Datagram Protocol, Src Port: 53, Dst Port: 6722             #UDP
Domain Name System (response)                                    #DNS 响应
   Transaction ID: 0x6efb                                        #事务 ID
   Flags: 0x8180 Standard query response, No error               #标志位
   Questions: 1                                                  #问题计数
   Answer RRs: 5                                                 #响应计数
   Authority RRs: 0                                              #域名服务器数
   Additional RRs: 0                                             #额外计数
   Queries                                                       #查询的信息
      mp.weixin.qq.com: type A, class IN                         #域名信息
         Name: mp.weixin.qq.com                                  #请求的域名
         [Name Length: 16]                                       #域名长度
         [Label Count: 4]                                        #标签数
         Type: A (Host Address) (1)                              #域名类型
         Class: IN (0x0001)                                      #地址类型
   Answers                                                       #应答信息
      mp.weixin.qq.com: type CNAME, class IN, cname mpv6.weixin.qq.com
```

```
        mpv6.weixin.qq.com: type A, class IN, addr 223.167.86.22
        mpv6.weixin.qq.com: type A, class IN, addr 223.167.105.44
        mpv6.weixin.qq.com: type A, class IN, addr 58.247.205.110
        mpv6.weixin.qq.com: type A, class IN, addr 223.167.86.71
    [Request In: 63]                                          #请求帧
    [Time: 0.007284000 seconds]                               #时间戳
```

从以上信息中可以看到，当前报文的事务 ID 也是 0x6efb，与 63 帧的查询报文相对应。从应答信息中可以看到，域名 mp.weixin.qq.com 有一个别名。该别名为 mpv6.weixin.qq.com，对应有 4 个 IP 地址，分别是 223.167.86.22、223.167.105.44、58.247.205.110 和 223.167.86.71。如果只想要查看 DNS 响应包的话，可以使用显示过滤器 dns.flags == 0x8180 进行过滤，结果如图 5.5 所示。

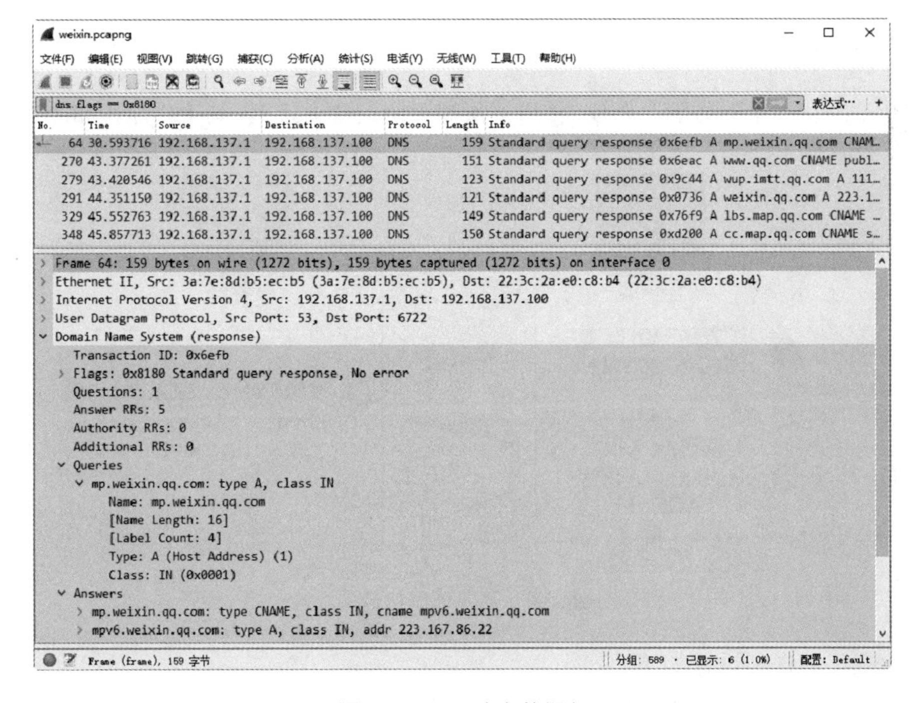

图 5.5　DNS 响应数据包

DNS 响应数据包界面显示了所有的 DNS 响应包。用户在包详细信息面板中，可以分析每个域名的相关信息，如别名、IP 地址等。

5.2　TCP 数据分析

传输控制协议（Transmission Control Protocol，TCP）是一种面向连接的、可靠的、基于字节流的传输层通信协议。由于该协议安全、可靠，所以在手机上被广泛使用。本节对

TCP 数据进行分析。

5.2.1 TCP 工作流程

在对 TCP 数据包分析之前，先介绍它的工作流程，以帮助用户更好地分析其数据包的内容。如果某程序使用 TCP 传输数据的话，往往首先通过 DNS 协议获取 IP 地址，然后客户端则向 DNS 响应的服务器 IP 地址发送 TCP SYN 请求，以建立连接。成功建立连接后，便可以传输数据。当数据传输完成后，将断开连接。所以，TCP 的工作流程是通过三次握手建立连接，通过四次挥手终止连接。下面分别介绍它的工作流程。

1. 三次握手

TCP 是因特网中的传输层协议，使用三次握手协议建立连接，其工作流程如图 5.6 所示。

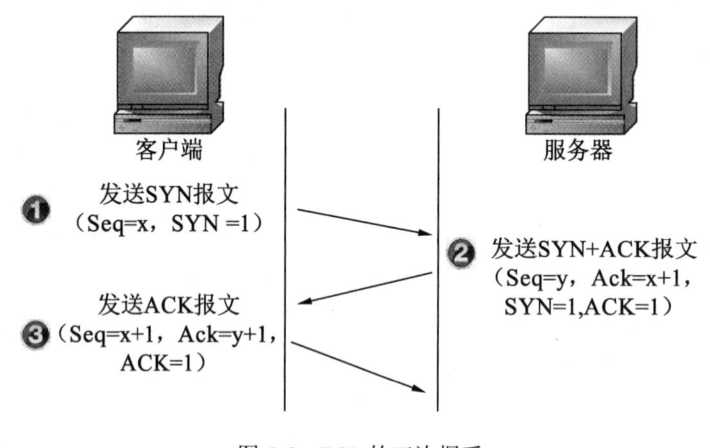

图 5.6 TCP 的三次握手

三次握手的详细过程如下：

（1）第一次握手建立连接时，客户端向服务器发送 SYN 报文（Seq=x，SYN=1），并进入 SYN_SENT 状态，等待服务器确认。

（2）第二次握手实际上是分两部分来完成的，即 SYN+ACK（请求和确认）报文。首先，服务器收到了客户端的请求，向客户端回复一个确认信息（Ack=x+1）。然后，服务器再向客户端发送一个 SYN 包（Seq=y）建立连接的请求，此时服务器进入 SYN_RECV 状态。

（3）第三次握手是客户端收到服务器的回复（SYN+ACK 报文）。此时，客户端也要向服务器发送确认包（ACK），此包发送完毕后客户端和服务器进入 ESTABLISHED 状态，完成三次握手。

2. 四次挥手

在 TCP 通信中，每次握手后都会终止的。TCP 在结束会话时通过四次挥手来结束连接，其工作流程如图 5.7 所示。

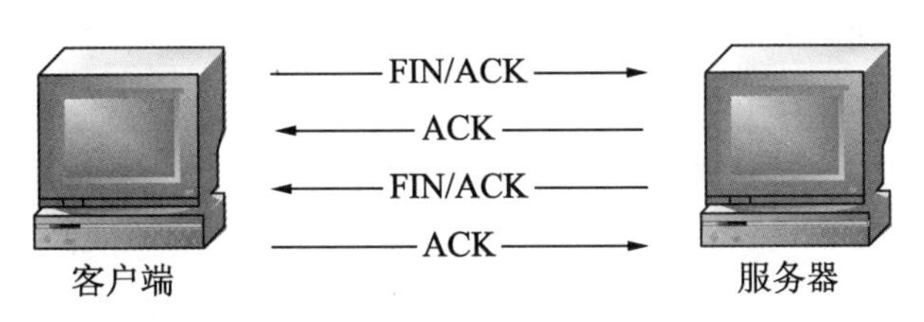

图 5.7　TCP 的四次挥手

四次挥手的详细过程如下：

（1）客户端通过发送一个设置了 FIN 和 ACK 标志的 TCP 数据包，告诉服务器通信已经完成。

（2）服务器收到客户端发送的数据包后，发送一个 ACK 数据包来响应客户端。

（3）服务器再向客户端传输一个自己的 FIN/ACK 数据包。

（4）客户端收到服务器的 FIN/ACK 包时，响应服务器一个 ACK 数据包，然后结束通信过程。

5.2.2　分析服务端口

通常情况下，用户在手机上会安装很多应用，并且可能都使用 TCP 传输数据，但是手机只会被分配一个 IP 地址。如果服务器仅根据 IP 地址向目标响应数据的话，很显然无法确定其请求是哪个程序发送的。所以主机将通过“IP 地址+端口号”来请求和响应数据。其中，不同服务使用的端口不同。例如，Web 服务通常使用的端口为 80 和 443，邮件服务使用的端口为 25 等。下面列举几个常见的 TCP 网络端口，如表 5.1 所示。

表 5.1　常见的TCP网络端口

服　　务	端　　口	服　　务	端　　口
FTP	21	HTTP	80
SSH	22	POP3	110
Telnet	23	HTTPS	443
SMTP	25		

当用户在手机上运行某程序后也可以使用 netstat 命令查看监听的端口，然后根据服务监听的端口来分析捕获文件中的数据包。其中，用于查看监听端口的语法格式如下：

```
busybox netstat [options]
```

该工具支持的选项及含义如下。

- -a：查看所有连接和监听端口。
- -n：以数字形式显示地址和端口号。
- -p：显示正在使用 Socket 的程序识别码和程序名称。
- -t：查看 TCP 的连线状况。
- -u：查看 UDP 的连线状况。
- -l：只显示监听端口。

【实例 5-3】 查看当前设备中监听的所有 TCP 端口。执行命令如下：

```
root@I960:/ # busybox netstat -nptl
Active Internet connections (only servers)
Proto Recv-Q Send-Q Local Address Foreign Address State       PID/Program
name
tcp   0      0      127.0.0.1:    0.0.0.0:*       LISTEN      8810/dnsmasq
tcp   0      0      53192.168.    0.0.0.0:*       LISTEN      8810/dnsmasq
                    42.129:53
tcp   327    0      192.168.137.  111.206.25.     ESTABLISHED 26627/com.
                    100:44030     152:443                     tencent.m
```

以上输出信息共包括 6 列，分别是 Proto（协议）、Recv-Q（接收的数据）、Send-Q（发送的数据）、Local Address（本地地址）、Foreign Address（远程地址）、State（状态）和 PID/Program name（进程 ID/程序名）。从 Proto 列可以看到，该列显示了本机中所有的 TCP 程序；从显示的结果中可以看到 com.tencent.m 程序，服务器监听的地址为 111.206.25.152，端口为 443，客户端 192.168.137.100 与该服务器建立了连接。

【实例 5-4】 以 weixin.pcapng 捕获文件为例，使用 Wireshark 分析 TCP 数据包中的服务端口。具体操作步骤如下：

（1）在 Wireshark 中打开 weixin.pcapng 捕获文件，将显示如图 5.8 所示的界面。

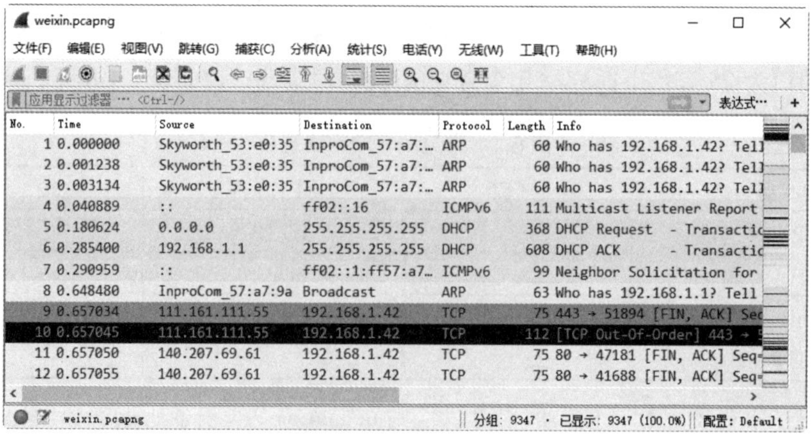

图 5.8　捕获文件 wexing.pcapng

（2）为了快速查找 TCP 数据包，可以使用显示过滤器 tcp 进行过滤。在显示过滤器文本框中输入 tcp，将显示如图 5.9 所示的界面。

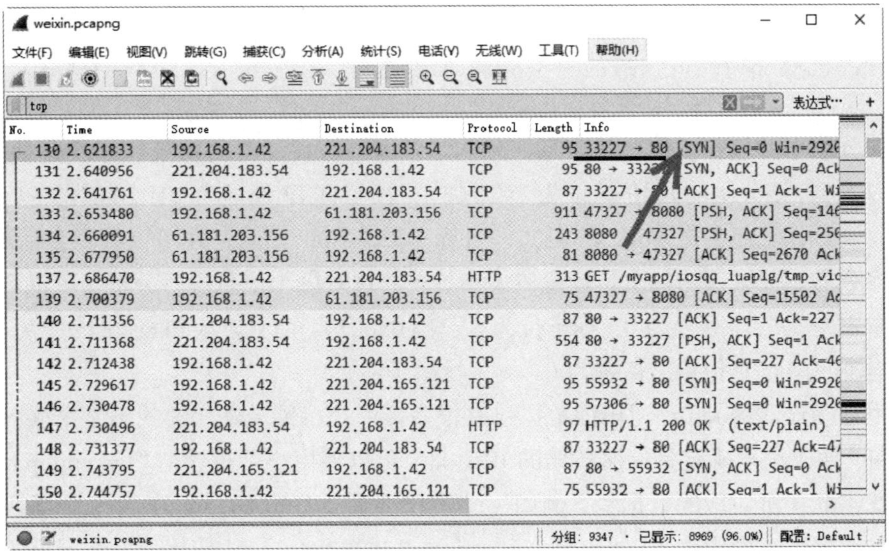

weixin.pcapng

文件(F) 编辑(E) 视图(V) 跳转(G) 捕获(C) 分析(A) 统计(S) 电话(Y) 无线(W) 工具(T) 帮助(H)

tcp　表达式…　+

No.	Time	Source	Destination	Protocol	Length	Info
130	2.621833	192.168.1.42	221.204.183.54	TCP	95	33227 → 80 [SYN] Seq=0 Win=292
131	2.640956	221.204.183.54	192.168.1.42	TCP	95	80 → 332[illegible] [SYN, ACK] Seq=0 Ack
132	2.641761	192.168.1.42	221.204.183.54	TCP	87	33227 → [illegible] [ACK] Seq=1 Ack=1 Wi
133	2.653480	192.168.1.42	61.181.203.156	TCP	911	47327 → 8080 [PSH, ACK] Seq=14
134	2.660091	61.181.203.156	192.168.1.42	TCP	243	8080 [illegible] 47327 [PSH, ACK] Seq=25
135	2.677950	61.181.203.156	192.168.1.42	TCP	81	8080 → 47327 [ACK] Seq=2670 Ack
137	2.686470	192.168.1.42	221.204.183.54	HTTP	313	GET /myapp/iosqq_luaplg/tmp_vi
139	2.700379	192.168.1.42	61.181.203.156	TCP	75	47327 → 8080 [ACK] Seq=15502 A
140	2.711356	221.204.183.54	192.168.1.42	TCP	87	80 → 33227 [ACK] Seq=1 Ack=227
141	2.711368	221.204.183.54	192.168.1.42	TCP	554	80 → 33227 [PSH, ACK] Seq=1 Ack
142	2.712438	192.168.1.42	221.204.183.54	TCP	87	33227 → 80 [ACK] Seq=227 Ack=4
145	2.729617	192.168.1.42	221.204.165.121	TCP	95	55932 → 80 [SYN] Seq=0 Win=292
146	2.730478	192.168.1.42	221.204.165.121	TCP	95	57306 → 80 [SYN] Seq=0 Win=292
147	2.730496	221.204.183.54	192.168.1.42	HTTP	97	HTTP/1.1 200 OK (text/plain)
148	2.731377	192.168.1.42	221.204.183.54	TCP	87	33227 → 80 [ACK] Seq=227 Ack=4
149	2.743795	221.204.165.121	192.168.1.42	TCP	87	80 → 55932 [SYN, ACK] Seq=0 Ack
150	2.744757	192.168.1.42	221.204.165.121	TCP	75	55932 → 80 [ACK] Seq=1 Ack=1 Wi

weixin.pcapng　分组：9347 · 已显示：8969 (96.0%)　配置：Default

图 5.9　TCP 数据包

从图 5.9 中可以看到，成功过滤出了所有的 TCP 数据包。从 Info 列和包详细信息面板中，则可以看到数据传输使用的端口。从包列表中可以看到，130～132 帧是客户端与服务器通过 TCP 三次握手建立连接的过程。从 130 帧的 Info 列可以看到该 TCP SYN 请求使用的端口为 33227，目标服务的端口为 80。其中，130 帧的详细信息如下：

```
#帧摘要信息
Frame 130: 95 bytes on wire (760 bits), 74 bytes captured (592 bits)
Ethernet II, Src: InproCom_57:a7:9a (00:08:22:57:a7:9a), Dst: Skyworth_
53:e0:35 (70:85:40:53:e0:35)                                    #以太网
#IPv4 协议
Internet Protocol Version 4, Src: 192.168.1.42, Dst: 221.204.183.54
#TCP
Transmission Control Protocol, Src Port: 33227, Dst Port: 80, Seq: 0, Len: 0
    Source Port: 33227                                          #源端口
    Destination Port: 80                                        #目标端口
    [Stream index: 13]                                          #流索引
    [TCP Segment Len: 0]                                        #TCP 分片长度
    Sequence number: 0    (relative sequence number)            #序列号
    [Next sequence number: 0    (relative sequence number)]     #下一序列号
    Acknowledgment number: 0                                    #确认序列号
    1010 .... = Header Length: 40 bytes (10)                    #头长度
    Flags: 0x002 (SYN)                                          #标志位
    Window size value: 29200                                    #窗口大小
```

```
    [Calculated window size: 29200]                                 #计算的窗口大小
    Checksum: 0xd3eb [unverified]                                   #校验值
    [Checksum Status: Unverified]                                   #校验状态
    Urgent pointer: 0                                               #紧急数据指针
    Options: (20 bytes), Maximum segment size, SACK permitted, Timestamps,
No-Operation (NOP), Window scale                                    #选项
    [Timestamps]                                                    #时间戳
```

当前分组中共包括三层协议信息，分别是以太网协议、IPv4 协议和 TCP。从 IPv4 协议层可以看到，该分组的源 IP 地址为 192.168.1.42，目标 IP 地址为 221.204.183.54。从 TCP 层可以看到，该分组的源端口为 33227，目标端口为 80。而且，还可以看到会话流索引、请求的序列号、数据包的标志位、窗口大小等。通过对以上信息进行分析，可以看到该分组的流索引为 13，序列号为 0，标志位为 SYN（0x002）。而且，从 Flags 分支中可以看到，SYN 标志值为 1，其他标志值都为 0。

使用显示过滤器 tcp 过滤出的数据包有很多，用户可能无法快速找出某个服务器对应的数据包。如果用户确定目标服务器的 IP 地址，可以使用显示过滤器“tcp and ip.addr=IP”快速过滤出其主机对应的数据包。例如，过滤 IP 地址为 140.207.69.61 的 TCP 数据包，则在显示过滤器文本框中输入“tcp and ip.addr==140.207.69.61”，应用后将显示匹配的数据包，如图 5.10 所示。

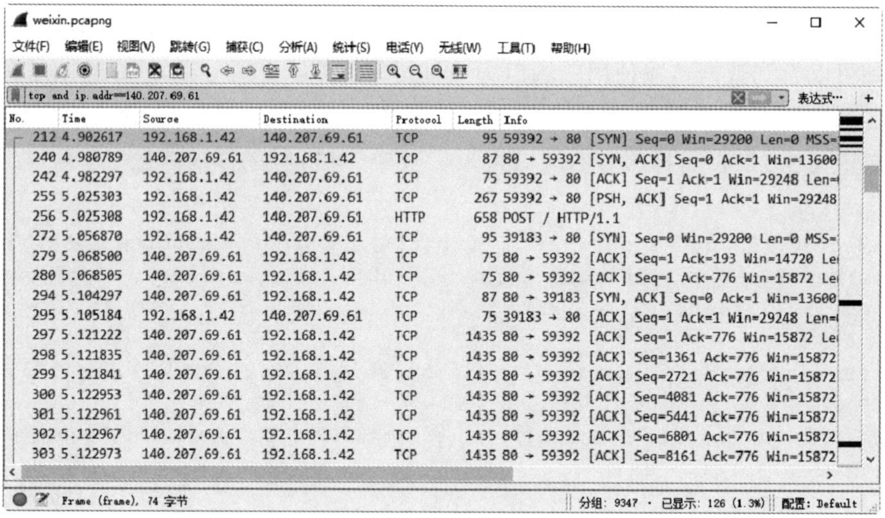

图 5.10 匹配的数据包

图 5.10 中显示了主机与服务器 140.207.69.61 之间传输的所有数据包。此时，用户便可以对该服务器与客户端之间的数据包及传输的数据进行详细分析。

5.2.3　分析传输的数据

当客户端与服务器建立连接后，即可向服务器请求获取资源，服务器收到请求后，将响应对应的资源。在使用 TCP 传输数据时，对于较大的数据，TCP 会进行分片传输。例如，客户端请求下载一个视频或图片，但是该文件无法一次性传输，将进行分片传输。下面分析传输的数据及重组分片数据。

1．查看TCP包中传输的数据

当客户端与服务器建立连接后，将使用服务器对应的协议请求数据。例如，Web 服务器将使用 HTTP 请求数据；FTP 服务器将使用 FTP 请求数据。下面将以微信程序为例，查看 TCP 包中传输的数据，如发送的信息、微信朋友圈信息等。其中，微信程序是通过 HTTP 向服务器请求资源的。当客户端建立 TCP 连接后，微信程序将通过 HTTP POST 方式请求 /mmtls/xxxxx 获取朋友圈或其他信息；通过 HTTP GET 方式下载资源包。此时，用户可以显示过滤 HTTP 数据包，以查看请求的信息。在显示过滤器中输入 http，将显示如图 5.11 所示的界面。

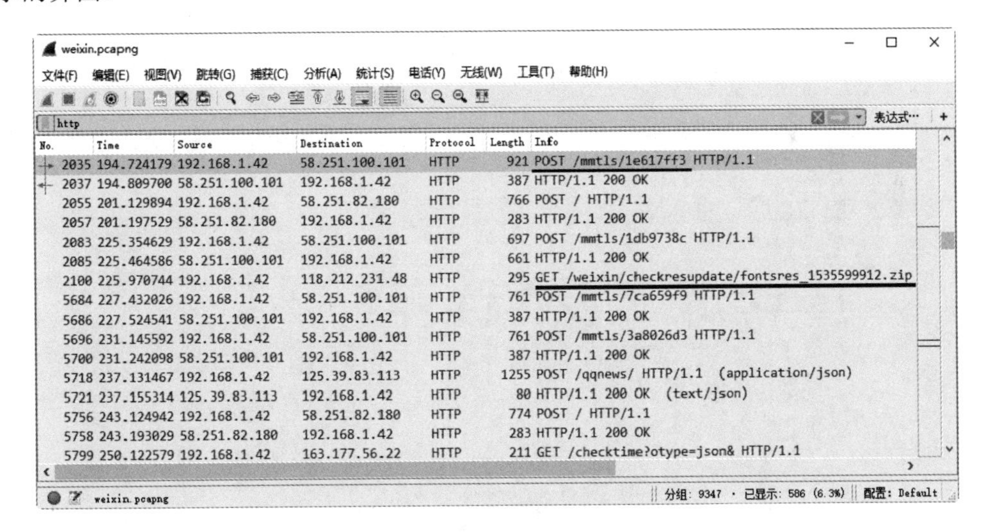

图 5.11　请求的资源

从图 5.11 中可以看到微信程序启动后请求的资源。例如，2035 帧中使用 POST 方式请求了 mmtls/1eb17ff3 信息；2100 帧中使用 GET 方式请求下载了资源包 fontsres_1535599912.zip 等。

微信重启后，会切换端口号。其中，切换的端口为 80、443 或 8080 中的一个，每个端口对应的数据包如图 5.12 至图 5.14 所示。

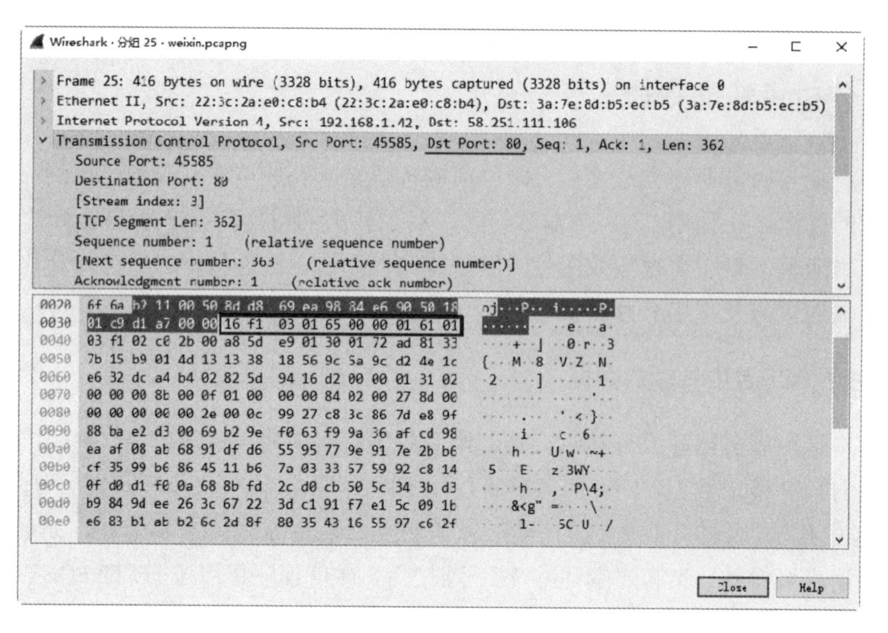

图 5.12　微信长连接的第一个 80 端口数据包

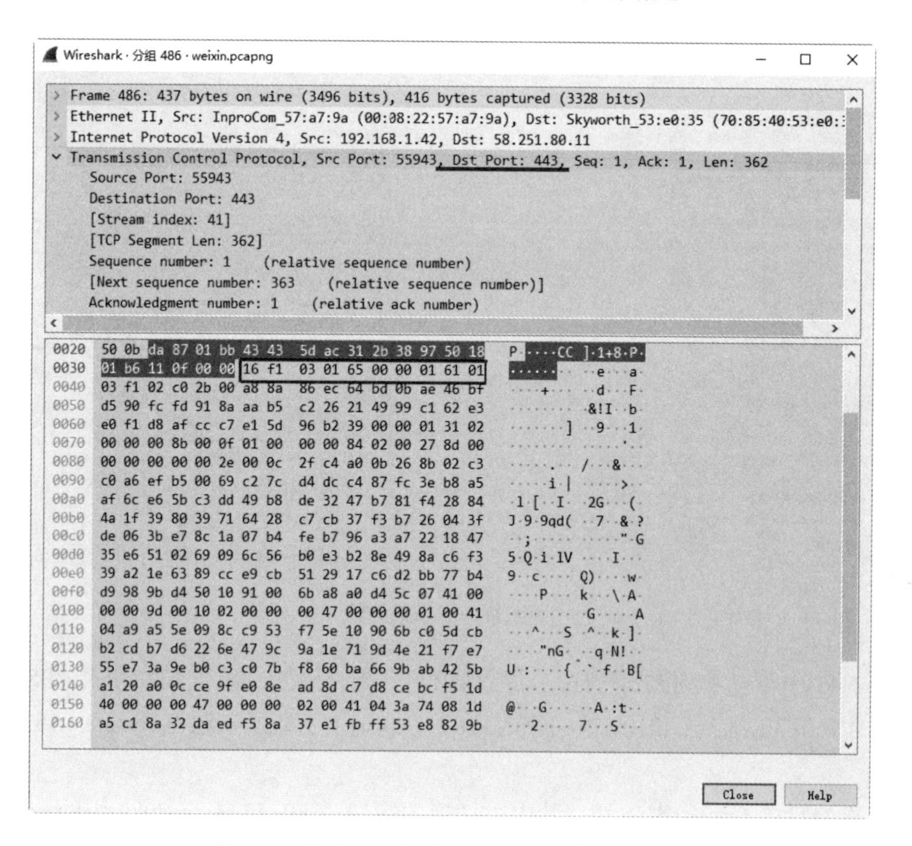

图 5.13　微信长连接的第一个 443 端口数据包

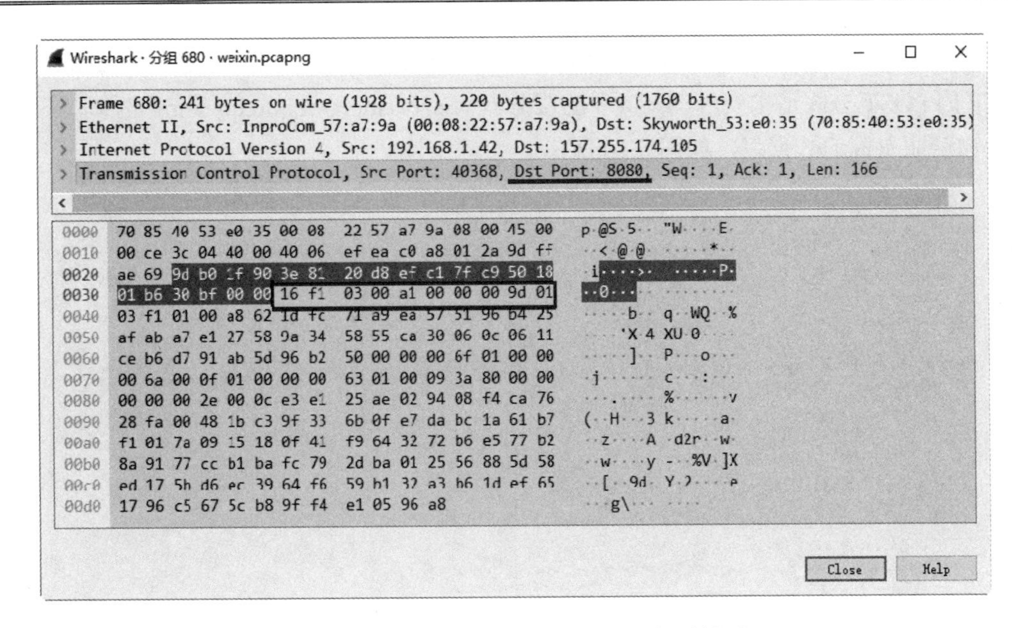

图 5.14　微信长连接的第一个 8080 端口数据包

在这三个数据包中，TCP 头部有一个共同的特点，即其字节流为 16f103。其中，微信长连接主要用来聊天。下面看一个发送消息的数据包。在发送的消息中，微信消息头部字节流以 17f103 开始，如图 5.15 所示。

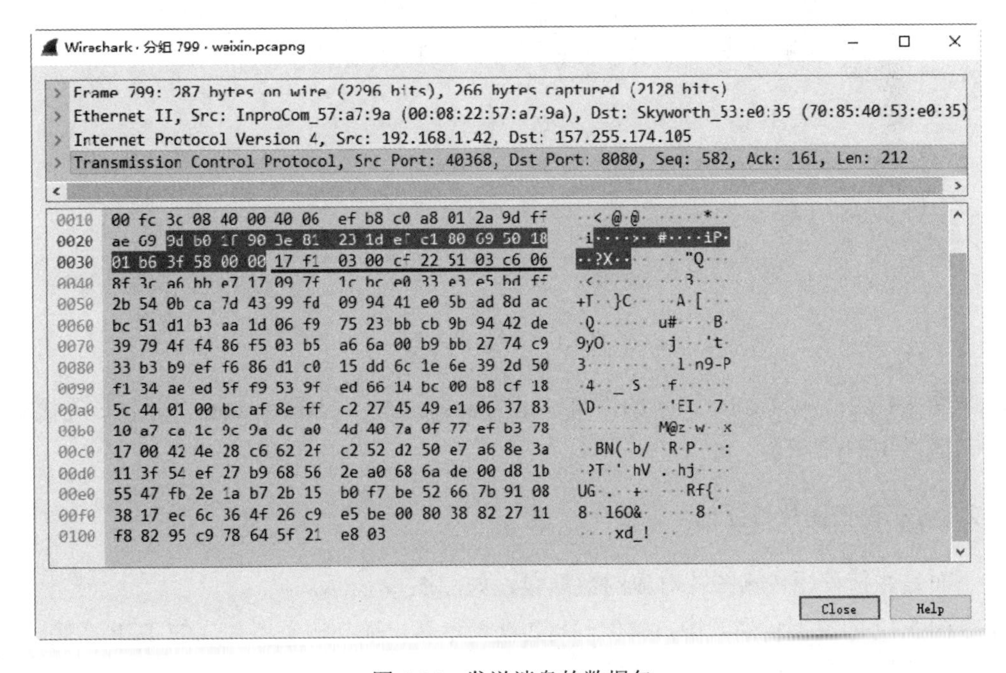

图 5.15　发送消息的数据包

对于微信程序，通常还更希望看到用户的微信朋友圈信息。其中，微信朋友圈是通过 HTTP 的 POST 方式请求资源的，请求的服务器为 szextshort.weixin.qq.com。例如，下面是一个微信朋友圈的数据包，如图 5.16 所示。

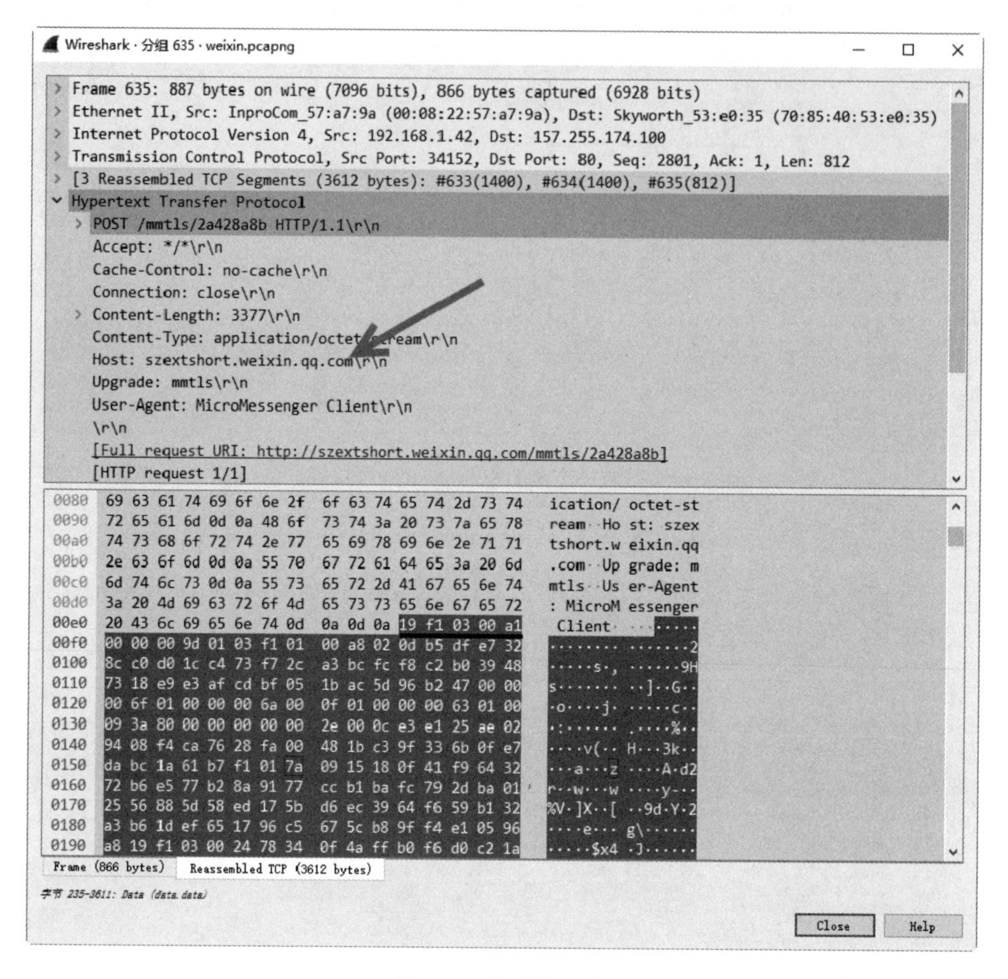

图 5.16　微信朋友圈

从图 5.16 中可以看到，请求的主机地址为 szextshort.weixin.qq.com，并且该连接中数据字节流以 19f103 开始。

2. 分析微信图片数据包

下面是微信程序传输图片对应的数据包，如图 5.17 所示。

在图 5.17 的数据包列表中，1860～1862 帧表示客户端与服务器建立的 TCP 连接。1863 帧是客户端发送给服务器的基本信息，如图 5.18 所示

No.	Time	Source	Destination	Protocol	Length	Info
1860	163.497454	192.168.1.42	210.76.57.161	TCP	95	39907 → 443 [SYN] Seq=0 Win=28000 Len
1861	163.547873	210.76.57.161	192.168.1.42	TCP	95	443 → 39907 [SYN, ACK] Seq=0 Ack=1 Wi
1862	163.548854	192.168.1.42	210.76.57.161	TCP	87	39907 → 443 [ACK] Seq=1 Ack=1 Win=280
1863	163.556738	192.168.1.42	210.76.57.161	TCP	343	39907 → 443 [PSH, ACK] Seq=1 Ack=1 Wi
1864	163.608381	210.76.57.161	192.168.1.42	TCP	87	443 → 39907 [ACK] Seq=1 Ack=257 Win=1
1865	163.608388	210.76.57.161	192.168.1.42	TCP	128	443 → 39907 [PSH, ACK] Seq=1 Ack=257
1866	163.609003	192.168.1.42	210.76.57.161	TCP	87	39907 → 443 [ACK] Seq=257 Ack=42 Win=
1867	163.621411	192.168.1.42	210.76.57.161	TCP	869	39907 → 443 [PSH, ACK] Seq=257 Ack=42
1868	163.668493	210.76.57.161	192.168.1.42	TCP	417	443 → 39907 [PSH, ACK] Seq=42 Ack=103
1869	163.668838	210.76.57.161	192.168.1.42	TCP	1475	443 → 39907 [ACK] Seq=372 Ack=1039 Wi
1870	163.668844	210.76.57.161	192.168.1.42	TCP	1475	443 → 39907 [ACK] Seq=1760 Ack=1039 W
1871	163.669006	210.76.57.161	192.168.1.42	TCP	1407	443 → 39907 [PSH, ACK] Seq=3148 Ack=1
1872	163.671224	210.76.57.161	192.168.1.42	TCP	1475	443 → 39907 [ACK] Seq=4468 Ack=1039 W
1873	163.671456	210.76.57.161	192.168.1.42	TCP	1475	443 → 39907 [ACK] Seq=5856 Ack=1039 W
1874	163.671505	210.76.57.161	192.168.1.42	TCP	1407	443 → 39907 [PSH, ACK] Seq=7244 Ack=1
1875	163.671725	210.76.57.161	192.168.1.42	TCP	1475	443 → 39907 [ACK] Seq=8564 Ack=1039 W
1876	163.671906	210.76.57.161	192.168.1.42	SSLv2	1475	Encrypted Data, Continuation Data

图 5.17　图片传输数据包

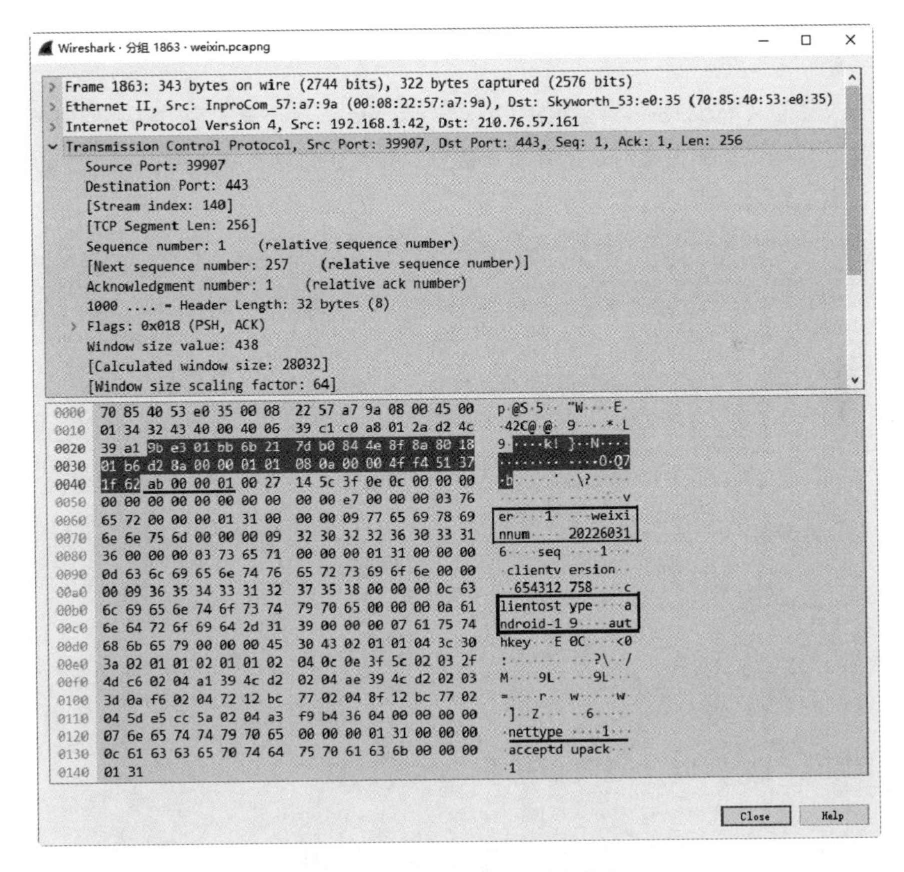

图 5.18　客户端发送的系统信息

在当前报文中，客户端向服务器发送了系统基本信息，如微信 ID、系统版本、联网方式等。当服务器收到该信息后，将响应客户端，返回 retcode 状态信息，如图 5.19 所示。

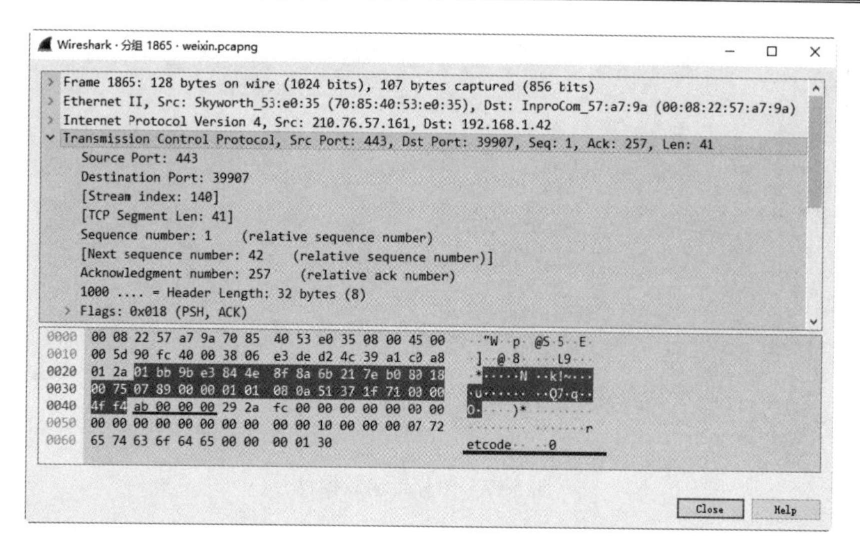

图 5.19 服务器响应的数据包

从该报文中可以看到服务器响应的状态码（retcode）。接下来，客户端将向服务器请求图片文件。在该数据包头部也会封装系统基本信息，并且还包含文件类型，如图 5.20 所示。

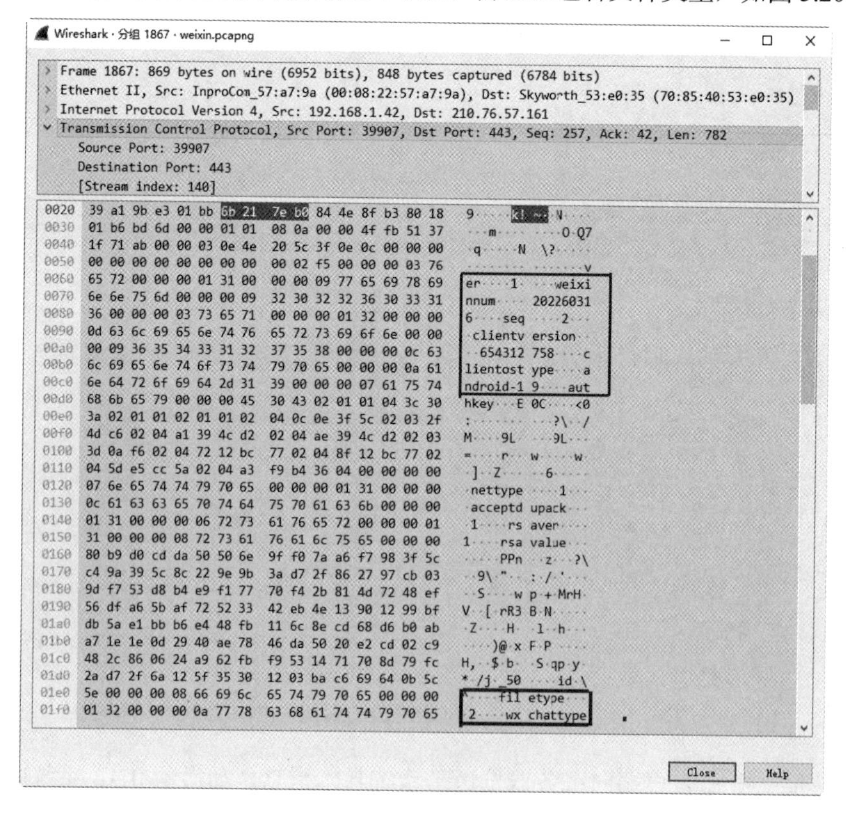

图 5.20 客户端请求的图片

该报文信息与第一个数据包类似，包括微信 ID、系统版本等，并且可以看到请求的文件类型为 2。接下来，将开始下载图片文件，如图 5.21 所示。

No.	Time	Source	Destination	Protocol	Info
1860	163.497454	192.168.1.42	210.76.57.161	TCP	39907 → 443 [SYN] Seq=0 Win=28000 Len=0 MSS=1400 SACK_PERM=1 T
1861	163.547873	210.76.57.161	192.168.1.42	TCP	443 → 39907 [SYN, ACK] Seq=0 Ack=1 Win=13880 Len=0 MSS=1400 SA
1862	163.548854	192.168.1.42	210.76.57.161	TCP	39907 → 443 [ACK] Seq=1 Ack=1 Win=28032 Len=0 TSval=20467 TSec
1863	163.556738	192.168.1.42	210.76.57.161	TCP	39907 → 443 [PSH, ACK] Seq=1 Ack=1 Win=28032 Len=256 TSval=204
1864	163.608381	210.76.57.161	192.168.1.42	TCP	443 → 39907 [ACK] Seq=1 Ack=257 Win=14976 Len=0 TSval=13625670
1865	163.608388	210.76.57.161	192.168.1.42	TCP	443 → 39907 [PSH, ACK] Seq=1 Ack=257 Win=14976 Len=41 TSval=13
1866	163.609003	192.168.1.42	210.76.57.161	TCP	39907 → 443 [ACK] Seq=257 Ack=42 Win=28032 Len=0 TSval=20473 T
1867	163.621411	192.168.1.42	210.76.57.161	TCP	39907 → 443 [PSH, ACK] Seq=257 Ack=42 Win=28032 Len=782 TSval=
1868	163.668493	210.76.57.161	192.168.1.42	TCP	443 → 39907 [PSH, ACK] Seq=42 Ack=1039 Win=16640 Len=330 TSval
1869	163.668838	210.76.57.161	192.168.1.42	TCP	443 → 39907 [ACK] Seq=372 Ack=1039 Win=16640 Len=1388 TSval=13
1870	163.668844	210.76.57.161	192.168.1.42	TCP	443 → 39907 [ACK] Seq=1760 Ack=1039 Win=16640 Len=1388 TSval=1
1871	163.669006	210.76.57.161	192.168.1.42	TCP	443 → 39907 [PSH, ACK] Seq=3148 Ack=1039 Win=16640 Len=1320 TS
1872	163.671224	210.76.57.161	192.168.1.42	TCP	443 → 39907 [ACK] Seq=4468 Ack=1039 Win=16640 Len=1388 TSval=1
1873	163.671456	210.76.57.161	192.168.1.42	TCP	443 → 39907 [ACK] Seq=5856 Ack=1039 Win=16640 Len=1388 TSval=1
1874	163.671505	210.76.57.161	192.168.1.42	TCP	443 → 39907 [PSH, ACK] Seq=7244 Ack=1039 Win=16640 Len=1320 TS
1875	163.671725	210.76.57.161	192.168.1.42	TCP	443 → 39907 [ACK] Seq=8564 Ack=1039 Win=16640 Len=1388 TSval=1
1876	163.671906	210.76.57.161	192.168.1.42	SSLv2	Encrypted Data, Continuation Data

Frame (1454 bytes)　Reassembled TCP (11010 bytes)

Record layer version (tls.record.version)　分组：9347 · 已显示：75 (0.8%)　配置：Default

图 5.21　下载图片的数据包

在以上数据包中，1868 帧以后的数据包便是下载图片的数据包。

3．重组分片数据

如果用户传输的文件较大，将会进行分片传输。此时，在 Wireshark 的 Info 列中可以看到，传输的数据包信息中包含有“TCP segment of a reassembled PDU”关键字，如图 5.22 所示。

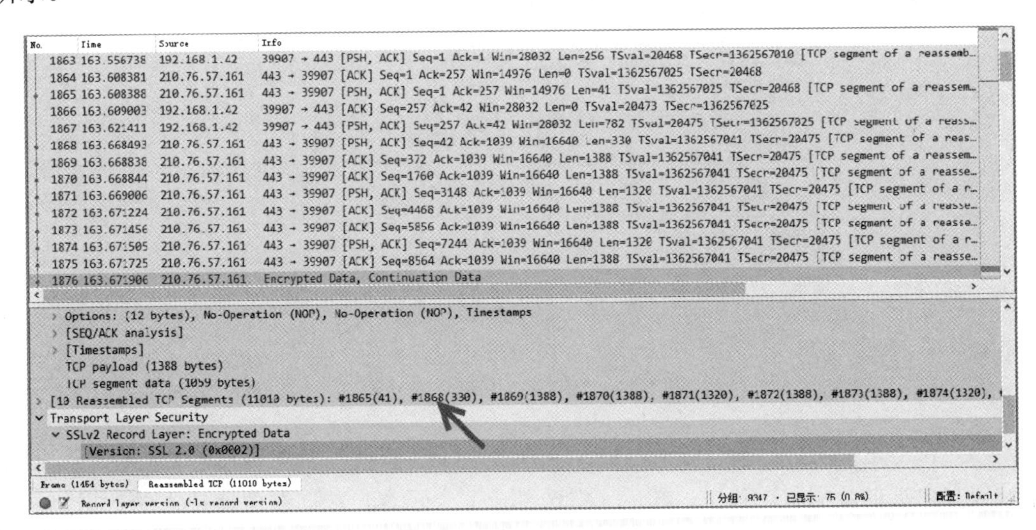

图 5.22　数据包进行了分片

由此可以说明，数据进行了分片。而且，在图 5.22 中可以看到，该数据包共分为了 10 个分片，为 1865 和 1868～1876。

为了快速找到传输的数据完整会话，用户可以进行 TCP 数据分片重组。具体操作步骤如下：

（1）任意选择一个分片数据包。例如，选择 1863 帧并单击鼠标右键，将弹出一个快捷菜单，如图 5.23 所示。

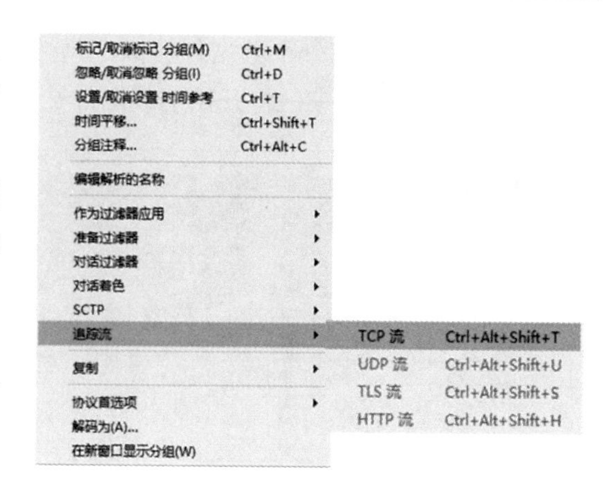

图 5.23　右键快捷菜单

（2）依次选择“追踪流”|“TCP 流”命令，将显示“追踪 TCP 流”对话框，如图 5.24 所示。

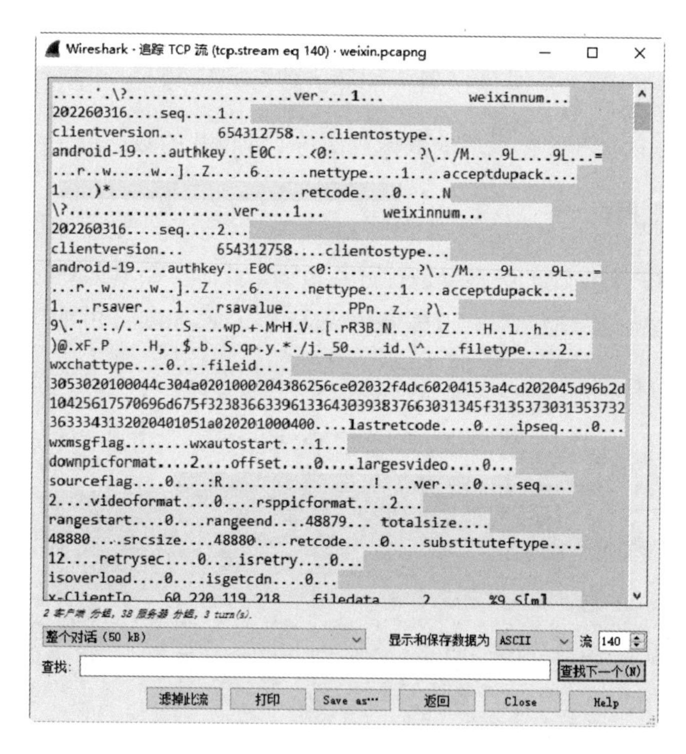

图 5.24　“追踪 TCP 流”对话框

（3）在“追踪 TCP 流”对话框中，分别显示了客户端请求服务器的数据包，及服务器响应客户端的数据包。其中，红色（框选部分）表示客户端向服务器请求的数据包；蓝色（未框选部分）表示服务器响应客户端的数据包。此时，返回到 Wireshark 列表中，即可看到整个 TCP 流的数据包，如图 5.25 所示。

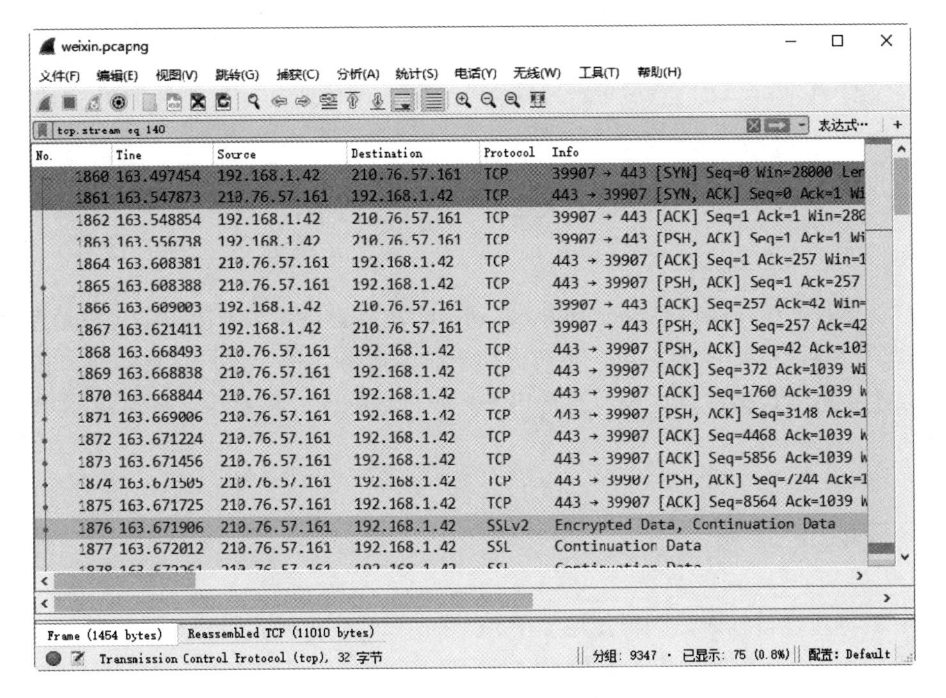

图 5.25　第 141 个 TCP 流会话

（4）从图 5.25 的显示过滤器中可以看到，成功应用了 tcp.stream eq 140 显示过滤器，表示显示过滤了第 141 个 TCP 流会话。由于 TCP 流会话是从 0 开始，所以这里是第 141 个 TCP 流。此时，用户即可看到整个会话中传输的数据。为了方便分析，用户可以将整个会话流保存到另一个捕获文件。在“追踪 TCP 流”对话框中，单击 Save as 按钮，将弹出保存流对话框，如图 5.26 所示。

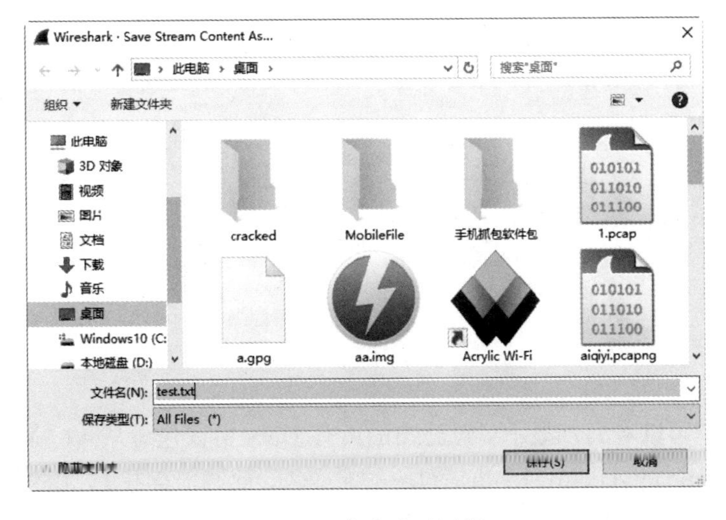

图 5.26　保存流对话框

（5）在保存流对话框中，指定会话流的保存位置、文件名和文件类型。这里指定保存到桌面，文件名为 test.txt，然后单击“保存”按钮，即可成功导出整个 TCP 会话流。

5.3 UDP 数据分析

用户数据报协议（User Datagram Protocol，UDP）是 OSI 参考模型中一种无连接的传输层协议，提供面向事务的简单、不可靠信息传送服务。由于该协议传输快、占用资源少，所以在手机中也被广泛应用，通常用于多媒体数据流、聊天等。本节对 UDP 数据进行分析。

5.3.1 获取 IP 信息

UDP 数据包在传输时，同样使用“IP 地址+端口号”来确定目标地址。所以，在分析 UDP 数据包之前，需要确定服务器的 IP 地址及对应的端口号。当客户端使用 UDP 传输数据时，同样会先通过 DNS 协议进行域名解析，以获取目标服务器的 IP 地址。当获取目标服务器的 IP 地址后，直接向服务器请求下载资源。下面是使用爱奇艺播放器播放视频时所捕获的数据包文件。此时，首先使用显示过滤器 dns，快速过滤所有的 DNS 数据包，以获取目标服务器的 IP 地址，如图 5.27 所示。

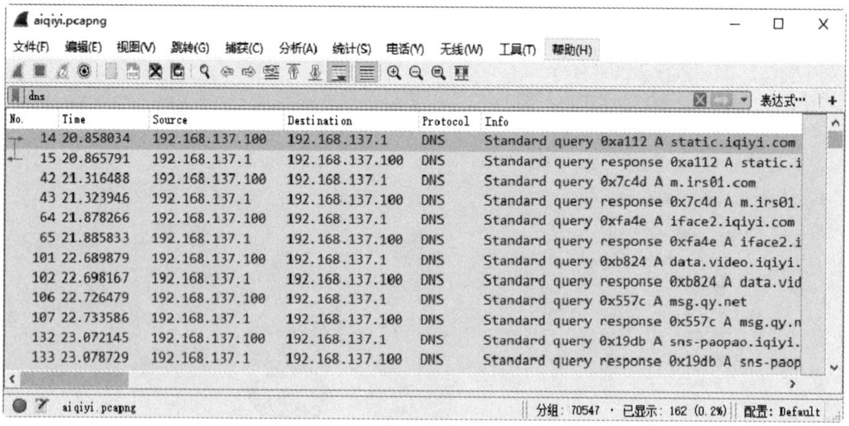

图 5.27　DNS 数据包

在图 5.27 中可以看到，显示了过滤出的所有 DNS 协议包。从 14 帧可以看到，请求解析的域名为 static.iqiyi.com；15 帧是对应的响应包。此时，查看 15 帧的包详细信息，即可看到目标服务器的 IP 地址，如图 5.28 所示。

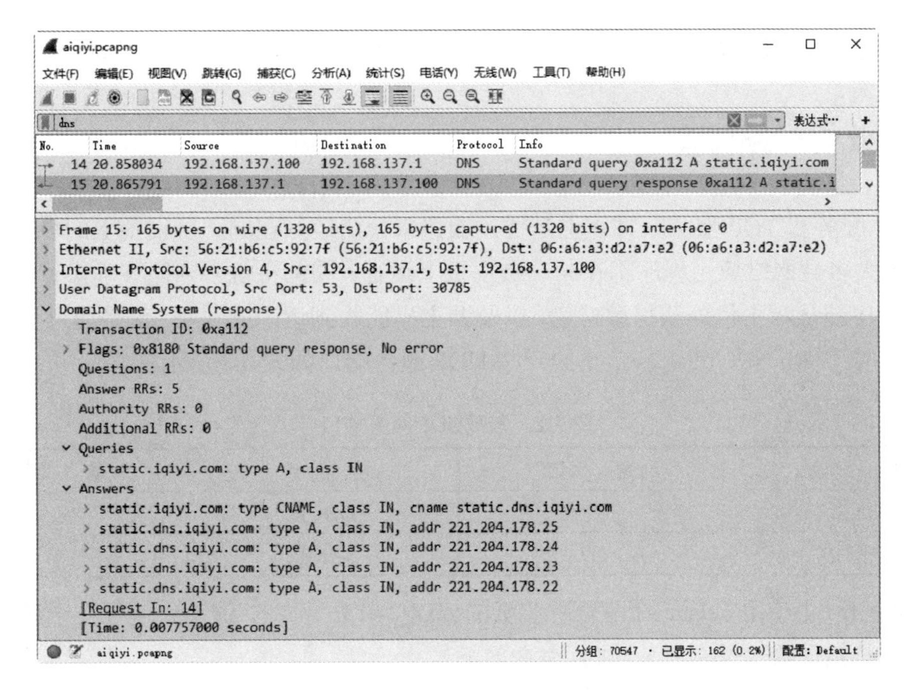

图 5.28　响应的服务器 IP 地址

在图 5.28 显示的结果中可以看到，域名 static.iqiyi.com 有一个别名 static.dns.iqiyi.com，对应的 IP 地址有 4 个，分别是 221.204.178.25、221.204.178.24、221.204.178.23 和 221.204.178.22。接下来，客户端将根据获取的地址，向服务器请求下载资源列表。例如，要显示过滤客户端向服务器（221.204.178.25）请求资源的数据包，则在显示过滤器文本框中输入 ip.addr==221.204.178.25 并应用后，将显示如图 5.29 所示的界面。

aiqiyi.pcapng

文件(F) 编辑(E) 视图(V) 跳转(G) 捕获(C) 分析(A) 统计(S) 电话(Y) 无线(W) 工具(T) 帮助(H)

ip.addr==221.204.178.25

No.	Time	Source	Destination	Protocol	Info
16	20.871027	192.168.137.100	221.204.178.25	TCP	50571 → 80 [SYN] Seq=0 Win=29200 Len=0 MSS=1460
17	20.885377	221.204.178.25	192.168.137.100	TCP	80 → 50571 [SYN, ACK] Seq=0 Ack=1 Win=29200 Len
18	20.885915	192.168.137.100	221.204.178.25	TCP	50571 → 80 [ACK] Seq=1 Ack=1 Win=29248 Len=0
19	20.888781	192.168.137.100	221.204.178.25	HTTP	GET /ext/cupid/common/sdkconfig.xml HTTP/1.1
20	20.902794	221.204.178.25	192.168.137.100	TCP	80 → 50571 [ACK] Seq=1 Ack=97 Win=29696 Len=0
21	20.903144	221.204.178.25	192.168.137.100	TCP	80 → 50571 [ACK] Seq=1 Ack=97 Win=29696 Len=145
22	20.903201	221.204.178.25	192.168.137.100	TCP	80 → 50571 [ACK] Seq=1453 Ack=97 Win=29696 Len=
23	20.903244	221.204.178.25	192.168.137.100	TCP	80 → 50571 [ACK] Seq=2905 Ack=97 Win=29696 Len=
24	20.903283	221.204.178.25	192.168.137.100	TCP	80 → 50571 [ACK] Seq=4357 Ack=97 Win=29696 Len=
25	20.903321	221.204.178.25	192.168.137.100	TCP	80 → 50571 [ACK] Seq=5809 Ack=97 Win=29696 Len=
26	20.903359	221.204.178.25	192.168.137.100	TCP	80 → 50571 [ACK] Seq=7261 Ack=97 Win=29696 Len=
27	20.903397	221.204.178.25	192.168.137.100	TCP	80 → 50571 [ACK] Seq=8713 Ack=97 Win=29696 Len=
28	20.903435	221.204.178.25	192.168.137.100	TCP	80 → 50571 [ACK] Seq=10165 Ack=97 Win=29696 Len
29	20.903473	221.204.178.25	192.168.137.100	HTTP/XML	HTTP/1.1 200 OK
30	20.904167	192.168.137.100	221.204.178.25	TCP	50571 → 80 [ACK] Seq=97 Ack=1453 Win=32128 Len=

aiqiyi.pcapng　分组: 70547 · 已显示: 20 (0.0%)　配置: Default

图 5.29　显示过滤的数据包

从图 5.29 中可以看到，所有的数据包源或目标都是 221.204.178.25 的数据包。

5.3.2 分析服务端口

UDP 服务和 TCP 服务一样，也是通过端口来分辨运行在同一台设备上的多个应用程序。由于大多数网络应用程序都在同一台主机上运行，因此主机必须能够确保目的主机上的软件程序能从源主机处获得数据包，以及源主机能收到正确的回复。这是通过使用 UDP 的“端口号”完成的。其中，常见的一些 UDP 服务端口如表 5.2 所示。

表 5.2 常见UDP服务端口

协　　议	端　　口	协　　议	端　　口
DNS	53	DHCP	68
TFTP	69	SNMP	161

【实例 5-5】 使用 netstat 命令查看监听的 UDP 端口。例如，这里将运行一个使用 UDP 传输的视频播放器（爱奇艺）。执行命令如下：

```
root@I960:/ # busybox netstat -anpul
netstat: showing only processes with your user ID
Active Internet connections (only servers)
Proto Recv-Q Send-Q Local Address  Foreign Address State PID/Program name
udp   0      0      0.0.0.0:13591  0.0.0.0:              *20374/com.
                                                         qiyi.vide
udp   0      0      127.0.0.1:53   0.0.0.0:*             8810/dnsmasq
udp   0      0      192.168.42.    0.0.0.0:              *8810/
                    129:53                               dnsmasq
udp   0      0      0.0.0.0:67     0.0.0.0:*             8810/dnsmasq
udp   0      0      0.0.0.0:53081  0.0.0.0:*             20727/com.
                                                         qiyi.vide
udp   0      0      0.0.0.0:60000  0.0.0.0:*             20374/com.
                                                         qiyi.vide
udp   0      0      0.0.0.0:60001  0.0.0.0:*             20727/com.
                                                         qiyi.vide
udp   0      0      0.0.0.0:60002  0.0.0.0:*             20936/com.
                                                         qiyi.vide
udp   0      0      0.0.0.0:61040  0.0.0.0:*             20936/com.
                                                         qiyi.vide
udp   0      0      0.0.0.0:37248  0.0.0.0:*             20936/com.
                                                         qiyi.vide
udp   0      0      0.0.0.0:44181  0.0.0.0:*             20727/com.
                                                         qiyi.vide
udp   0      0      0.0.0.0:35006  0.0.0.0:*             20374/com.
                                                         qiyi.vide
udp   0      0      0.0.0.0:29376  0.0.0.0:*             20374/com.
                                                         qiyi.vide
udp   0      0      0.0.0.0:12739  0.0.0.0:*             20727/com.
                                                         qiyi.vide
udp   0      0      0.0.0.0:49871  0.0.0.0:*             20936/com.
```

```
                                                         qiyi.vide
udp    0      0       0.0.0.0:32219  0.0.0.0:*          20374/com.
                                                         qiyi.vide
udp    0      0       0.0.0.0:12784  0.0.0.0:*          20727/com.
                                                         qiyi.vide
udp    0      0       0.0.0.0:58878  0.0.0.0:*          20374/com.
                                                         qiyi.vide
udp    0      0       0.0.0.0:48639  0.0.0.0:*          20936/com.
                                                         qiyi.vide
```

从输出信息的 Proto 列中可以看到，显示了本机中所有的 UDP 程序；从 PID/Program name 列中可以看到，启动的程序名为 com.qiyi.vide 和 dnsmasq，其中 com.qiyi.vide 便是爱奇艺程序；从 Local Address 列中可以看到本地主机请求数据包使用的端口，如 13 591、53 081、60 000 等。此时，便可以根据端口及客户端 IP 地址，来显示过滤对应的数据包。

例如在显示过滤器文本框中输入“ip.addr==192.168.137.100 and udp.srcport=53 081”并应用后，将显示如图 5.30 所示的界面。

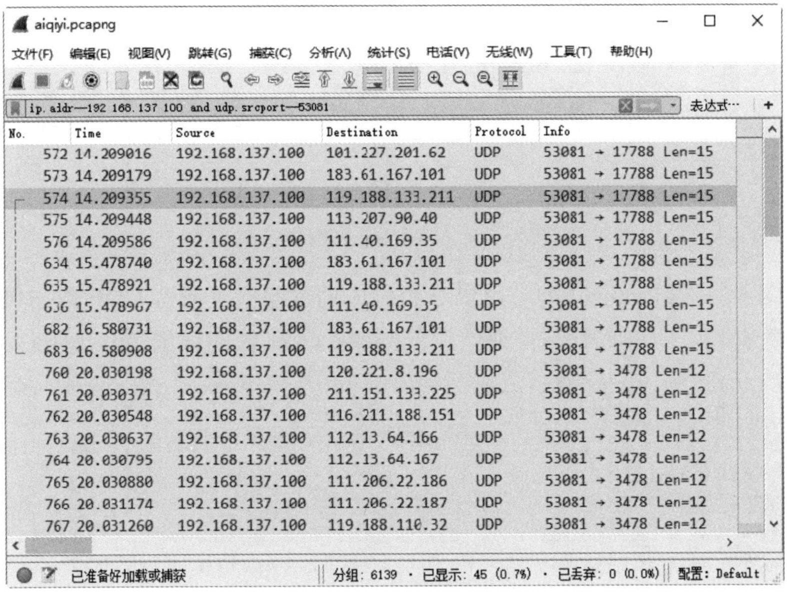

aiqiyi.pcapng

文件(F)　编辑(E)　视图(V)　跳转(G)　捕获(C)　分析(A)　统计(S)　电话(Y)　无线(W)　工具(T)　帮助(H)

ip.addr==192.168.137.100 and udp.srcport==53081　　表达式…　+

No.	Time	Source	Destination	Protocol	Info
572	14.209016	192.168.137.100	101.227.201.62	UDP	53081 → 17788 Len=15
573	14.209179	192.168.137.100	183.61.167.101	UDP	53081 → 17788 Len=15
574	14.209355	192.168.137.100	119.188.133.211	UDP	53081 → 17788 Len=15
575	14.209448	192.168.137.100	113.207.90.40	UDP	53081 → 17788 Len=15
576	14.209586	192.168.137.100	111.40.169.35	UDP	53081 → 17788 Len=15
634	15.478740	192.168.137.100	183.61.167.101	UDP	53081 → 17788 Len=15
635	15.478921	192.168.137.100	119.188.133.211	UDP	53081 → 17788 Len=15
636	15.478967	192.168.137.100	111.40.169.35	UDP	53081 → 17788 Len=15
682	16.580731	192.168.137.100	183.61.167.101	UDP	53081 → 17788 Len=15
683	16.580908	192.168.137.100	119.188.133.211	UDP	53081 → 17788 Len=15
760	20.030198	192.168.137.100	120.221.8.196	UDP	53081 → 3478 Len=12
761	20.030371	192.168.137.100	211.151.133.225	UDP	53081 → 3478 Len=12
762	20.030548	192.168.137.100	116.211.188.151	UDP	53081 → 3478 Len=12
763	20.030637	192.168.137.100	112.13.64.166	UDP	53081 → 3478 Len=12
764	20.030795	192.168.137.100	112.13.64.167	UDP	53081 → 3478 Len=12
765	20.030880	192.168.137.100	111.206.22.186	UDP	53081 → 3478 Len=12
766	20.031174	192.168.137.100	111.206.22.187	UDP	53081 → 3478 Len=12
767	20.031260	192.168.137.100	119.188.110.32	UDP	53081 → 3478 Len=12

已准备好加载或捕获　｜　分组：6139 · 已显示：45 (0.7%) · 已丢弃：0 (0.0%)　｜　配置：Default

图 5.30　匹配的数据包

从 Info 列中可以看到，所有数据包的源端口都为 53 081。由此可以说明，是爱奇艺程序请求获取数据资源的数据包。

5.3.3　分析传输的数据

当用户确定服务器的 IP 地址和端口后，即可分析对应传输的数据包。具体操作步骤如下：

（1）显示过滤使用 UDP 传输数据的数据包。由于 DNS 也是基于 UDP 工作的，而且使用固定端口 53。所以，这里将过滤 DNS 协议之外的所有 UDP 数据包。在显示过滤器文本框中输入“!udp.port==53 and udp”并应用后，将显示如图 5.31 所示的界面。

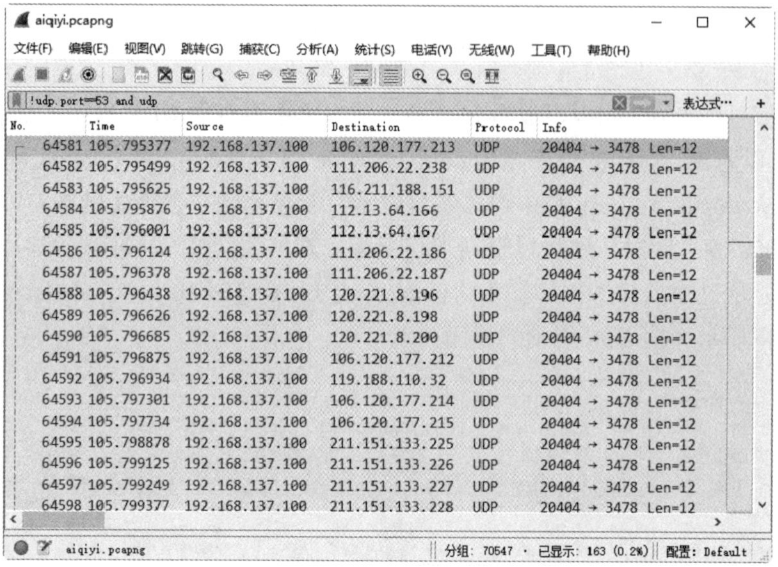

aiqiyi.pcapng

文件(F) 编辑(E) 视图(V) 跳转(G) 捕获(C) 分析(A) 统计(S) 电话(Y) 无线(W) 工具(T) 帮助(H)

!udp.port==53 and udp

No.	Time	Source	Destination	Protocol	Info
64581	105.795377	192.168.137.100	106.120.177.213	UDP	20404 → 3478 Len=12
64582	105.795499	192.168.137.100	111.206.22.238	UDP	20404 → 3478 Len=12
64583	105.795625	192.168.137.100	116.211.188.151	UDP	20404 → 3478 Len=12
64584	105.795876	192.168.137.100	112.13.64.166	UDP	20404 → 3478 Len=12
64585	105.796001	192.168.137.100	112.13.64.167	UDP	20404 → 3478 Len=12
64586	105.796124	192.168.137.100	111.206.22.186	UDP	20404 → 3478 Len=12
64587	105.796378	192.168.137.100	111.206.22.187	UDP	20404 → 3478 Len=12
64588	105.796438	192.168.137.100	120.221.8.196	UDP	20404 → 3478 Len=12
64589	105.796626	192.168.137.100	120.221.8.198	UDP	20404 → 3478 Len=12
64590	105.796685	192.168.137.100	120.221.8.200	UDP	20404 → 3478 Len=12
64591	105.796875	192.168.137.100	106.120.177.212	UDP	20404 → 3478 Len=12
64592	105.796934	192.168.137.100	119.188.110.32	UDP	20404 → 3478 Len=12
64593	105.797301	192.168.137.100	106.120.177.214	UDP	20404 → 3478 Len=12
64594	105.797734	192.168.137.100	106.120.177.215	UDP	20404 → 3478 Len=12
64595	105.798878	192.168.137.100	211.151.133.225	UDP	20404 → 3478 Len=12
64596	105.799125	192.168.137.100	211.151.133.226	UDP	20404 → 3478 Len=12
64597	105.799249	192.168.137.100	211.151.133.227	UDP	20404 → 3478 Len=12
64598	105.799377	192.168.137.100	211.151.133.228	UDP	20404 → 3478 Len=12

aiqiyi.pcapng　分组：70547 · 已显示：163 (0.2%)　配置：Default

图 5.31　UDP 数据包

（2）从图 5.31 的 Protocol 列中可以看到，成功过滤出了所有 UDP 数据包。此时，选择任意一个数据包，即可查看其详细信息，例如 64 581 帧的详细信息如下：

```
Frame 64581: 54 bytes on wire (432 bits), 54 bytes captured (432 bits) on
interface 0                                                     #帧摘要信息
Ethernet II, Src: 06:a6:a3:d2:a7:e2 (06:a6:a3:d2:a7:e2), Dst: 56:21:b6:c5:
92:7f (56:21:b6:c5:92:7f)                                       #以太网协议
#IPv4 协议
Internet Protocol Version 4, Src: 192.168.137.100, Dst: 106.120.177.213
User Datagram Protocol, Src Port: 20404, Dst Port: 3478         #UDP
   Source Port: 20404                                           #源端口
   Destination Port: 3478                                       #目标端口
   Length: 20                                                   #长度
   Checksum: 0x3b1a [unverified]                                #校验和
   [Checksum Status: Unverified]                                #校验状态
   [Stream index: 90]                                           #流索引
   [Timestamps]                                                 #时间戳
Data (12 bytes)                                                 #数据
   Data: 010700000000000000000000                               #数据内容
   [Length: 12]                                                 #长度
```

从以上报文信息中可以看到，该数据包的源端口为 20404、目标端口为 3478、长度为 20。从数据部分可以看到，数据长度共 12 个字节，数据内容为 010700000000000000000000。

第 6 章　HTTP/HTTPS 数据抓包和分析

HTTP 和 HTTPS 是手机应用程序常用的网络传输协议。这两种协议都可以使用代理，将数据转发给特定的主机。利用这个特点，用户可以对其实施数据抓包。本章讲解如何对 HTTP 和 HTTPS 的数据包进行抓包和分析。

6.1　数据分析概述

要分析手机上的这些数据，首先需要了解什么是 HTTP，然后可以使用 Fiddler 工具进行抓包分析。下面介绍 HTTP 的基础知识，并介绍 Fiddler 工具的下载、安装及工作原理。

6.1.1　HTTP 概述

超文本传输协议（HyperText Transfer Protocol，HTTP）是一种客户端和 Web 服务器数据交互协议。客户端向 Web 服务器发送 HTTP 请求（HTTP Request）请求网页资源，Web 服务器收到请求后生成对应的数据响应客户端，形成 HTTP 响应（HTTP Response），这样客户端就完成了和 Web 服务器的数据交互，整个工作流程如图 6.1 所示。

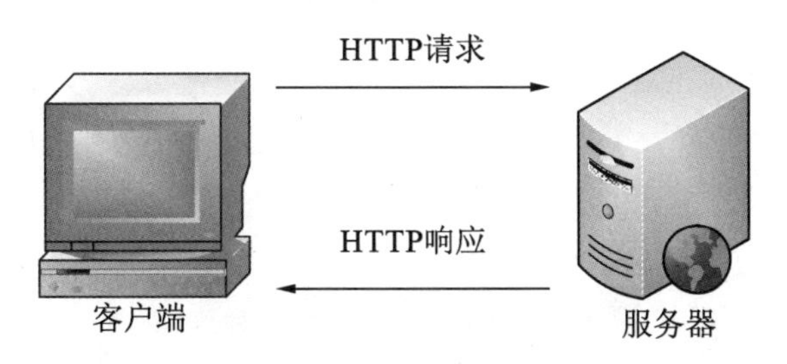

图 6.1　HTTP 工作流程

客户端向 Web 服务器发送 HTTP 请求时有多种请求方法。常见的请求方法及含义如表 6.1 所示。

表 6.1　HTTP请求方法及含义

请 求 方 法	含　义
GET	发送一个请求来获取服务器上的某一资源
HEAD	和GET的本质是一样的，区别在于HEAD不含有呈现数据，即仅返回HTTP头信息，不返回响应体信息
POST	向指定资源提交数据进行处理请求（例如提交表单或者上传文件），数据被包含在请求体中。POST请求可能会导致新资源的建立和/或已有资源的修改
PUT	与POST相似，都是向服务器发送数据。区别在于，PUT通常指定了资源的存放位置，而POST没有，POST的数据存放位置由服务器自己决定
DELETE	请求服务器删除Request-URI所标识的资源
OPTIONS	返回服务器针对特定资源所支持的HTTP请求方法。也可以利用向Web服务器发送“*”的请求来测试服务器的性能
TRACE	回显服务器收到的请求，主要用于测试或诊断
CONNECT	HTTP 1.1协议中预留给能够将连接改为管道方式的代理服务器

6.1.2　下载 Fiddler

Fiddler 是一款基于 Windows 系统的专用 Web 调试软件，它能够捕获、分析和修改 HTTP/HTTPS 数据包。要使用 Fiddler 需要先进行下载，方法如下：

（1）访问官方网站 http://getfiddler.com，跳转到下载页面，如图 6.2 所示。

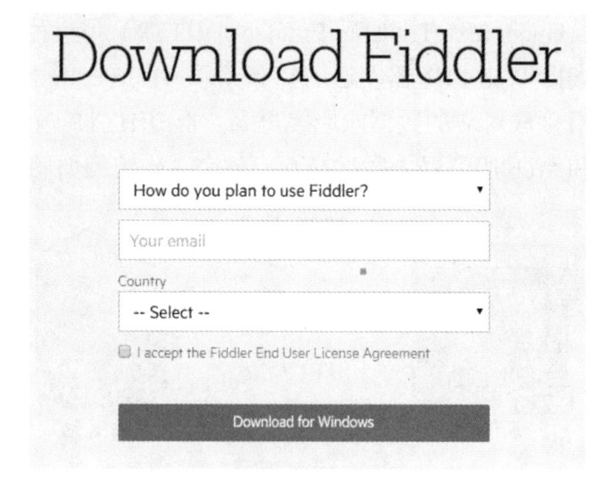

图 6.2　下载页面

（2）选择使用 Fiddler 的原因，输入使用的邮箱并选择所在国家或地区，然后选中 I accept the Fiddler End User License Agreement 复选框，单击 Download for Windows 按钮，并选择存储路径，就可以下载了。

6.1.3　安装 Fiddler

成功下载的 Fiddler 安装包名称为 FiddlerSetup.exe。下面开始安装 Fiddler，方法如下：

（1）双击 FiddlerSetup.exe，弹出许可协议对话框，如图 6.3 所示。

（2）许可协议对话框中显示了使用 Fiddler 的许可证条款信息。单击 I Agree 按钮，弹出安装位置对话框，如图 6.4 所示。

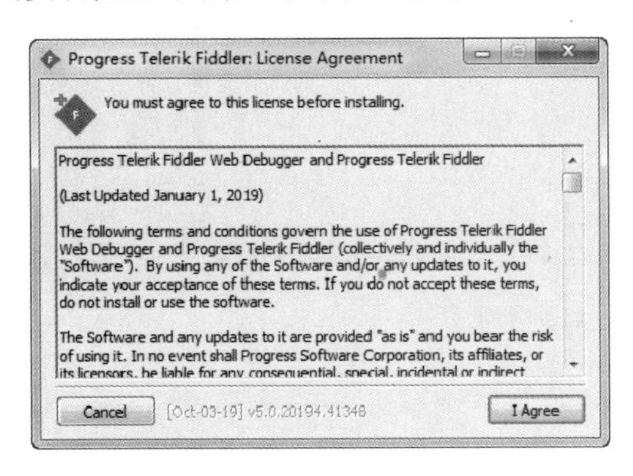

图 6.3　许可协议对话框

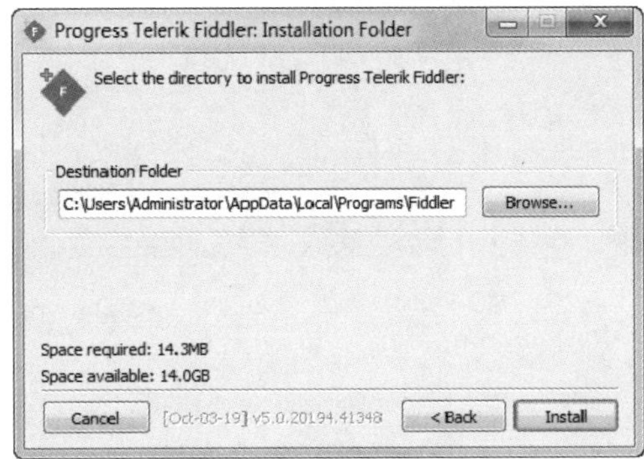

图 6.4　安装位置对话框

（3）选择 Fiddler 的安装位置，然后单击 Install 按钮开始安装，如图 6.5 所示。当安装完成之后会打开一个提示网页提示 Fiddler 成功安装，并且给出了一些关键配置信息，如图 6.6 所示。

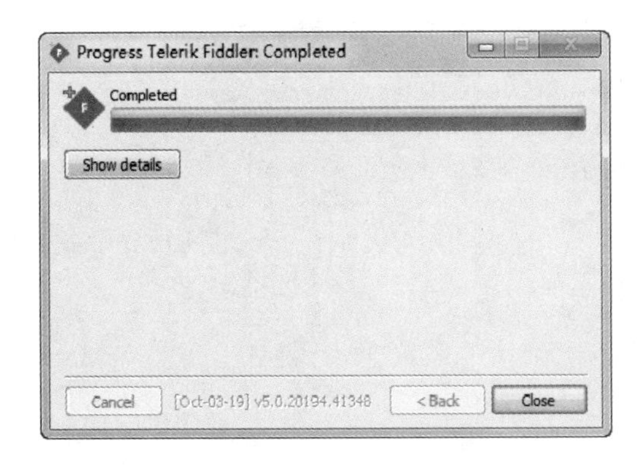

图 6.5　安装进度

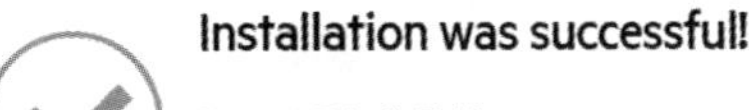

图 6.6　安装成功

（4）单击 Close 按钮，并关闭打开的网页完成安装。此时，在 Windows“开始”菜单中将会出现 Fiddler 应用程序的命令选项，如图 6.7 所示。

图 6.7　Fiddler 图标

（5）单击该图标就可以启动 Fiddler，如图 6.8 所示。

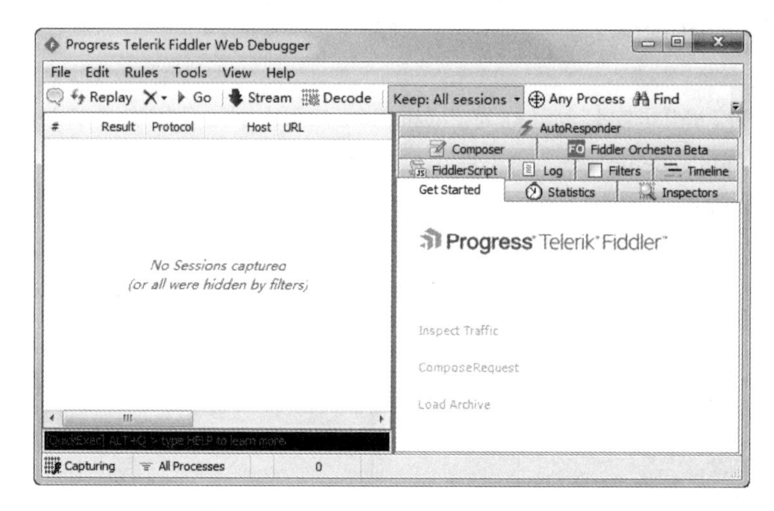

图 6.8　Fiddler 启动界面

6.1.4　Fiddler 主界面介绍

具体使用 Fiddler 之前，需要对其主界面有一个基本的了解与认识。为了方便讲解，下面以编号的形式对 Fiddler 的每个部分进行了标注，如图 6.9 所示。

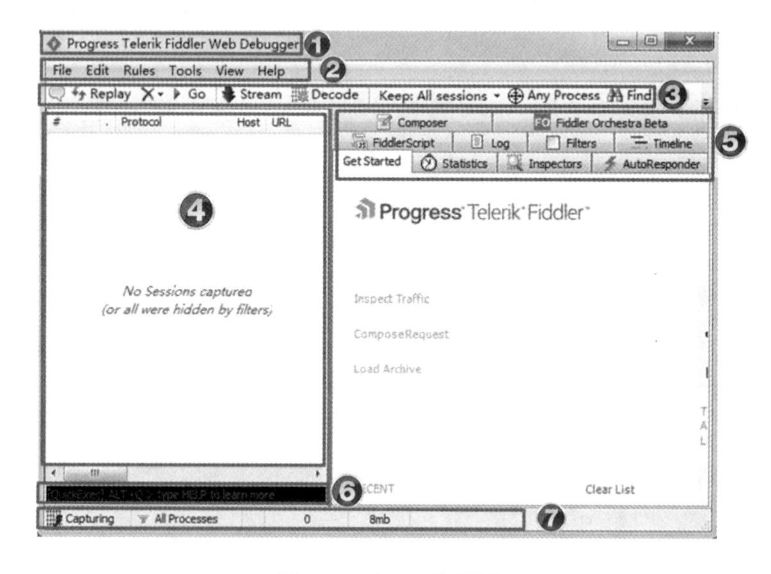

图 6.9　Fiddler 主界面

每个部分的含义如下：

① 标题栏：标题查看器。

② 菜单栏：标准菜单栏。

③ 工具栏：常用功能快捷图标按钮。

④ Web Sessions 列表：显示 Fiddler 所捕获的每个 Session 的简短摘要信息。

⑤ 选项视图：显示在 Web Sessions 列表中选中的 Session 信息。

⑥ 命令输入框：用来执行命令。

⑦ 状态栏：显示一些关键信息及重要的命令。

6.1.5　Fiddler 的工作原理

Fiddler 是以 Web 代理服务器的形式进行工作的，它位于客户端与服务器之间，用于转发请求与响应。对于客户端来说，Fiddler 扮演的是服务器；对于 Web 服务器来说，Fiddler 扮演的又是客户端。其工作原理如图 6.10 所示。

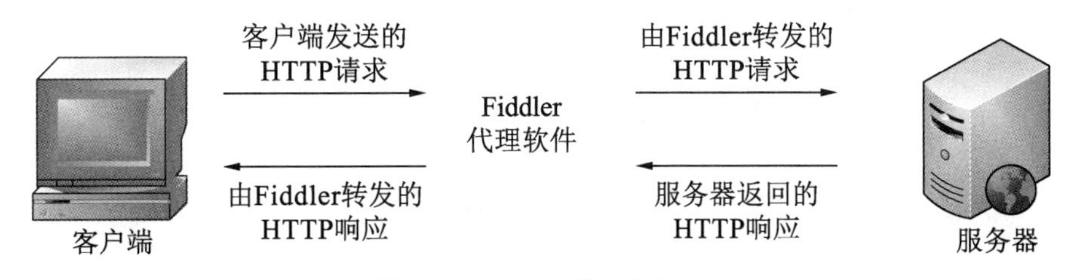

图 6.10　Fiddler 的工作原理

6.2　配 置 代 理

为了让客户端和服务器之间的数据通过 Fiddler 进行传输，需要在 Fiddler 和客户端设备上进行相应的代理设置。下面介绍配置代理的方法。

6.2.1　配置远程代理

Fiddler 配置远程代理后，就可以捕获其他设备上的数据，如手机。Fiddler 配置远程代理的方法如下：

（1）启动 Fiddler，在菜单栏中依次选择 Tools|Options...命令，弹出 Options 对话框，如图 6.11 所示。

（2）切换到 Connections 选项卡，如图 6.12 所示。其中，8888 是 Fiddler 默认监听的端口号。

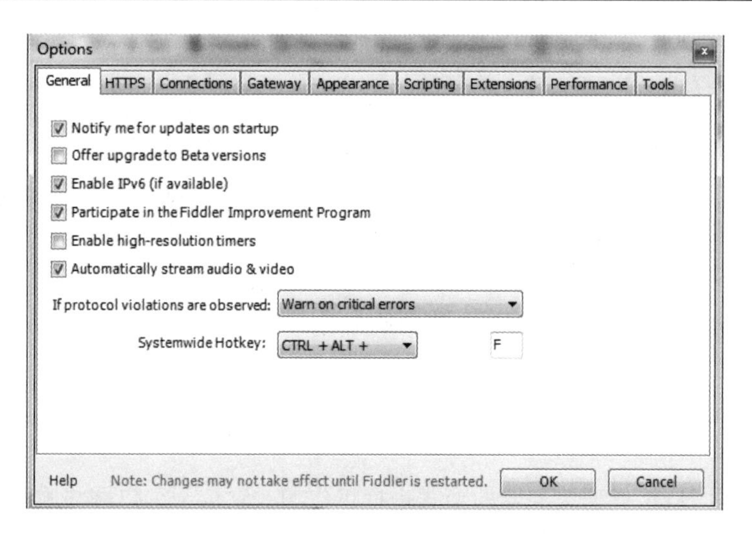

图 6.11　Options 对话框

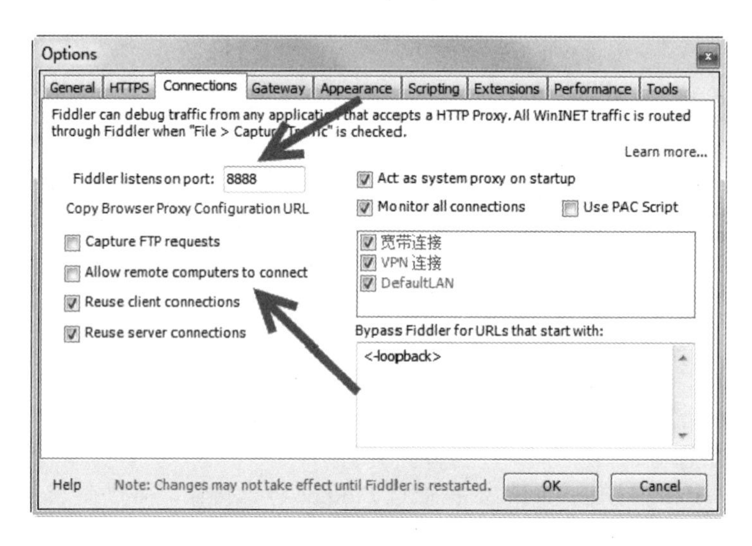

图 6.12　Connections 选项卡

（3）选中 Allow remote computers to connect 复选框，弹出警告对话框，如图 6.13 所示。该警告信息提示此选项允许远程客户端进行连接，但是需要重新启动 Fiddler 后才生效。

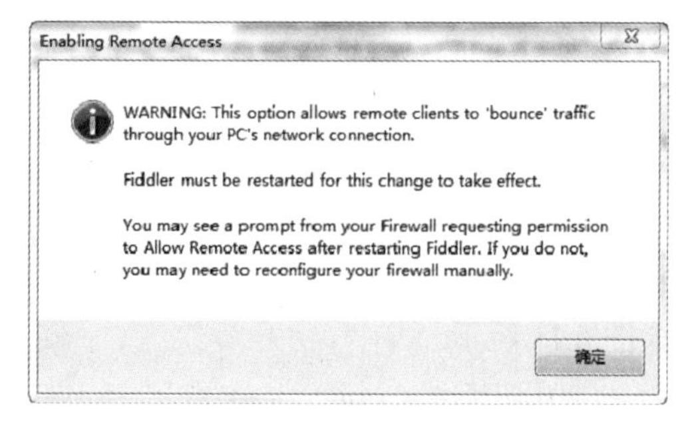

图 6.13　警告对话框

（4）单击“确定”按钮，关闭警告对话框，返回到 Connections 选项卡中，如图 6.14 所示。此时，Allow remote computers to connect 复选框已经成功被选中。

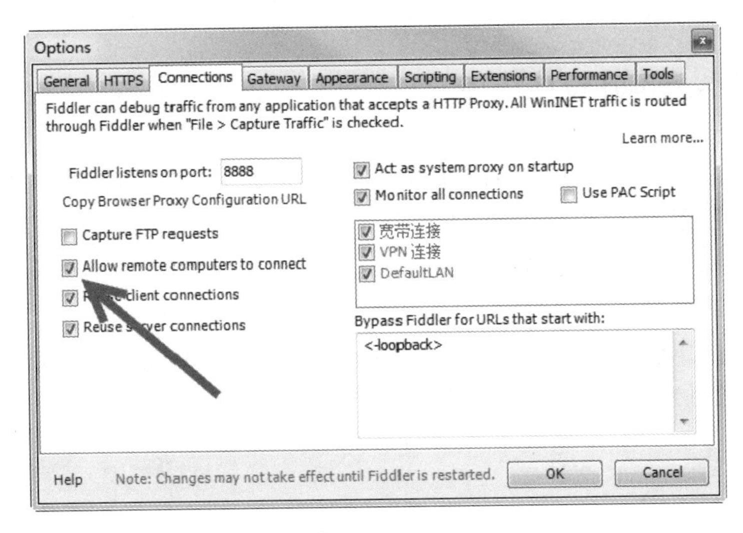

图 6.14　Connections 选项卡

（5）单击 OK 按钮，远程代理设置完成，重新启动 Fiddler，设置即可生效。

（6）启动 Fiddler 后，单击右上角的下拉按钮，然后将光标置于小电脑图标上，将显示 Fiddler 所在主机的 IP 地址，如图 6.15 所示。其中的 192.168.12.103 即为 Fiddler 主机所在的 IP 地址，该地址在配置手机代理时会用到。

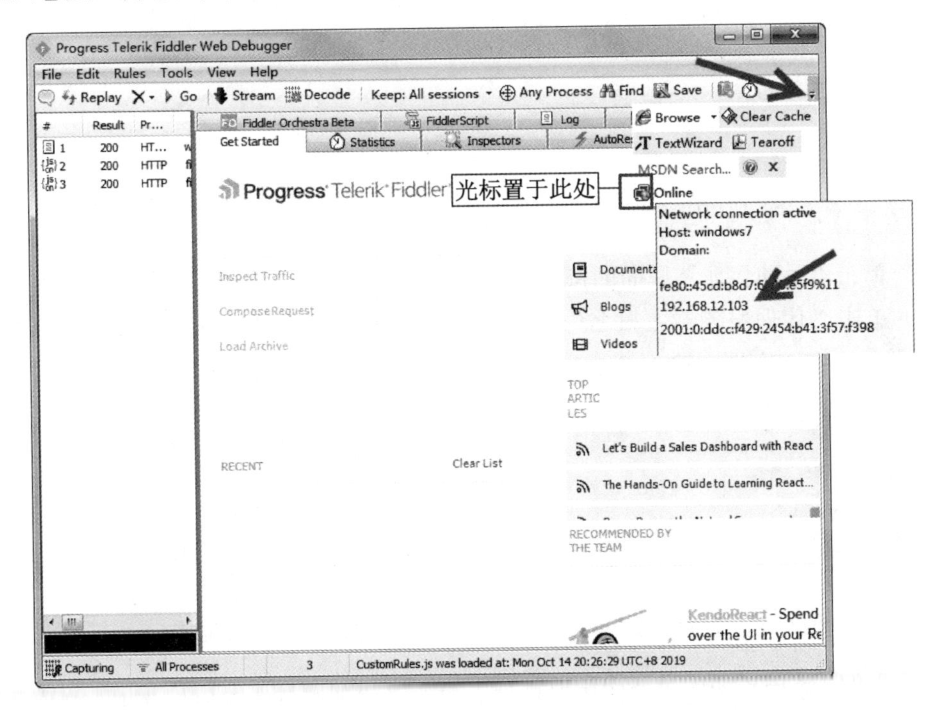

图 6.15　查看 Fiddler 所在主机的 IP 地址

6.2.2 配置 Android 设备代理

如果要将 Android 设备上的 HTTP/HTTPS 数据发送给 Fiddler 所在的主机，需要在 Android 手机上配置代理。设置方法如下。

（1）使用手机成功连接上 Wi-Fi 无线网络。这里连接的无线网络名为 daxueba.net，如图 6.16 所示。

（2）单击无线网络后面的箭头按钮，查看该网络详情，如图 6.17 所示。其中，“手动代理”后面的按钮为灰色，表示没有开启代理。

图 6.16　成功连接无线

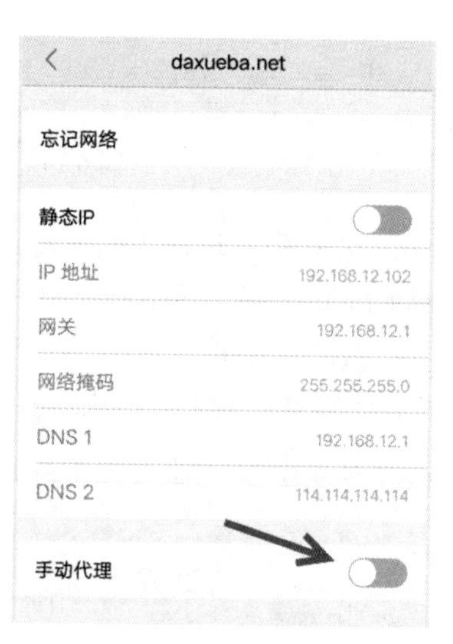

图 6.17　网络详情

（3）单击“手动代理”后面的按钮，开启代理设置，如图 6.18 所示。

（4）单击“代理服务器主机名”选项，弹出“代理服务器主机名”设置对话框，如图 6.19 所示。在文本框中输入 Fiddler 所在主机的 IP 地址，本例为 192.168.12.103。

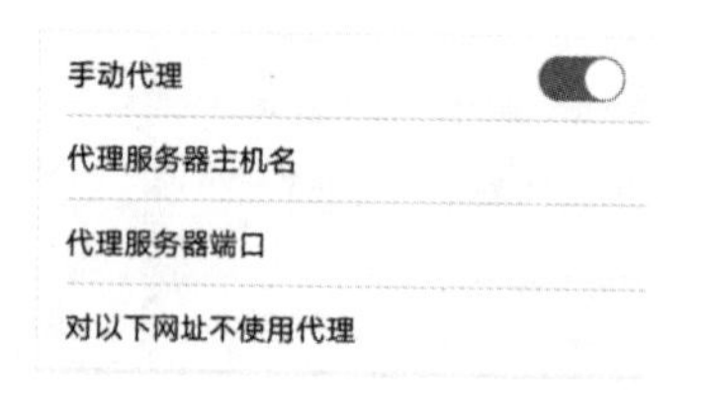

图 6.18　设置代理

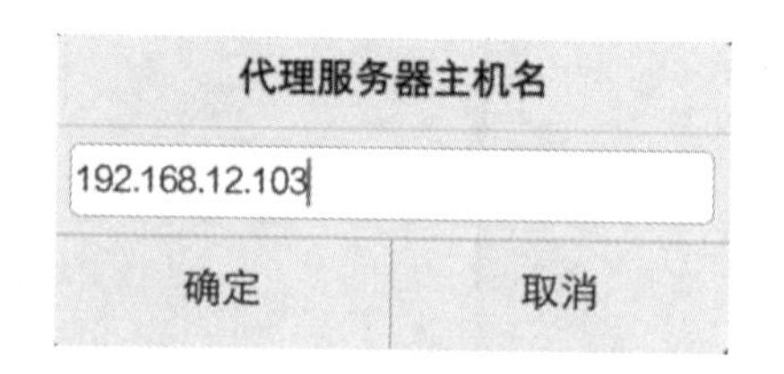

图 6.19　输入代理地址

（5）单击“确定”按钮，关闭该对话框。单击“代理服务器端口”选项，弹出“代理服务器”对话框，如图 6.20 所示。在文本框中输入 Fiddler 监听的端口号，上面使用的是

8888。

（6）单击“确定”按钮，关闭对话框。这时，可以看到设置的信息，如图 6.21 所示。

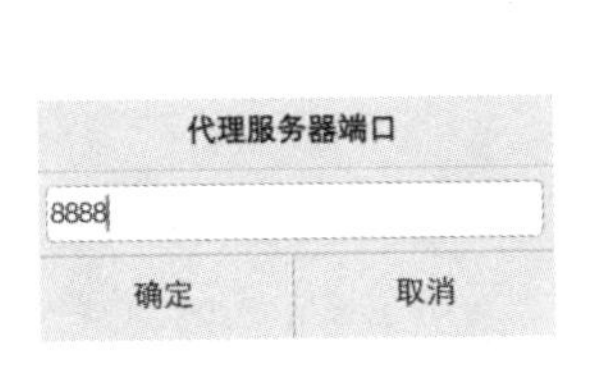

图 6.20　输入代理端口

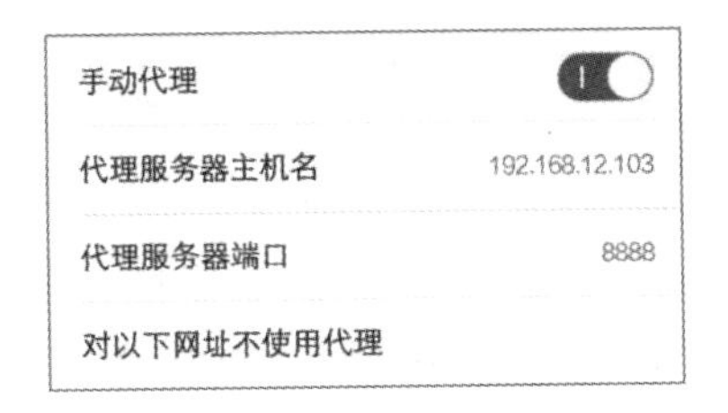

图 6.21　成功设置了代理

6.2.3　配置苹果设备代理

如果要将苹果设备上的 HTTP/HTTPS 数据发送给 Fiddler 所在的主机，需要在苹果手机上配置代理。操作方法如下：

（1）将手机成功连接至无线局域网，如图 6.22 所示。

（2）单击连接的网络，查看网络详情，如图 6.23 所示。

图 6.22　成功连接无线

图 6.23　网络详情

（3）单击“配置代理”选项，查看当前代理状态，如图 6.24 所示。此时的代理状态处于关闭状态。

（4）单击“手动”选项进行设置，将“服务器”选项配置为 Fiddler 所在主机的 IP 地址，将“端口”选项配置为 Fiddler 监听的端口号，如图 6.25 所示。

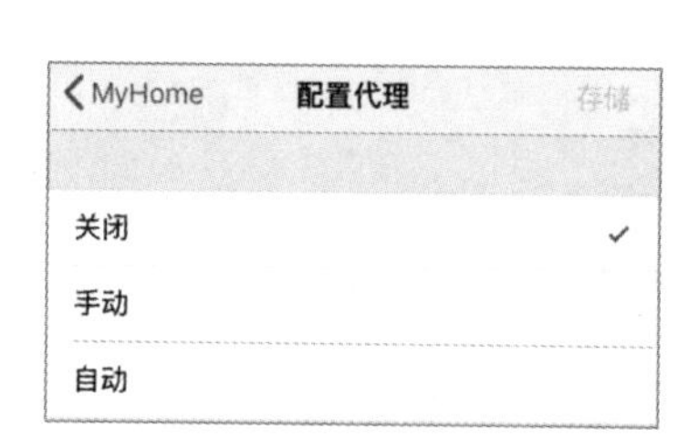

图 6.24　未开启代理

图 6.25　成功设置代理

6.3　配置 HTTPS 证书

超文本传输安全协议（HyperText Transfer Protocol Secure，简称 HTTPS）是一种通过计算机网络进行安全通信的传输协议。HTTPS 经由 HTTP 进行通信，但利用 SSL/TLS 来加密数据包。为了安全性，网站采用了 HTTPS 进行传输。HTTPS 的信任基于预先安装在操作系统中的证书，因此要使用 Fiddle 分析手机上的 HTTPS 数据包，还需要在手机上配置相应的证书。下面介绍证书的配置方式。

6.3.1　生成证书

Fiddler 可以生成证书供手机使用，方法如下：

（1）在 HTTPS 选项卡中，单击 Actions 按钮，弹出下拉列表框，如图 6.26 所示。

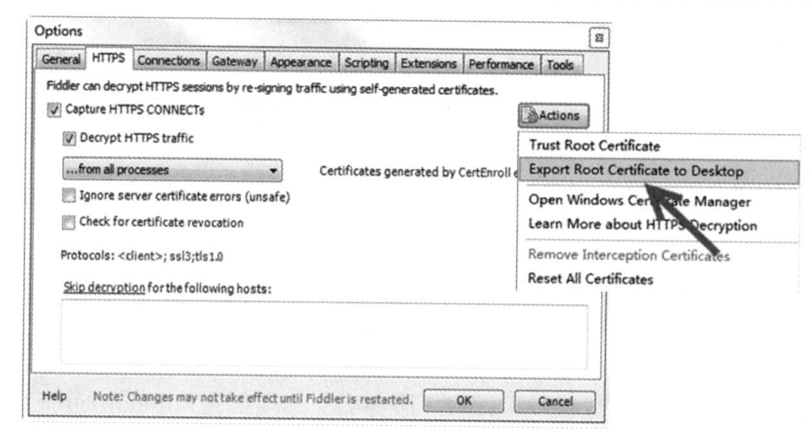

图 6.26　导出证书

（2）选择 Export Root Certificate to Desktop 选项，弹出 Success 对话框，如图 6.27 所示。该对话框提示已经成功将证书导出至桌面，导出的证书名称为 FiddlerRoot.cer。

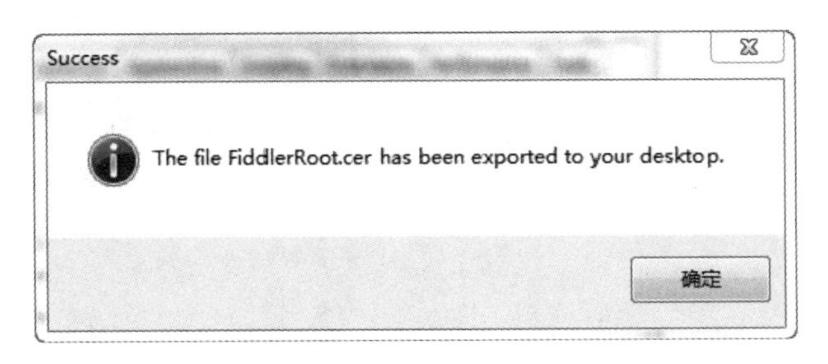

图 6.27　Success 对话框

6.3.2　配置 Android 证书

Android 手机允许将证书文件直接发送到手机上，因此可以直接使用 Fiddler 生成的证书 FiddlerRoot.cer 在手机上安装。方法如下：

（1）将 Fiddler 生成的证书 FiddlerRoot.cer 复制到手机 SD 卡的根目录下。

（2）在手机中，打开“设置”或“更多设置”界面，如图 6.28 所示。

（3）找到“安全”选项并单击，打开“安全”界面，如图 6.29 所示。

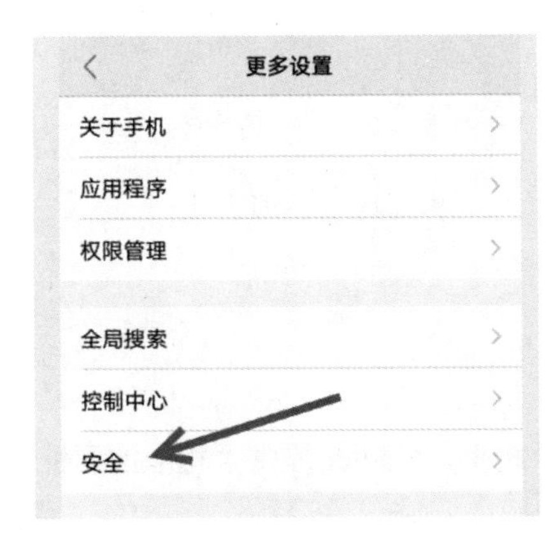

图 6.28　“更多设置”界面

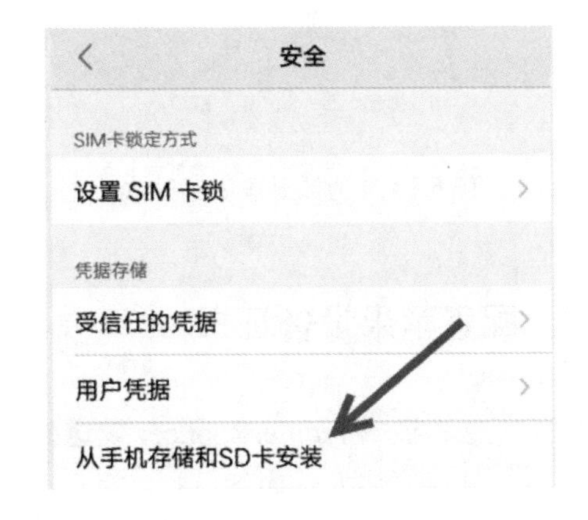

图 6.29　“安全”界面

（4）由于证书放在 SD 卡的根目录下，因此选择从 SD 卡进行导入安装。这里单击“从手机存储和 SD 卡安装”选项，如果手机上设置了锁屏密码，输入正确密码后，将弹出“为证书命名”对话框，如图 6.30 所示。

（5）这里将原始名称 FiddlerRoot 改为 CARoot，然后单击“确定”按钮，便成功将证书安装到手机上。

（6）返回到“安全”界面，单击“受信任的凭据”选项，可以看到安装成功的证书，如图 6.31 所示。

为证书命名
证书名称：
FiddlerRoot
凭据用途：
VPN和应用
该数据包包含：
1个CA证书
确定
取消

图 6.30 “为证书命名”对话框

图 6.31 安装的证书

6.3.3 配置苹果设备证书

由于无法将证书 FiddlerRoot.cer 发送到苹果手机上，Fiddler 提供了相应的网址，用于证书下载。具体安装方法如下：

（1）在手机浏览器中，输入网址 192.168.12.102:8888，将显示下载 Fiddler 证书界面，如图 6.32 所示。其中，192.168.12.102 为 Fiddler 所在的主机地址，8888 为 Fiddler 监听的端口。

（2）单击 FiddlerRoot certificate 链接，弹出下载对话框，如图 6.33 所示。

（3）单击“允许”按钮，弹出“选取设备”对话框，如图 6.34 所示。

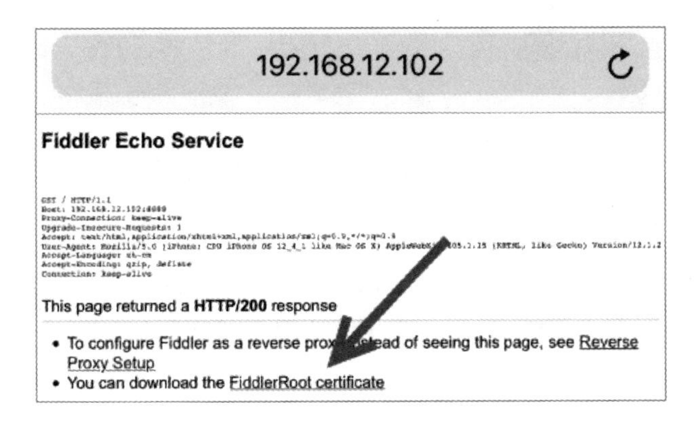

图 6.32　证书下载界面

（4）在图 6.34 中，选择下载证书安装的设备，下载完成后将显示成功下载证书文件对话框，如图 6.35 所示。

（5）在手机的“设置”界面中单击“通用”选项，打开“通用”界面如图 6.36 所示。

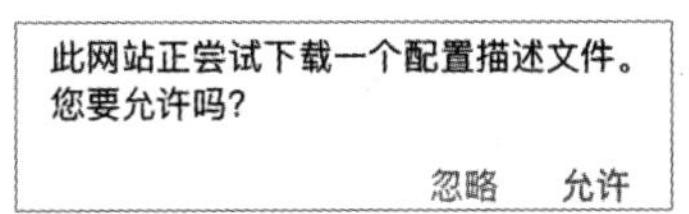

图 6.33　下载对话框

图 6.34　选项设置

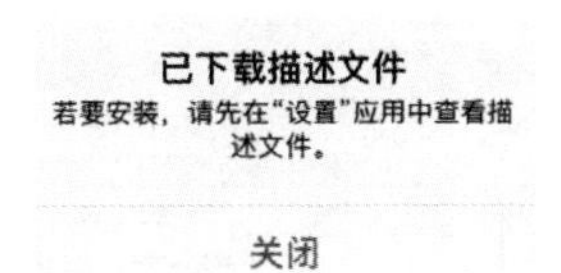

图 6.35　下载完成

（6）单击“描述文件”选项，可以看到下载的 Fiddler 证书，如图 6.37 所示。

图 6.36 “通用”界面

图 6.37　下载的 Fiddler 证书

（7）单击该文件，将安装证书。

6.4 捕获 Web Session

成功设置好代理以后，就可以使用 Fiddler 捕获手机上的数据了。客户端向服务器发送请求，服务器收到请求后做出响应，这一过程被称为一个 Web Session，并且在 Session 列表中进行显示。由于请求使用的协议不同，因此将协议分为 HTTPSession 和 HTTPSSession 两种。

6.4.1 捕获 HTTP Session

默认情况下，Fiddler 只捕获 HTTP 的数据包。捕获 HTTPSession 的方法如下：

（1）启动 Fiddler，并设置远程代理，然后在手机上设置代理。

（2）在手机上进行操作。这里打开酷狗音乐 App，此时将会产生大量的 HTTP 数据包。这些数据包会被 Fiddler 捕获，并显示在左侧的 Session 列表中，如图 6.38 所示。

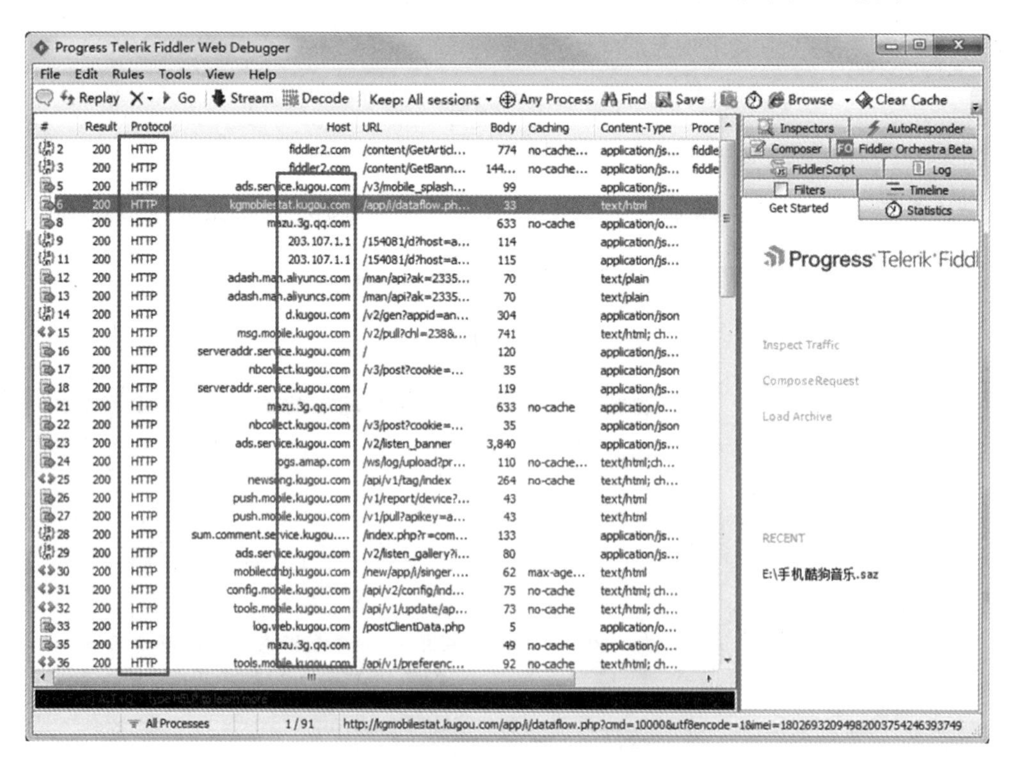

图 6.38 捕获手机上的 HTTP 数据包

Session 列表中显示了从手机上捕获的酷狗音乐数据包，并且都是 HTTP。这些数据包分为 11 列，每列的含义如下：

- #表示 Fiddler 为 Session 生成的 ID。
- Result 表示响应状态码。
- Protocol 表示该 Session 使用的协议，如 HTTP、HTTPS 或 FTP。
- Host 表示接收请求的服务器的主机名和端口号。
- URL 表示请求 URL 的路径、文件和查询字符串。
- Body 表示响应体中包含的字节数。
- Caching 表示响应头中 Expires 和 Cache-Control 字段的值。
- Content-Type 表示响应的 Content-Type 头类型。
- Process 表示数据流对应的本地 Windows 进程。
- Comments 表示 Session 的注释信息。
- Custom 表示 FiddlerScript 所设置的 ui-CustomColumn 标志位的值。

6.4.2　捕获 HTTPS Session

如果要使用 Fiddler 捕获 HTTPS 数据包，则需要进行额外的设置，否则无法捕获 HTTPS 的 Session。具体操作方法如下：

（1）启动 Fiddler，在菜单栏中依次选择 Tools|Options...命令，弹出 Options 对话框，切换到 HTTPS 选项卡，如图 6.39 所示。

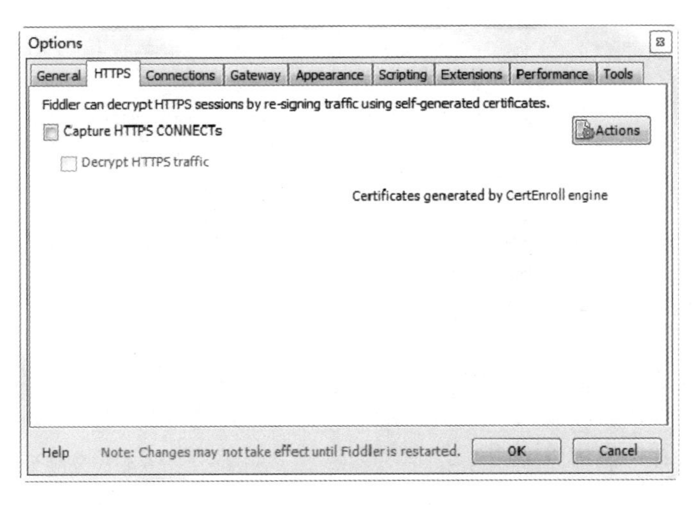

图 6.39　HTTPS 选项卡

（2）选中 Capture HTTPS CONNECTs 复选框，启用 HTTPS 捕获功能，然后选中 Decrypt

HTTPS traffic 复选框，启用 HTTPS 解密功能。单击 Actions 按钮，弹出下拉列表框，如图 6.40 所示。

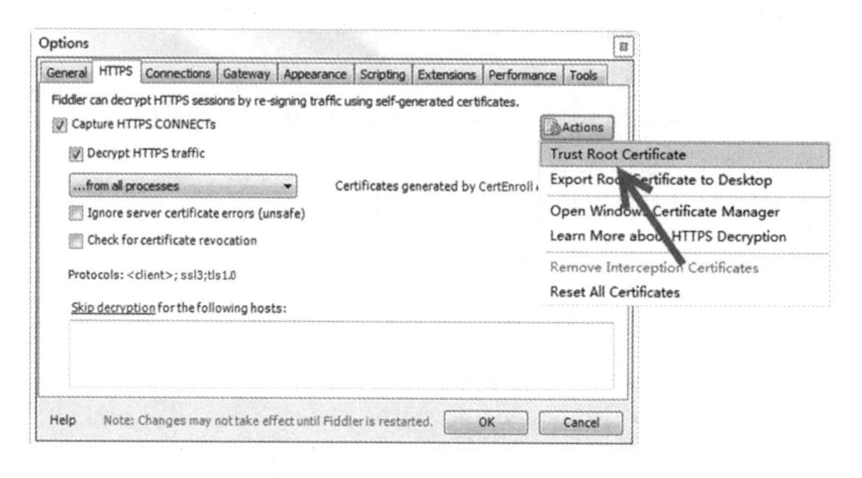

图 6.40　信任证书

（3）选择 Trust Root Certificate 选项，弹出警告对话框，如图 6.41 所示。

（4）该警告信息询问是否信任 Fiddler 证书。单击 Yes 按钮，弹出安装证书对话框，如图 6.42 所示。

（5）单击“是(Y)”按钮安装证书后，返回到 HTTPS 选项卡，单击 OK 按钮。此时就可以捕获手机上的 HTTPS 数据包了。

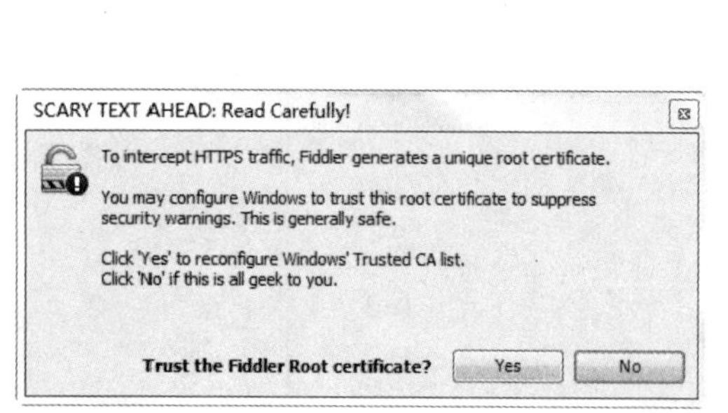

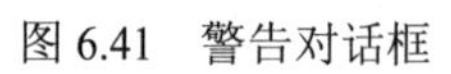
图 6.41　警告对话框

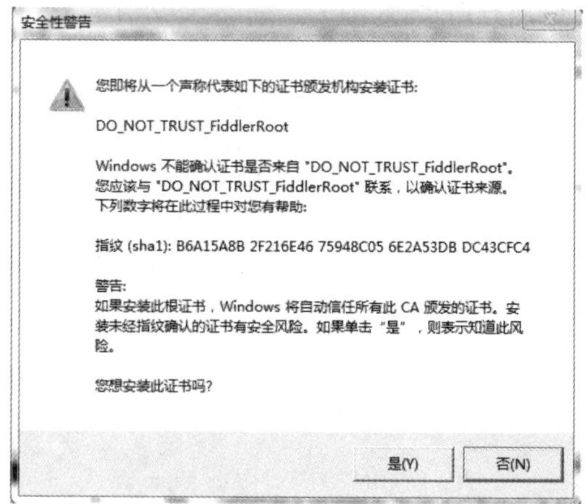

图 6.42　安装证书

（6）在手机上进行操作。这里打开新浪新闻 App，并浏览新闻。Fiddler 将捕获对应的数据包，如图 6.43 所示。从 Protocol 列中可以看到捕获的都是 HTTPSSession。

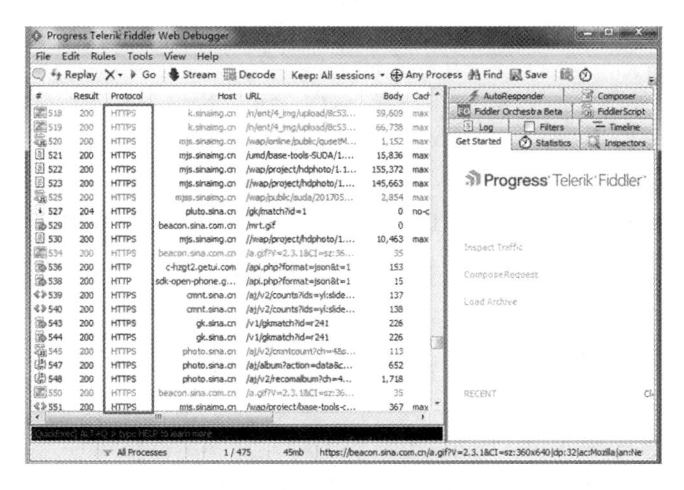

图 6.43　捕获的 HTTPS 数据包

6.4.3　Session 的构成

每一个 Session 都是由请求和响应构成，在 Fiddler 主界面的右侧选择 Inspectors 选项卡，可以查看 Session 的构成，如图 6.44 所示。其中，一个 Session 分为上下两部分，上部分为请求面板，下部分为响应面板。每部分的最上端提供了一些选项卡，用于查看该部分的信息。

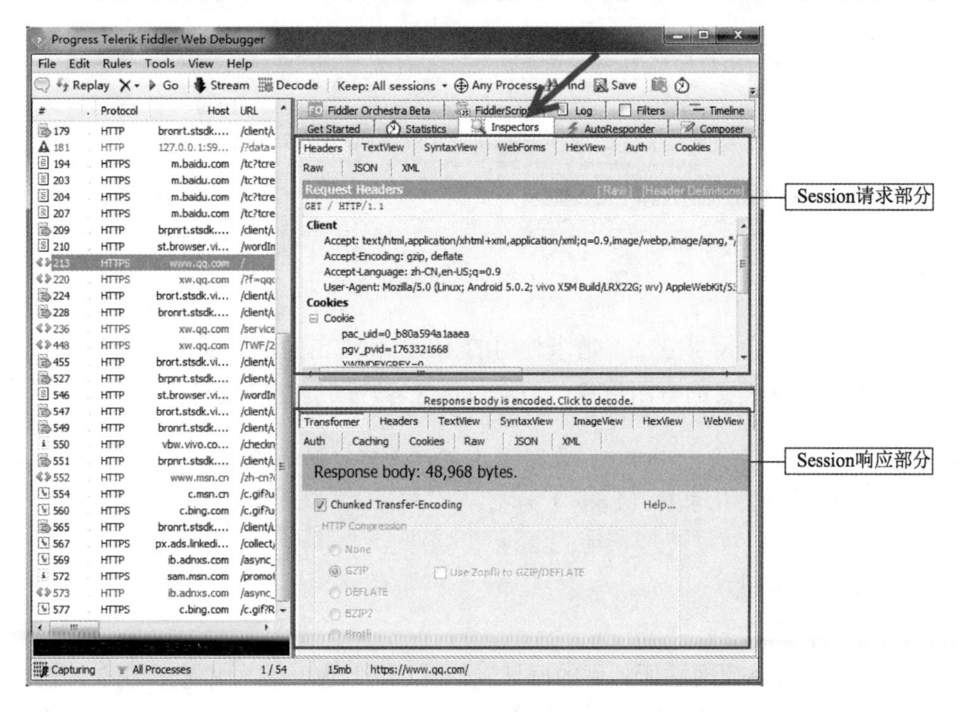

图 6.44　Session 的构成

6.5 请求数据

客户端向 Web 服务器发送 HTTP 请求所产生的数据为请求数据。该数据中包含客户端向服务器请求的网址、Cookie、表单内容等重要信息。本节详细分析这些数据。

6.5.1 请求数据结构

HTTP 请求数据结构分为 3 部分，分别为请求行、请求头和请求体。在 Fiddler 的 Session 列表中选择任意一个会话，然后在请求面板中选择 Raw 选项卡，就可以查看 HTTP 请求数据的详细信息了，如图 6.45 所示。

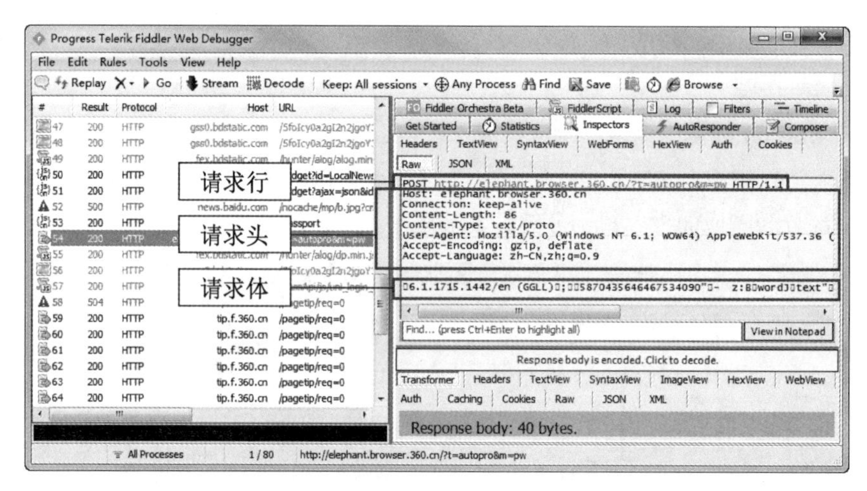

图 6.45 HTTP 请求数据结构

其中，请求行包含请求方法、请求使用的 URL 和使用的协议版本；请求头包含有关的客户端环境和请求正文的有用信息；请求体包含客户端提交的数据。

提示：会话的请求方式为 POST，在请求中可以看到会话的请求体。如果使用 GET 请求方法的话，请求体（body）为空。

6.5.2 请求的网址

HTTP 请求包含访问网站所使用的网址。该网址可以从请求行中直接获取，也可以通过 Session 列表中的 Host 列和 URL 列的信息进行组合，如图 6.46 所示。例如，使用 http://

与 Host 列中的 news.baidu.com 和 URL 列中的/共同构成了网址 http://news.baidu.com/。

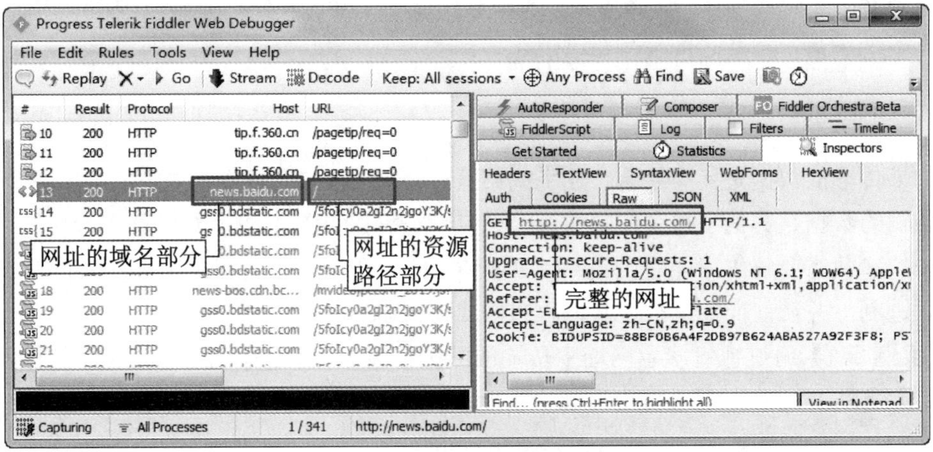

图 6.46　查看请求的网址

6.5.3　通过网址传输的数据

一个 Web 服务器往往包含大量的网页，每个网页对应不同的网址。客户端请求的网址不仅可以明确要访问的网页，还可以向服务器提交数据。而通过 GET 请求方式请求服务器时，客户端会自动将一些数据添加到网址后面，然后发送给服务器。因此，一个网址中往往包含大量要传输的数据。

1．URL格式

统一资源定位符（Uniform Resource Locator，URL）用于完整地描述互联网上某一资源的地址，也就是平时所说的网址。其格式如下：

```
Protocol Host/Path ?Query-string
```

其中，每部分含义如下：

- Protocol：协议类型，如 https://。
- Host：服务器域名或地址。
- Path：访问资源的路径。
- Query-string：发送给 HTTP 服务器的数据。

为了方便理解，下面给出一个简单的网址进行说明：

```
https://m.baidu.com/?from=1020786r
```

其中，https://表示协议类型；m.baidu.com 表示 HTTP 服务器名称；/表示访问资源的路径，在根目录下可以访问到资源；from=1020786r 表示要传递的数据，这里是客户端提交给服务器的数据，形式为“参数名=参数值”，其中 from 为参数名，1020786r 为参数值，如果有多个参数，参数之间使用&连接。

2．URL编码

如果传输的数据是英文字母、数字或某些标点符号，它们会直接通过 URL 进行传输。如果传输的数据是其他字符（如中文），这些字符将被 URL 编码，然后再进行传输。这类网址中的参数需要解码才能看到。URL 编码（URL encoding）可以将需要转码的字符转换为十六进制，并在前面加上%。编码后的格式为%XY。

【实例 6-1】 通过抓包演示网址中传输的数据信息。具体操作步骤如下：

（1）启动 Fiddler，在手机上访问“百度首页”，然后查看捕获的数据包，如图 6.47 所示。其中，访问的网址为 https://www.baidu.com/。

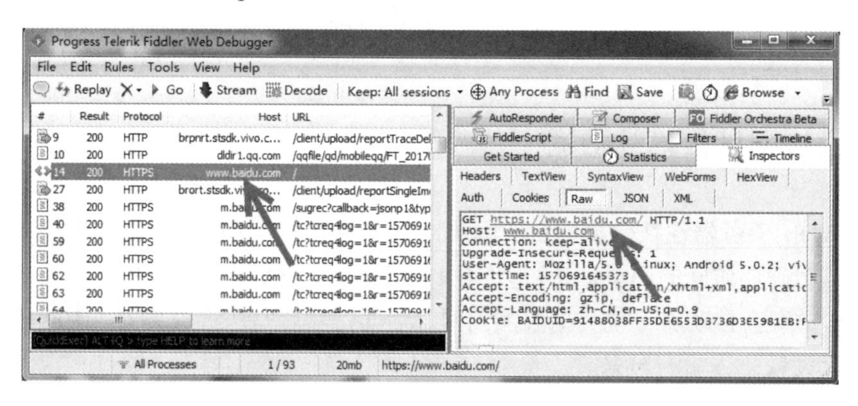

图 6.47 “百度首页”数据包

（2）在“百度首页”中搜索关键词 wireshark，如图 6.48 所示。其中，wireshark 是要访问的数据。Fiddler 捕获的相应数据包如图 6.49 所示。该数据包的网址为 https://www.baidu.com/from=844b/s?word=**wireshark**&ts=1681921&t_kt=0&ie=utf-8&fm_kl=021394be2f&rsv_iqid=0845892428&rsv_t=cd08BTLS%252F8IS4AhqFowTAPUXpX3X%252FDXvMI9NbUYqHbtp%252B6orHANafixUJg&sa=ih_3&ms=1&rsv_pq=0845892428&rsv_sug4=2431&ss=011000000011&tj=1。其中，由于要访问的数据 wireshark 由英文字母组成，因此直接在网址中进行传输了，作为参数 word 的值，没有进行编码。

图 6.48 访问的数据

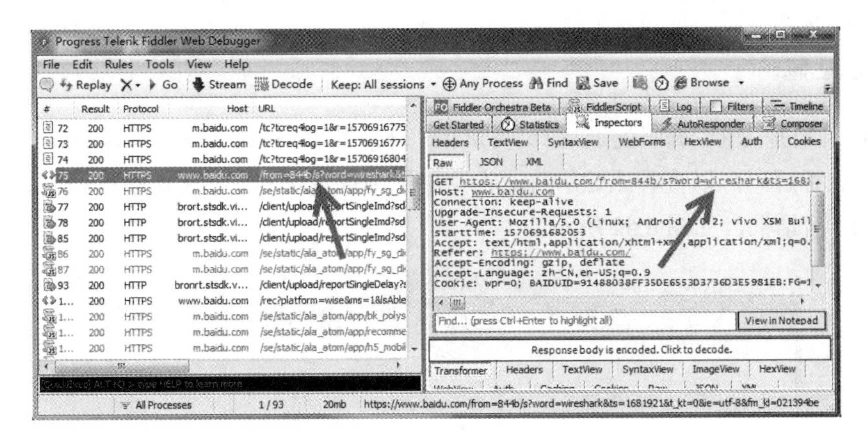

图 6.49　访问的数据没有进行编码

（3）搜索“wireshark 软件”，如图 6.50 所示，访问的数据中包含中文“软件”。

Fiddler 捕获的相应数据包如图 6.51 所示。该数据包的网址为 https://www.baidu.com/from=844b/s?word=**wireshark+%E8%BD%AF%E4%BB%B6**&sa=tb&ts=1728821&t_kt=0&ie=utf-8&rsv_t=3dd7RQr4AlMzBIPfHQzdxlQaF8WbgWCg91PyL7Gu0sSwS8CCFN6rCNbEUg&ms=1&rsv_pq=8214829212998910924&ss=110&tj=1&rqlang=zh&sugid=11626537122582104561&rsv_sug4=16592&inputT=1251&oq=wireshark。其中，参数 word 的值分为了三部分，第一部分为 wireshark；第二部分为空格，被进行了 URL 编码，结果为加号（+）；第三部分为中文“软件”，同样被进行了 URL 编码，结果为%E8%BD %AF%E4%BB %B6。

图 6.50　访问的数据

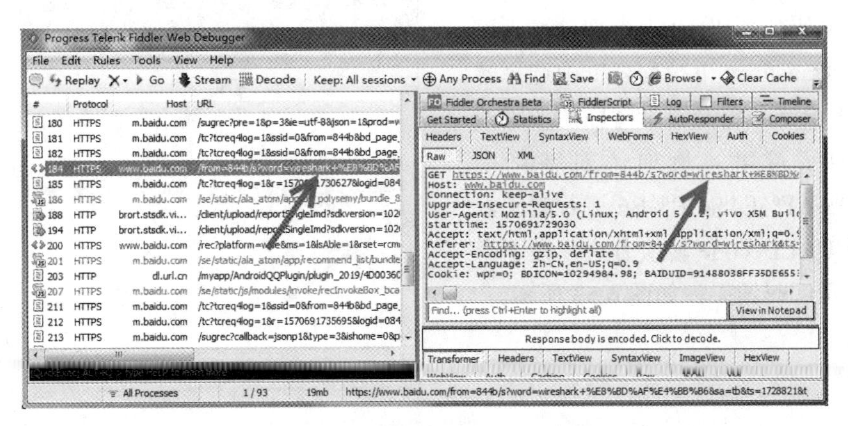

图 6.51　访问的数据进行了 URL 编码

3．URL解码

URL 解码是 URL 编码的逆运算。Fiddler 自带了解码功能，用户可以对 URL 编码后的字符串进行解码，以查看原始字符。在菜单栏中依次选择 Tools|TextWizard 命令，弹出 TextWizard 对话框，如图 6.52 所示。

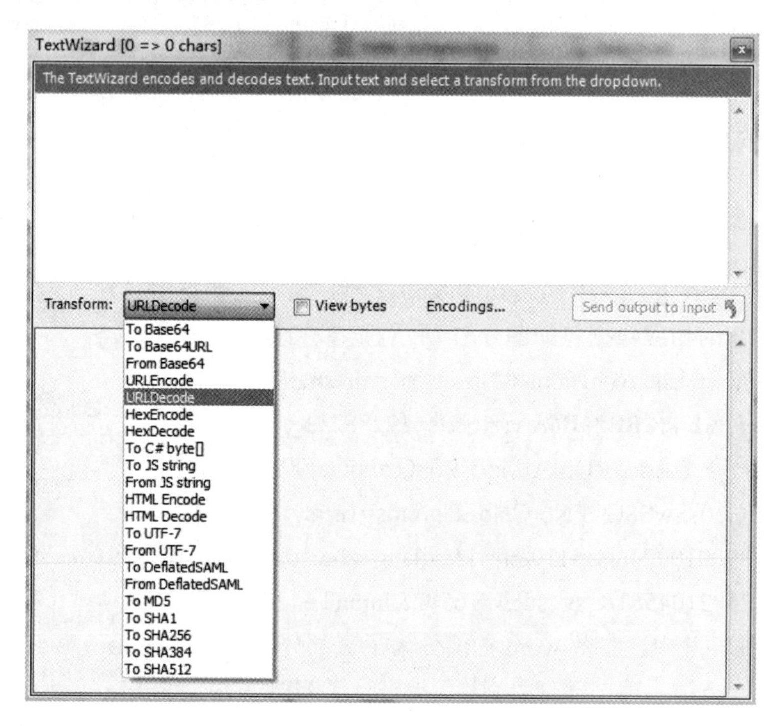

图 6.52　TextWizard 对话框

该对话框分为上下两部分，用来对字符串进行编码或解码。在上半部分输入字符串，在 Transform 下拉列表框中选择转换方式，下半部分将会显示对应的编码或解码后的字符串。例如，对字符串 %E8%BD%AF%E4%BB%B6 进行解码，需要选择 URLDecode 转换方式，在下半部分将显示解码结果，如图 6.53 所示。

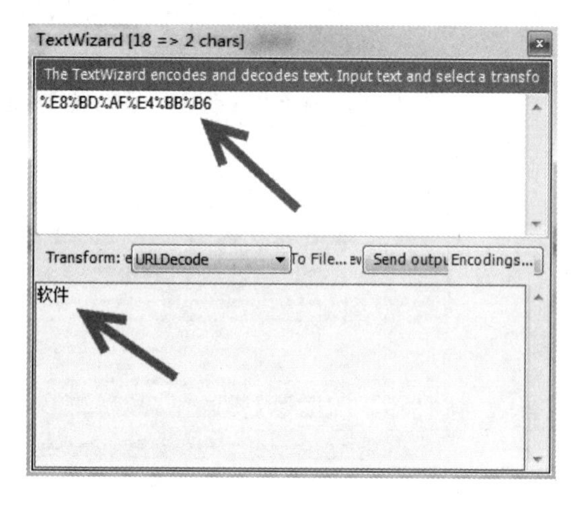

图 6.53　成功解码

6.5.4　表单内容

表单用于搜集用户在文本域、下拉列表、单选按钮、复选框等控件输入的信息内容。当用户提交表单时，Fiddler 会捕获对应的请求。该请求为 POST 方式，提交的表单信息会包含在请求体中。这些信息也遵循 URL 中的字符规则，即如果不是英文字母、数字或某些标点符号的字符就会进行 URL 编码。这时，通过抓包可以查看用户提交的表单信息。

【实例 6-2】使用 Fiddler 捕获手机登录邮箱的相关信息。具体操作步骤如下：

（1）启动 Fiddler，在手机上登录邮箱，输入邮箱地址和密码，如图 6.54 所示。

图 6.54　邮箱登录

Fiddler 捕获的相应数据包如图 6.55 所示。请求体中的内容为提交的表单信息，其中，参数 usr 的值是提交的邮箱地址数据，被进行了编码，@被编码为了%40；参数 pass 的值是提交的密码数据，同样被编码了。

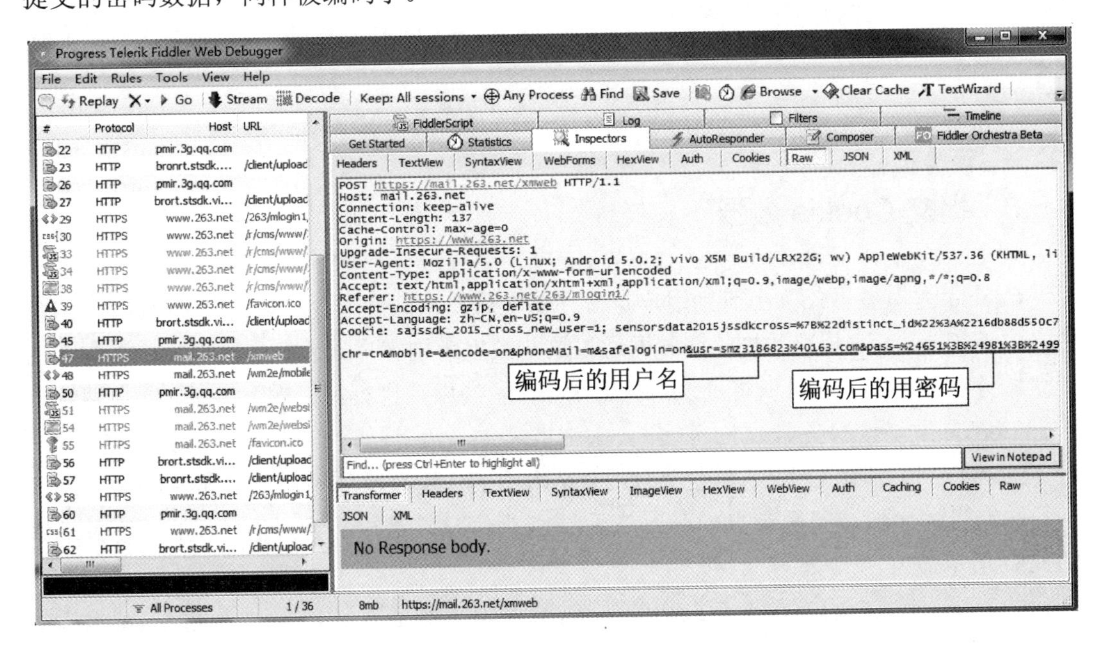

图 6.55　表单内容

（2）切换到 WebForms 选项卡，可以通过表格清晰地看到请求体中的参数及参数值，如图 6.56 所示。

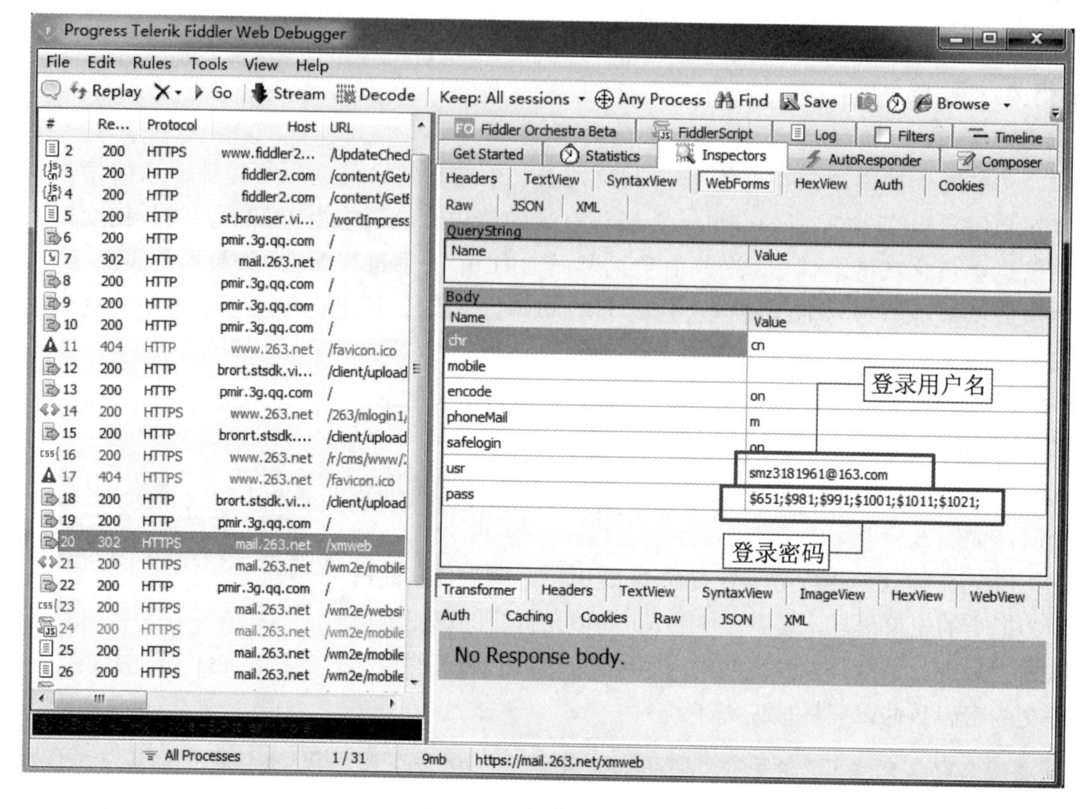

图 6.56　查看表单信息

6.5.5　提交 Cookie 数据

Cookie 是某些网站为了辨别用户身份存储在用户本地终端上的数据。在 HTTP 请求中，通过 Cookie 来提交数据，服务器通过这些数据辨别客户端的身份。例如，在客户端登录服务器后，Cookie 可以将登录信息记录下来，当用户进行第二次访问时，客户端将直接把 Cookie 发送给服务器。

【实例 6-3】演示 Cookie 在发送 HTTP 请求中的作用。具体操作步骤如下：

（1）当客户端访问登录页面时，查看请求头信息，请求头中没有 Cookie 数据，如图 6.57 所示。

（2）登录后，Cookie 将会记录相关信息。当在客户端再次访问登录页面时，请求头中则包含登录信息，如图 6.58 所示。

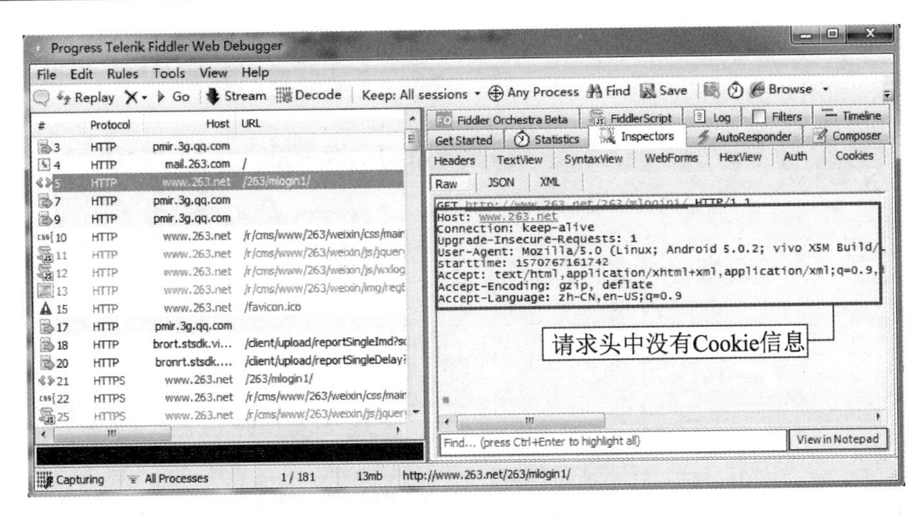

图 6.57　第一次访问

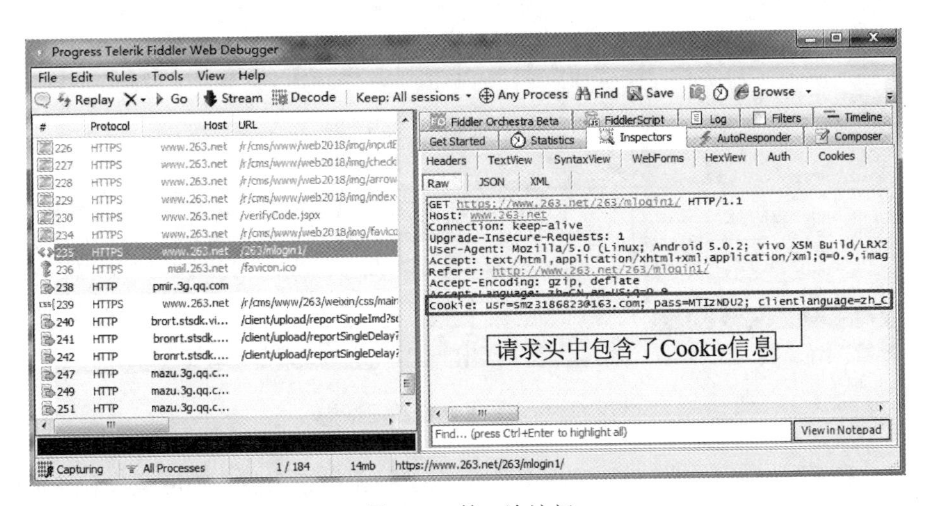

图 6.58　第二次访问

6.6　响应数据

Web 服务器收到客户端发来的请求后，会做出响应，并发送对应的数据。这些数据往往包含浏览器要访问的具体数据，称为响应数据。本节讲解如何分析响应数据。

6.6.1　响应数据结构

响应数据结构分为 3 部分，分别为响应行、响应头和响应体。在 Session 列表中，选择任意一个会话，然后在响应部分中选择 Raw 选项卡，就可以查看 HTTP 请求数据的详细信息了，如图 6.59 所示。

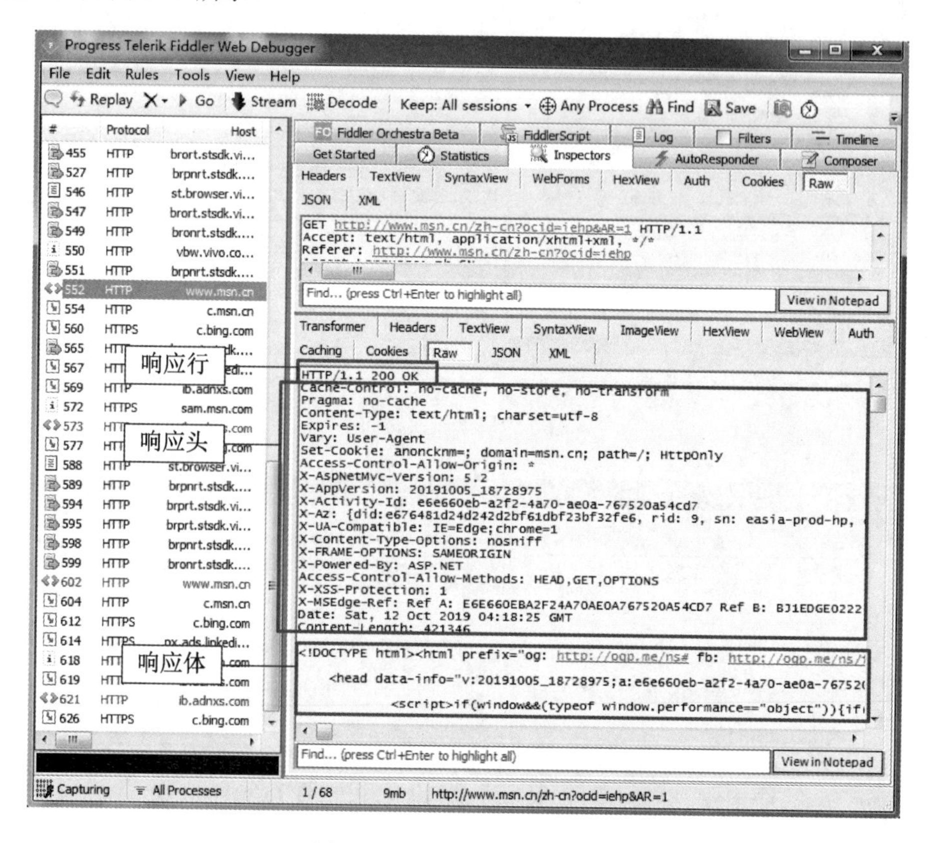

图 6.59　HTTP 响应数据结构

其中，响应行中包含协议的版本号、响应状态码和状态消息；响应头中包含服务器响应客户端的相关字段信息；响应体中包含服务器回应客户端请求的内容信息。

6.6.2　Set-Cookie 设置数据

在 6.5.5 节中介绍了 Cookie 的作用是向服务器提交数据，以供服务器辨别客户端的身份等。而这些 Cookie 数据信息实际上是由服务器创建，然后存储在客户端的。在响应中，服务器通过 Set-Cookie 字段为客户端设置 Cookie 数据。当客户端再次访问服务器时，请求将包含该数据。

【实例 6-4】通过 Fiddler 抓包来分析响应中的 Cookie 信息。具体操作步骤如下：

（1）启动 Fiddler。在手机上访问百度首页时，可以查看捕获的会话，如图 6.60 所示。其中，响应头中包含 7 个 Set-Cookie 字段，表示服务器向客户端发送了 7 条 Cookie 数据，其中有一条 Cookie 是用来表明身份的。

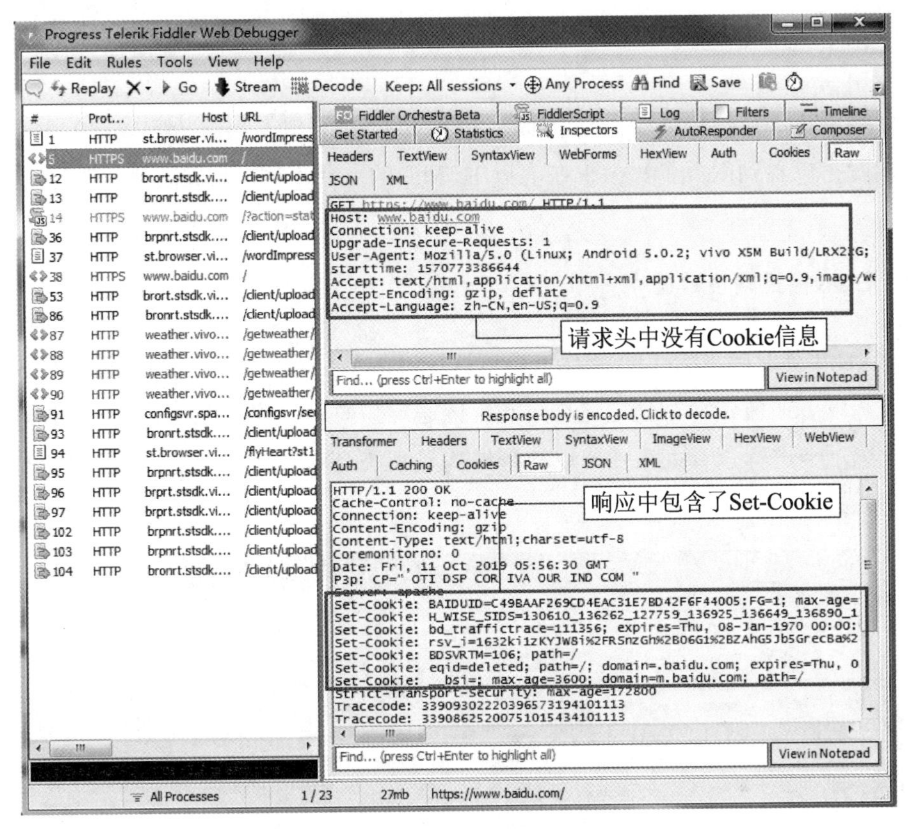

图 6.60　请求中没有提交的 Cookie 数据

（2）再次访问百度首页时，查看会话的请求头信息。此时，请求头中已包含 Cookie 信息，如图 6.61 所示。该信息使用了第一次会话响应中的 Set-Cookie 信息。

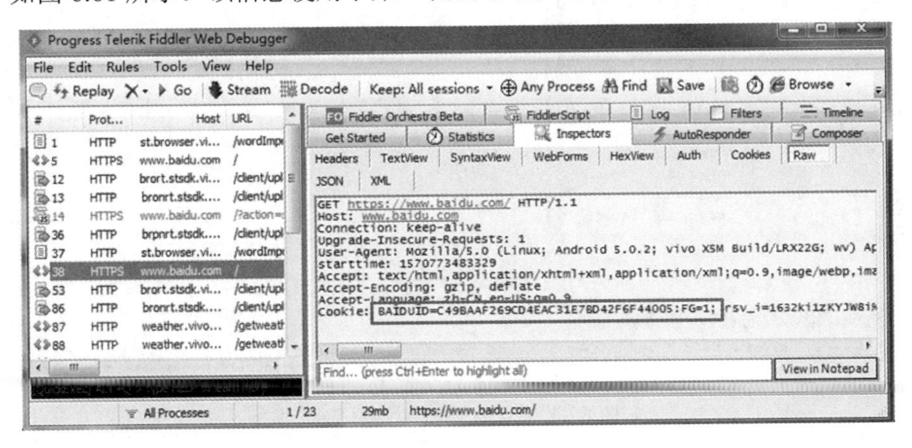

图 6.61　请求中包含提交的 Cookie 数据

6.6.3 网页数据

客户端通过浏览器访问服务器，服务器返回响应后，浏览器解析响应中的 HTML，这样客户端就可以看到网页了。由于在解析 HTML 的方式不同，Fiddler 捕获的会话格式也就不同。

1. JSON格式网页数据

JavaScript 对象表示法（JavaScript Object Notation，简称 JSON）是一种轻量级的数据交换格式，Web 服务器经常使用这种格式，传递一些简单的数据。对于这类数据，可以通过 JSON 选项卡进行查看。Fiddler 以树形结构显示 JSON 对象的节点，每一组都是一个树形结构显示，如图 6.62 所示。

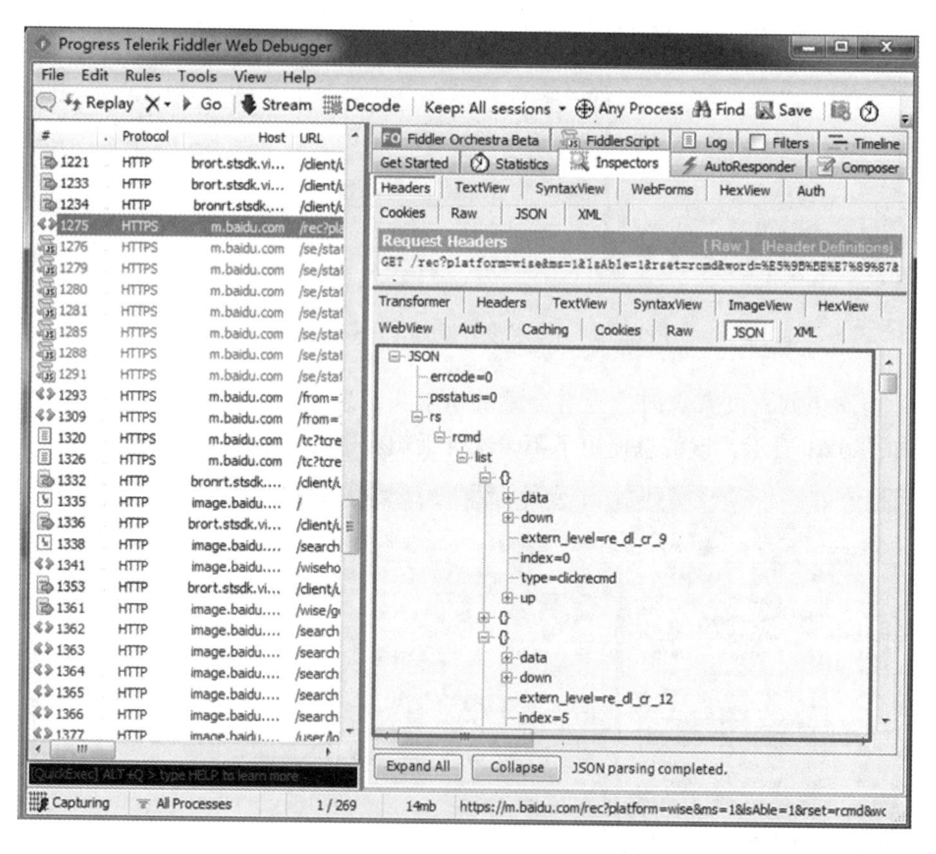

图 6.62 JSON 格式的网页数据

2．HTML格式网页数据

超文本标记语言（HyperText Markup Language，HTML）是网页的基本格式。Fiddler 捕获的这类格式数据，可以通过 WebView 选项卡进行查看，如图 6.63 所示。

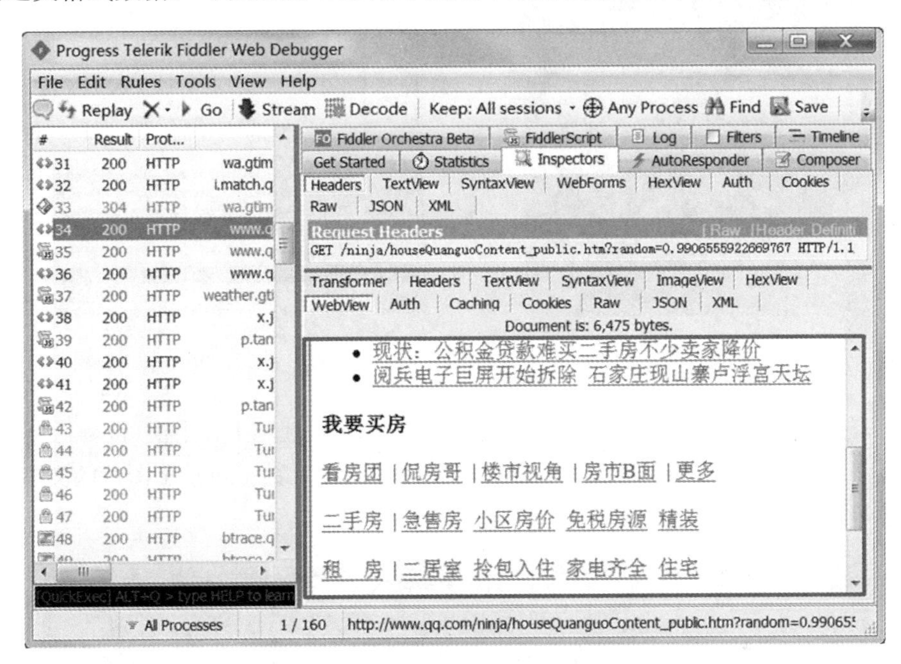

图 6.63　HTML 格式的网页数据

6.6.4　图片数据

多数网页中都会包含图片信息。用户在手机上通过客户端浏览网页时，同时也会请求获取网页中的图片。服务器在返回响应时，会返回图片的信息。通过分析会话的响应信息，可以发现用户访问了哪些图片及图片的相关信息。

【实例 6-5】通过 Fiddler 抓包查看用户浏览过的图片信息。具体操作步骤如下：

（1）在手机上访问 http://image.baidu.com/，显示的网页中包含大量图片，如图 6.64 所示。例如，该网页的背景是一张图片，Fiddler 可以捕获该图片的信息，如图 6.65 所示。其中，被括起来的会话便是捕获的网页中图片的会话。

图 6.64　网页中包含图片

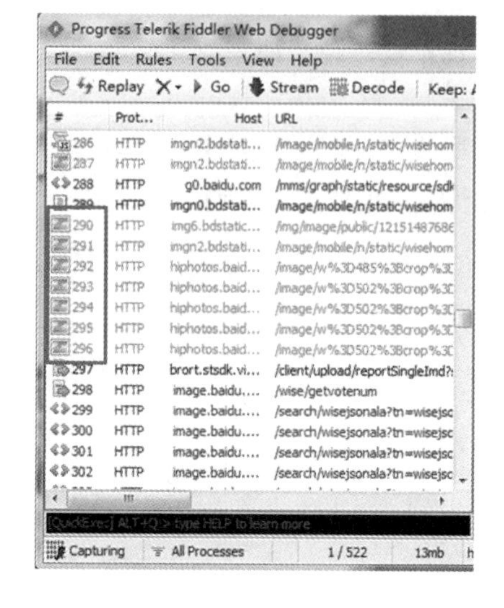

图 6.65　图片会话

（2）选择一个图片会话，在响应部分选择 ImageView 选项卡，不仅可以看到对应的图片，还可以看到图片数据信息，如图 6.66 所示。其中，图片数据包括了图片的类型、大小、像素尺寸等信息。

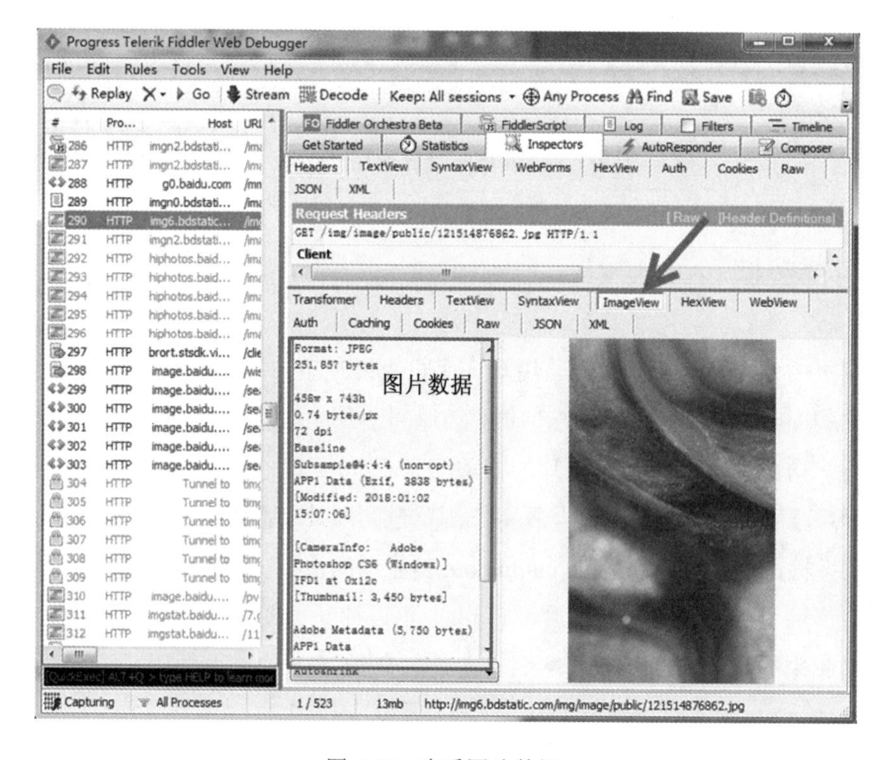

图 6.66　查看图片数据

6.6.5 音乐数据

当用户在手机上通过浏览器搜索音乐进行试听，或者通过音乐 App 播放音乐时，Fiddler 可以捕获音乐会话。通过分析这类会话，可以了解到客户端听过哪些音乐。

【实例 6-6】 通过 Fiddler 分析用户听过的音乐。具体操作步骤如下：

（1）在手机上打开音乐 App，本例使用的是“酷狗音乐”App，搜索歌曲并进行播放，如图 6.67 所示。

（2）Fiddler 会捕获音乐会话。在响应部分选择 WebView 选项卡即可进行查看，如图 6.68 所示。单击播放按钮，就可以听取音乐了。

图 6.67 播放音乐

提示：在捕获音乐会话时，需要通过选择 Tools|Options 命令，在打开的 Options 对话框中选中 Automatically stream &video 复选框。

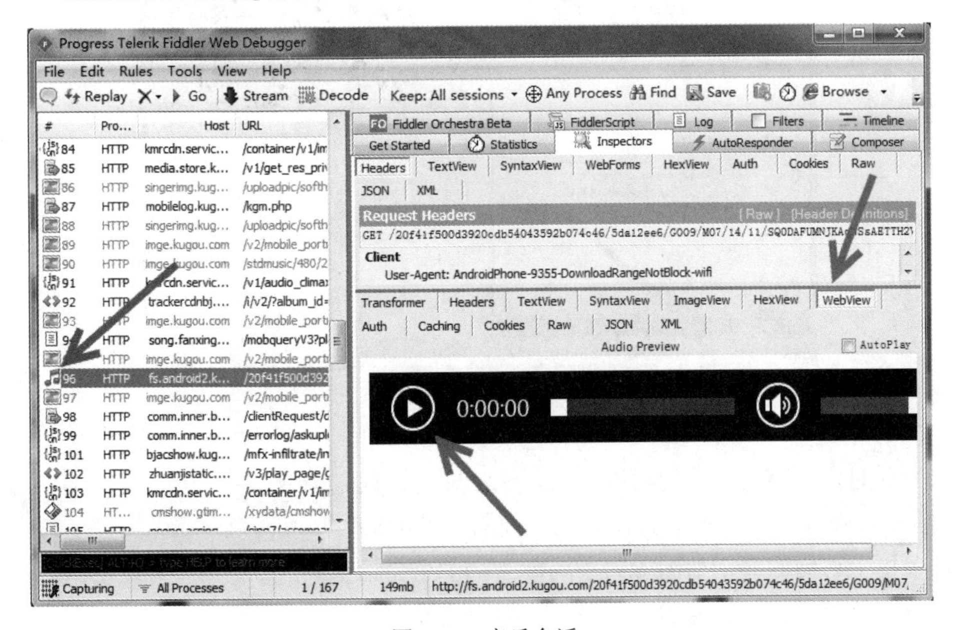

图 6.68 音乐会话

6.7 修改数据

Fiddler 作为代理，位于浏览器与服务器之间，用于进行数据传递。因此，传递的数据都可以被 Fiddler 提前进行修改，然后再发送出去。本节讲解如何使用 Fiddler 修改数据。

6.7.1 修改客户端提交的数据

当客户端向服务器提交数据时，Fiddler 可以修改对应的数据，伪造客户端的请求。修改的时候，Fiddler 通过设置断点的方式拦截客户端发送给服务器的 HTTP 请求数据，然后进行修改，最后将修改后的 HTTP 请求发送给服务器。

【实例 6-7】修改浏览器提交的数据。具体操作步骤如下：

（1）启动 Fiddler，设置客户端访问“百度首页”的请求断点。在命令输入框中输入 bpu https://www.baidu.com/，并按 Enter 键，如图 6.69 所示。

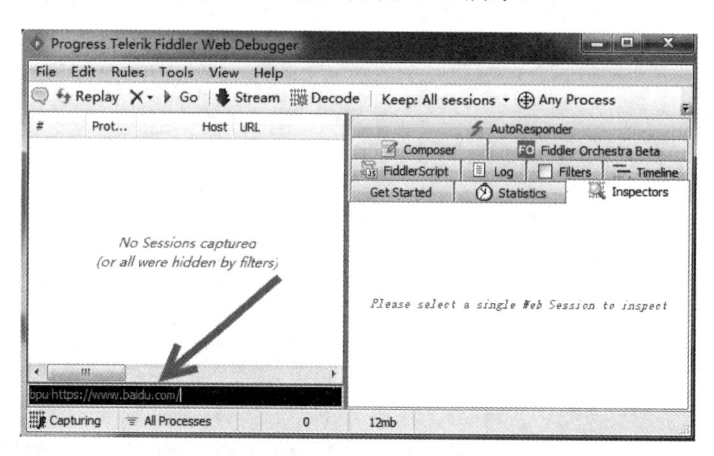

图 6.69　设置请求断点

（2）此时，在手机上访问百度首页，无法成功访问的，如图 6.70 所示，图中没有显示任何网页信息。Fiddler 捕获的手机上访问的会话如图 6.71 所示。第 14 个会话是访问百度首页，它与正常的会话不同，因为它没有访问成功。

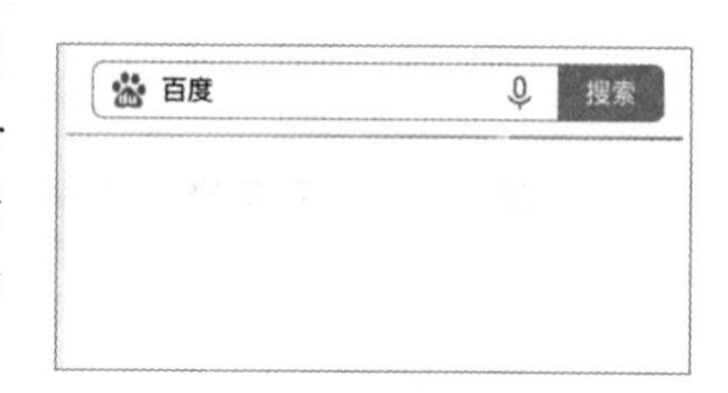

图 6.70　无法访问网页

（3）在会话请求部分的 Headers 选项卡中单击[Raw]

链接，查看会话的原始请求，如图 6.72 所示。其中，Host 表示客户端要访问的目标主机。客户端提交的数据都会发给该主机。

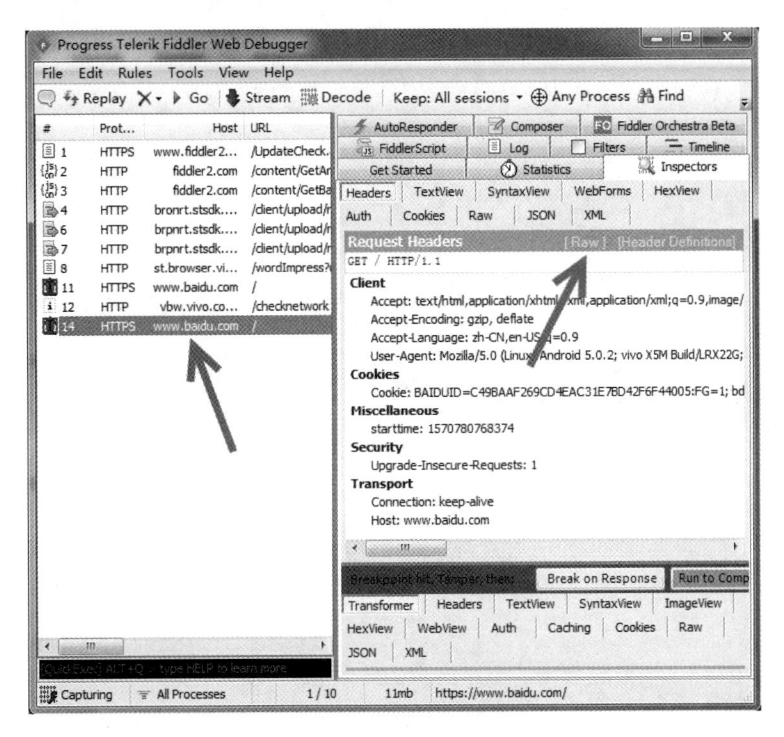

图 6.71　捕获访问的会话

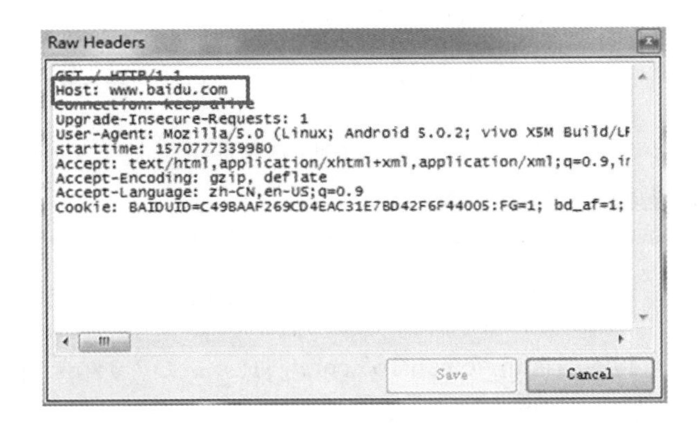

图 6.72　会话请求

（4）将 Host 的值修改为 email.163.com，然后单击 Save 按钮关闭窗口并返回到 Fiddler 界面，如图 6.73 所示。

（5）在命令输入框中输入 bpu 取消断点，然后单击红色工具栏中的 Run to Completion 按钮，重启会话请求。此时，请求的主机为修改过的 email.163.com，如图 6.74 所示。第

14 个会话的网址为 http://email.163.com/。

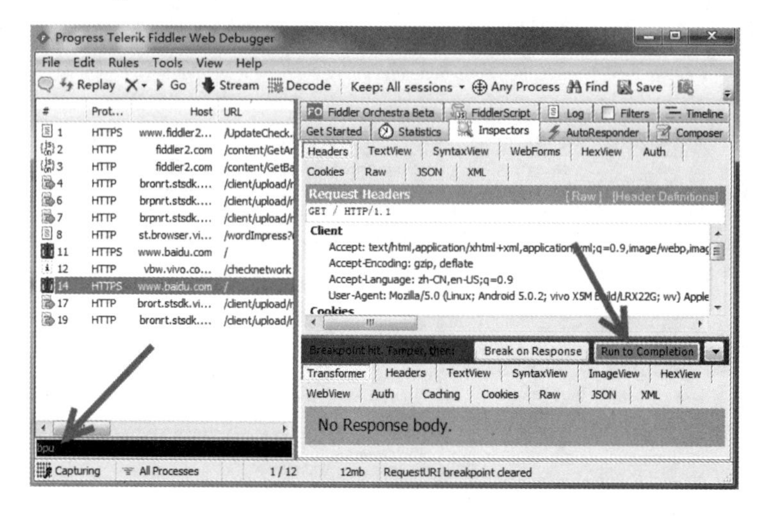

图 6.73　Fiddler 界面

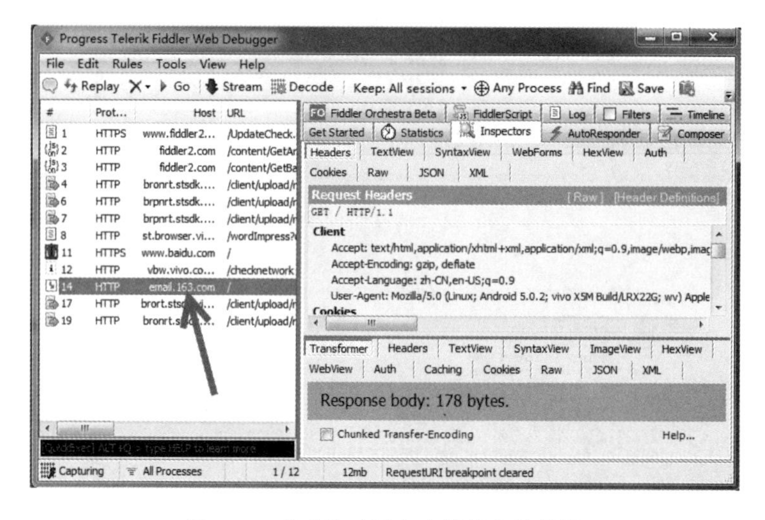

图 6.74　成功修改了客户端提交的数据

此时，手机上访问到的是 http://email.163.com/对应的网页，而不是百度首页，如图 6.75 所示。

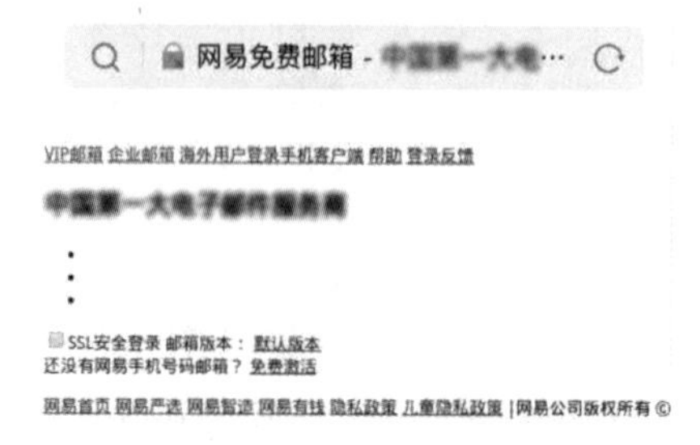

图 6.75　显示了被修改后的网页

6.7.2　修改服务器返回的数据

当服务器向客户端返回数据时，Fiddler 可以修改对应的数据，从而伪造服务器的响应。修改时，通过设置 Fiddler 响应断点对响应进行拦截，然后进行修改，最后将修改后的响应返回给客户端。

【实例 6-8】修改服务器返回的数据。具体操作步骤如下：

（1）在手机上正常访问百度首页，如图 6.76 所示。页面中可以看到一个搜索按钮为“百度一下”。

图 6.76 “百度首页”界面

（2）启动 Fiddler，设置响应断点。这里拦截客户端访问百度首页的响应，因此在命令输入框中输入 bpafter https://www.baidu.com/，并按 Enter 键，如图 6.77 所示。

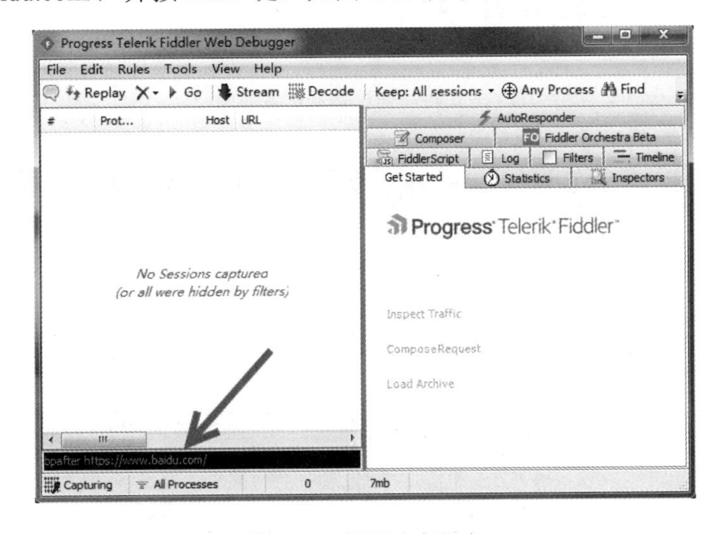

图 6.77　设置响应断点

（3）此时，在手机上访问百度首页，显示无法访问，如图 6.78 所示。

（4）在 Fiddler 捕获的手机上访问会话，如图 6.79 所示，该会话是有响应体的。

（5）单击响应体上方的黄色栏 Response body is encoded. Click to decod，然后切换到 TextView 选项卡查看响应体，由于响应体中的内容较多，可以进行搜索。在响应体下方的文本框中输入“百度一下”，按 Enter 键切换到下一个匹配项，最终

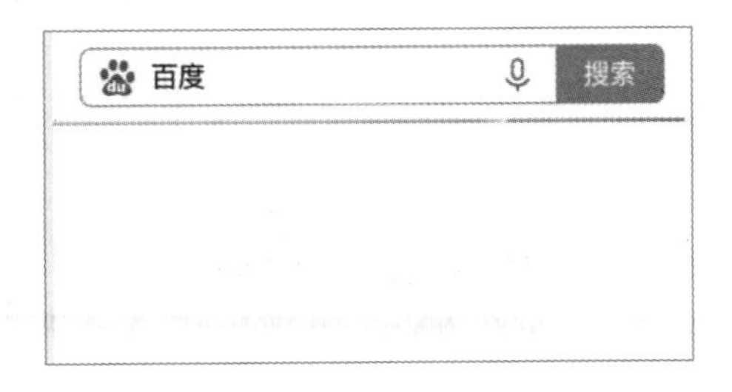

图 6.78　无法访问网页

找到要修改的数据，如图 6.80 所示。

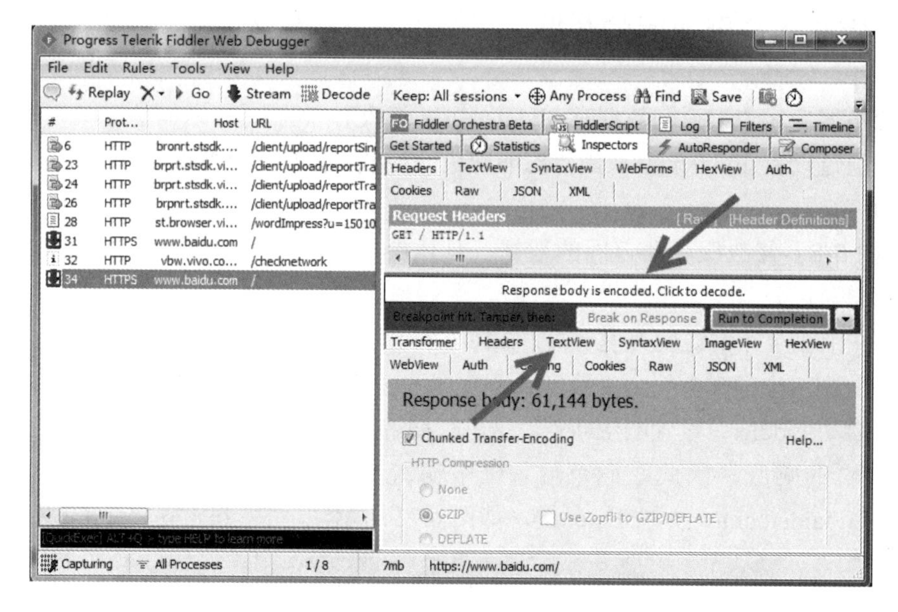

图 6.79 捕获访问的会话

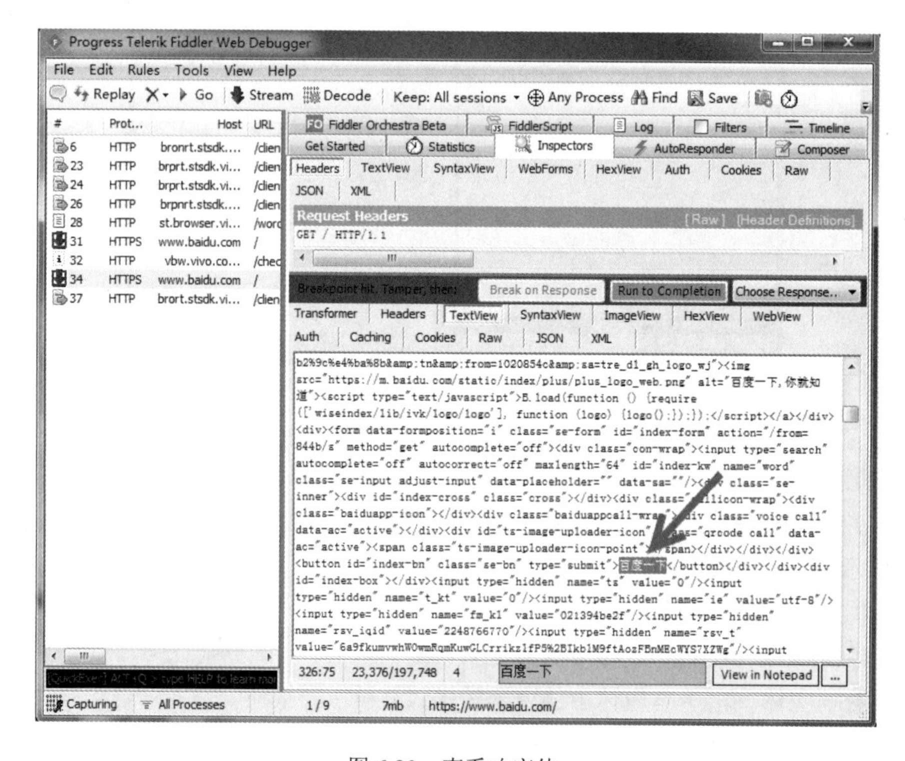

图 6.80 查看响应体

（6）将此处的“百度一下”修改为“度娘下”，然后单击 Run to Completion 按钮，将修改后的响应发送给手机客户端。此时，手机上成功访问百度首页，但是返回的信息是修改后的信息，如图 6.81 所示。其中，“百度一下”按钮被修改为了“度娘下”。

图 6.81　返回的网页信息被修改了

第7章　快速分析数据

从捕获的成百上千个数据包中，分析并从中找出有用的信息是一项费时费力的任务。此时可以使用Xplico工具，该工具可以自动解析捕获文件中的数据包，并且以不同分类协议显示相应的信息。该工具支持多种格式的数据，如邮件数据（POP、IMAP和SMTP）、网页HTTP数据、语音通话（SIP）数据以及网络文件（FTP、TFTP）数据等。本章介绍如何使用Xplico工具快速分析数据包。

7.1　配置Xplico工具环境

Xplico工具默认没有安装在任何操作系统中，所以在使用该工具之前，需要安装并配置Xplico工具环境。本节介绍如何配置Xplico工具的运行环境。

7.1.1　下载Xplico工具

在安装Xplico工具之前首先下载Xplico工具。该工具的官网下载地址如下：

https://www.xplico.org/download

在浏览器中成功访问该地址后将显示如图7.1所示的页面。

从Xplico version页面中可以看到，该工具提供了Fedora、CentOS/RHEL和Ubuntu三种操作系统及不同版本的安装包，而且还提供了VirtualBox镜像文件及源码包。用户可以根据自己的操作系统版本，选择下载对应的安装包。为了避免安装遇到依赖包等问题，建议使用Xplico镜像版本。其中，该镜像安装的系统默认登录用户名为ubuntu，密码为reverse。如果用户下载其他版本的安装包，则默认用户名为admin或xplico，密码为xplico。此时，单击VirtualBox Image中的超链接Download OVA here，将显示下载页面，如图7.2所示。

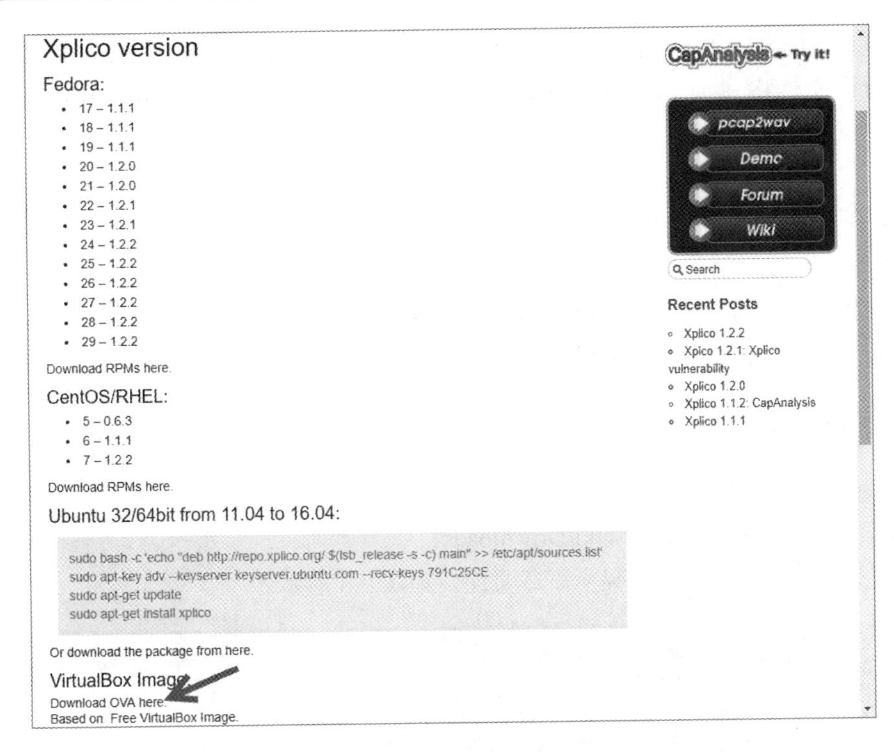

图 7.1　Xplico version 页面

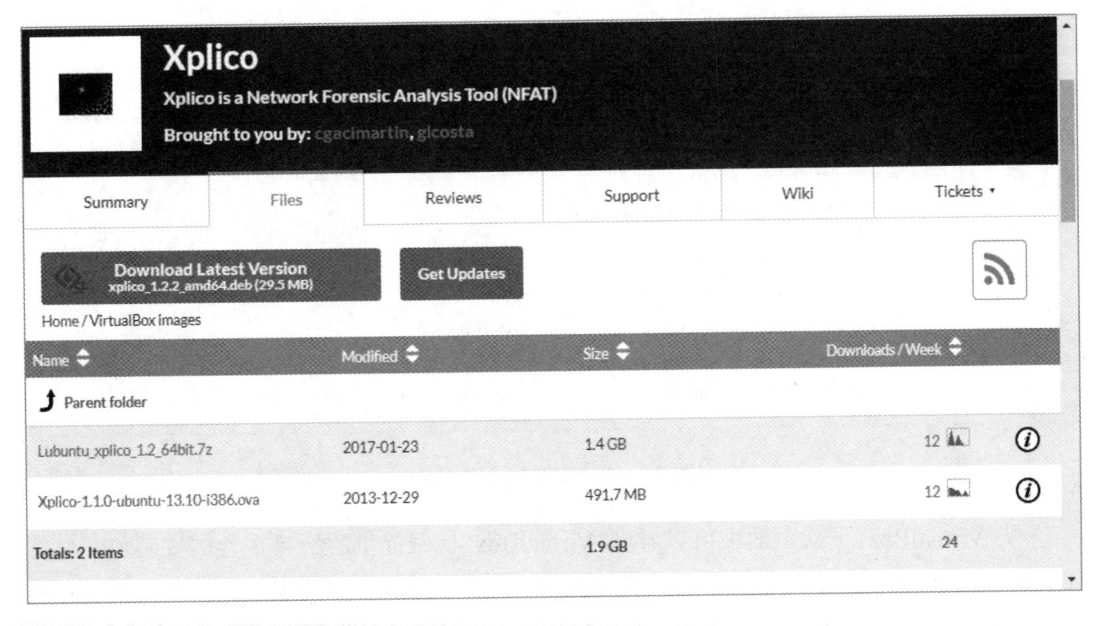

图 7.2　下载 Xplico 工具

在下载 Xplico 工具页面中提供了两个版本的 Xplico 镜像，分别是 Lubuntu_xplico_1.2_

64bit.7z 和 Xplico-1.1.0-ubuntu-13.10-i386.ova。其中，Lubuntu_xplico_1.2_64bit.7z 安装包解压后镜像文件格式为 Lubuntu_xplico_1.2_64bit.vdi，该文件是 VirtualBox 的虚拟机文件。

7.1.2 下载并安装 VirtualBox

由于 Xplico 官网仅提供了 VirtualBox 版的镜像，所以用户需要安装 VirtualBox 虚拟机。下面介绍下载及安装 VirtualBox 的方法。

1. 下载VirtualBox

VirtualBox 的官网下载地址如下：

https://www.virtualbox.org/wiki/Downloads

在浏览器中访问该地址后显示下载页面，如图 7.3 所示。

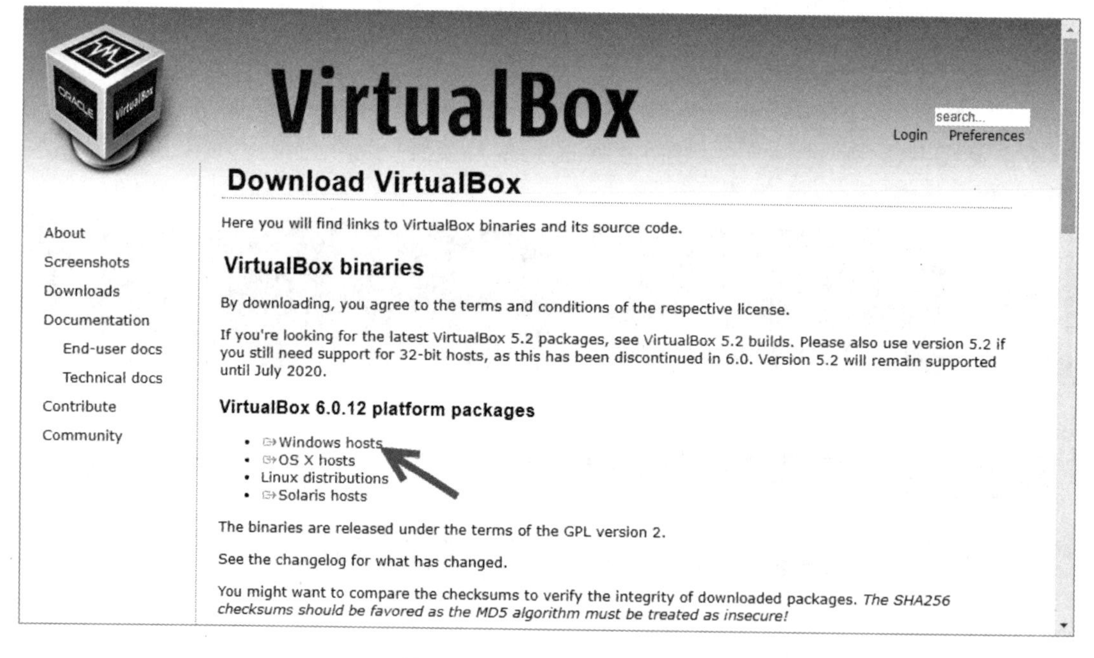

图 7.3 VirtualBox 下载页面

从 VirtualBox 下载页面中可以看到 VirtualBox 官网提供的所有平台的安装包，包括 Windows、OS X、Linux 和 Solaris。这里将选择下载 Windows 版的安装包，单击 Windows hosts 链接，即可下载对应的安装包。下载成功后，其安装包名为 VirtualBox-6.0.12-133076-Win.exe。

2. 安装VirtualBox

下载 VirtualBox 安装包后，即可安装该虚拟机软件。具体操作步骤如下：

（1）双击下载的 VirtualBox 安装包，将显示欢迎对话框，如图 7.4 所示。

（2）单击“下一步”按钮，将显示功能选择对话框，如图 7.5 所示。

图 7.4　欢迎对话框

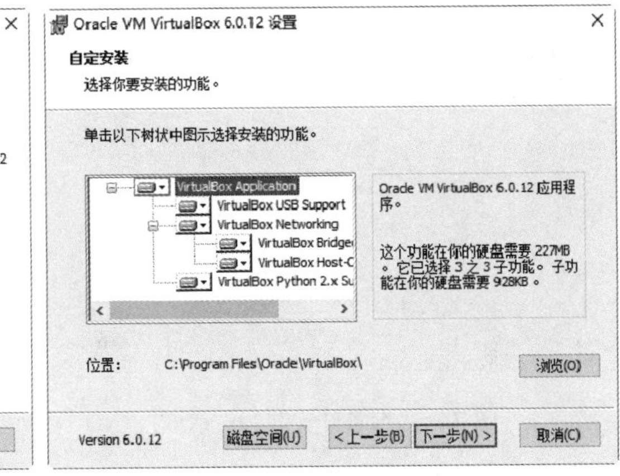

图 7.5　功能选择对话框

（3）在功能选择对话框中选择要安装的功能，这里将安装所有功能，所以选择 VirtualBox Application 选项，单击“下一步”按钮，将显示启动方式选择对话框，如图 7.6 所示。

（4）用户可以选择安装后启动的方式，如添加系统菜单条目、在桌面创建快捷方式等，这里将使用默认设置，即选择所有选项，单击“下一步”按钮，将显示网络警告信息对话框，如图 7.7 所示。

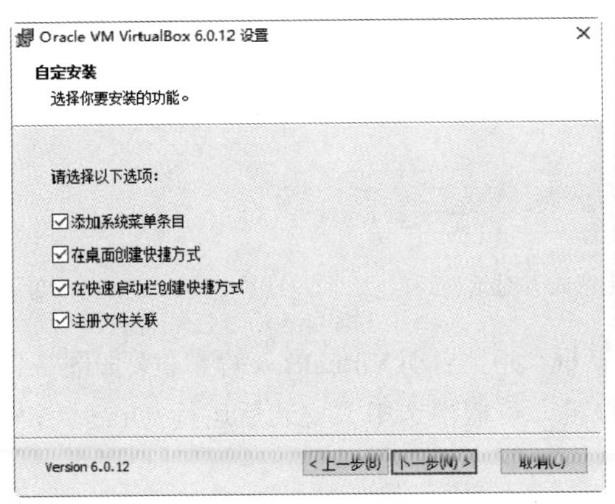

图 7.6　启动方式选择对话框

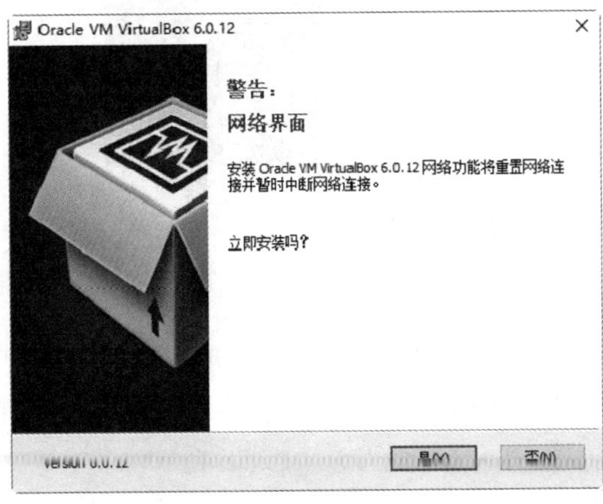

图 7.7　网络警告信息对话框

（5）网络警告信息对话框提示安装 Oracle VM VirtualBox 将重置网络连接，并暂时中断网络。单击“是”按钮，将显示“准备好安装”对话框，如图 7.8 所示。

（6）单击“安装”按钮，将弹出“Windows 安全”对话框，如图 7.9 所示。

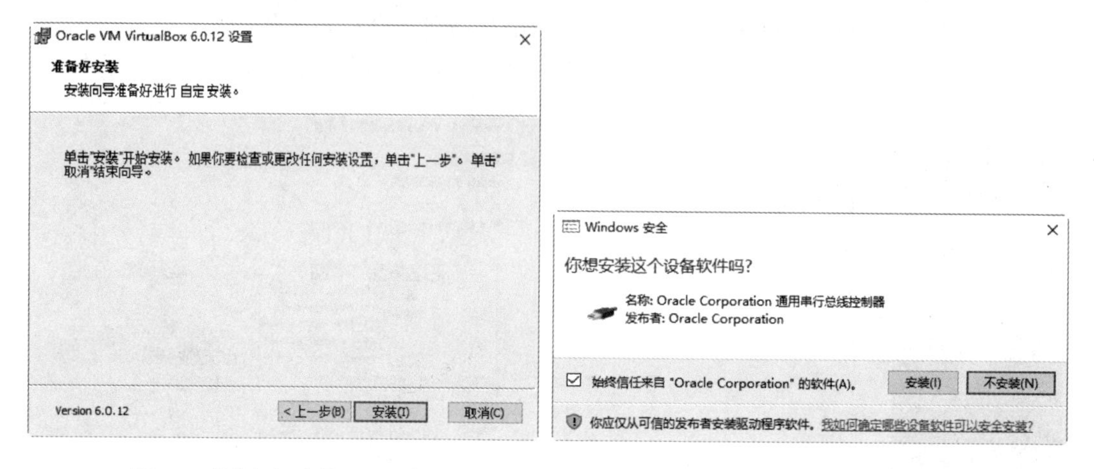

图 7.8 “准备好安装”对话框　　　　图 7.9 “Windows 安全”对话框

（7）单击“安装”按钮开始安装软件。安装完成后，显示安装完成对话框，如图 7.10 所示。

图 7.10 “安装完成”对话框

（8）单击“完成”按钮，退出安装向导对话框，并且启动 VirtualBox 虚拟机，如图 7.11 所示。如果不希望现在运行 VirtualBox 虚拟机，可取消选中“安装后运行 Oracle VM VirtualBox 6.0.12”复选框即可。

此时，用户即可使用 VirtualBox 虚拟机新建或导入虚拟机系统了。

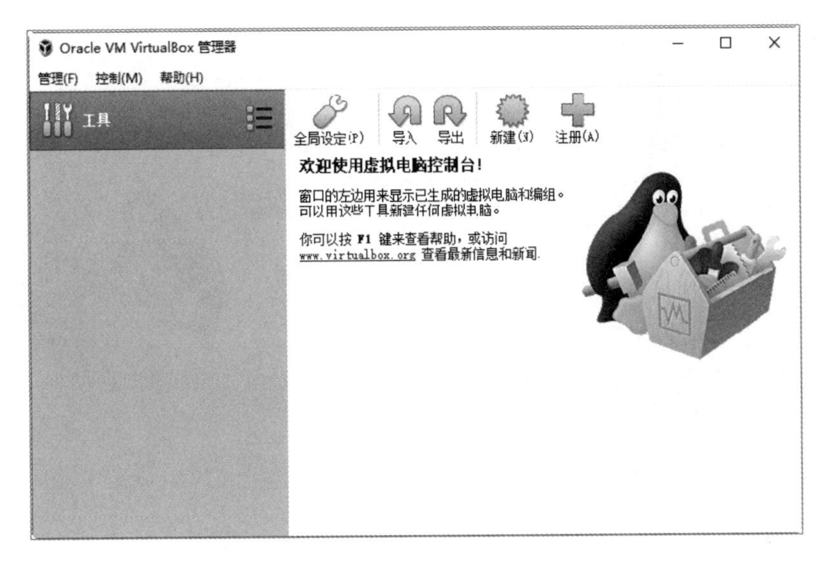

图 7.11　Oracle VM VirtualBox 管理器

7.1.3　运行 Xplico 工具

当 VirtualBox 虚拟机软件安装成功后，可以创建或导入 Xplico 镜像，并运行 Xplico 工具。下面介绍在 VirtualBox 中运行 Xplico 工具的方法。

1．运行vdi格式的Xplico工具

在 Xplico 官网提供了两种镜像格式，分别是 vdi 和 ova。其中，vdi 格式的版本是 1.2，启动后是图形界面；ova 格式的版本是 1.1.0，启动后是文本界面。下面将介绍如何运行 vdi 格式的 Xplico 工具。

【实例 7-1】在 VirtualBox 中运行 vdi 格式的 Xplico 工具。具体操作步骤如下：

（1）启动 VirtualBox 虚拟机，将显示 Oracle VM VirtualBox 管理器界面，如图 7.12 所示。

（2）单击“新建”按钮，将显示“虚拟电脑名称和系统类型”对话框，如图 7.13 所示。

（3）定义虚拟机系统的名称、位置、系统类型及版本。其中，Xplico 的镜像是基于 Ubuntu 系统的，所以这里将选择系统类型为 Linux，版本为 Ubuntu (64-bit)。用户可以自定义系统的名称和文件夹位置。然后单击“下一步”按钮，将显示“内存大小”对话框，如图 7.14 所示。

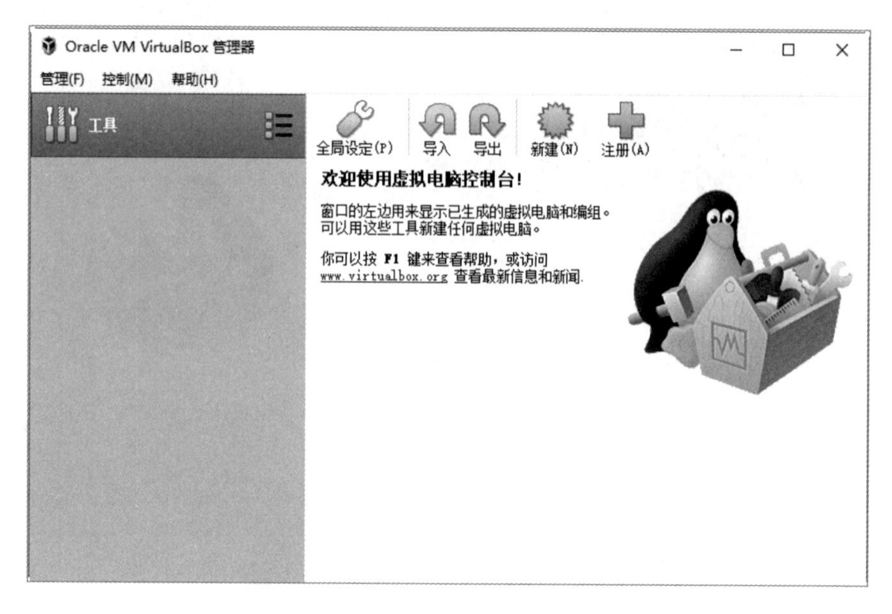

图 7.12　Oracle VM VirtualBox 管理器

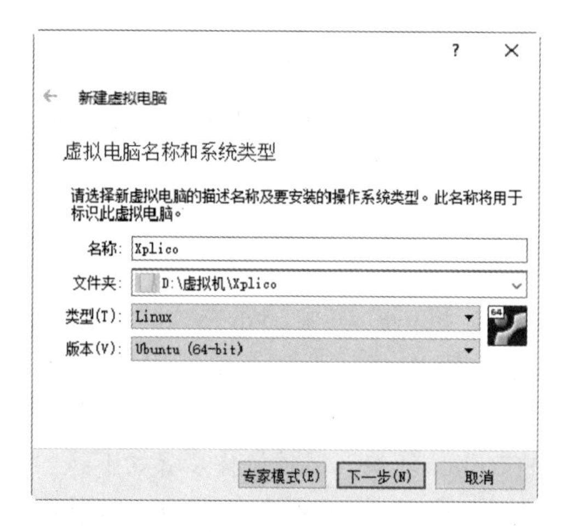

图 7.13　“虚拟电脑名称和系统类型”对话框

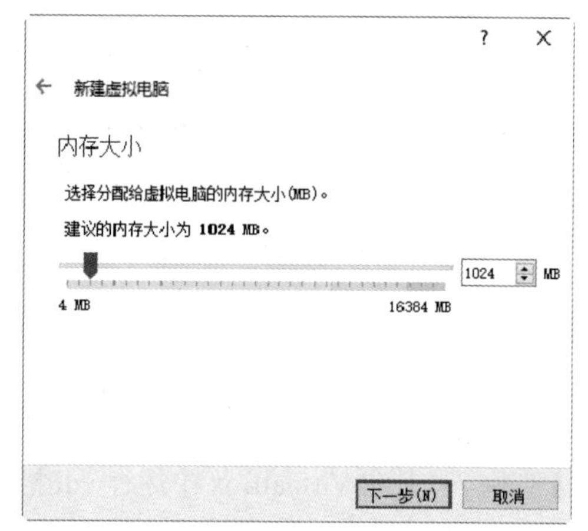

图 7.14　“内存大小”对话框

（4）设置虚拟机的内存大小，这里使用默认设置 1024MB。然后单击“下一步”按钮，将显示“虚拟硬盘”对话框，如图 7.15 所示。

（5）选择虚拟硬盘方式，这里提供了三种方式，分别是“不添加虚拟硬盘”“现在创建虚拟硬盘”“使用已有的虚拟硬盘文件”。由于 Xplico 是已经创建好的虚拟硬盘文件，所以选择“使用已有的虚拟硬盘文件”方式。然后单击文件夹按钮，选择已有的虚拟硬盘文件，将显示 Medium 对话框，如图 7.16 所示。

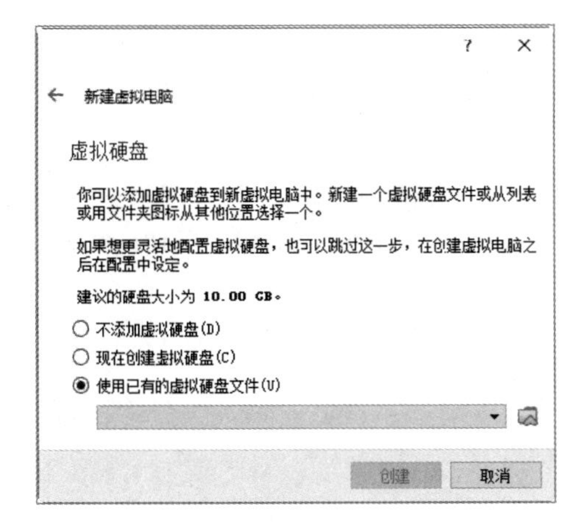

图 7.15 “虚拟硬盘”对话框

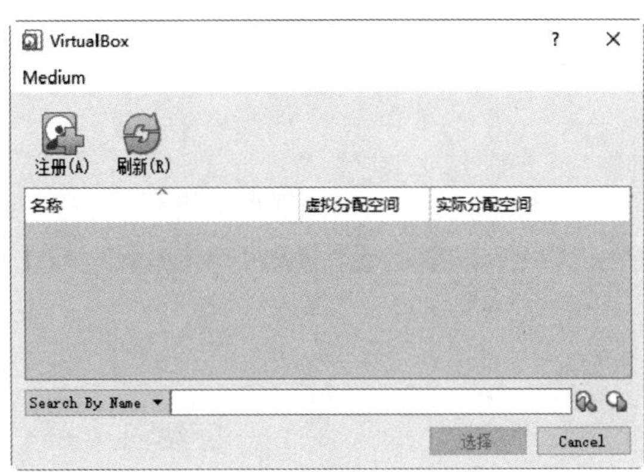

图 7.16　Medium 对话框

（6）从 Medium 对话框中可以看到，目前没有可以选择的介质。单击“注册”按钮，将弹出“选择一个虚拟硬盘”对话框，如图 7.17 所示。

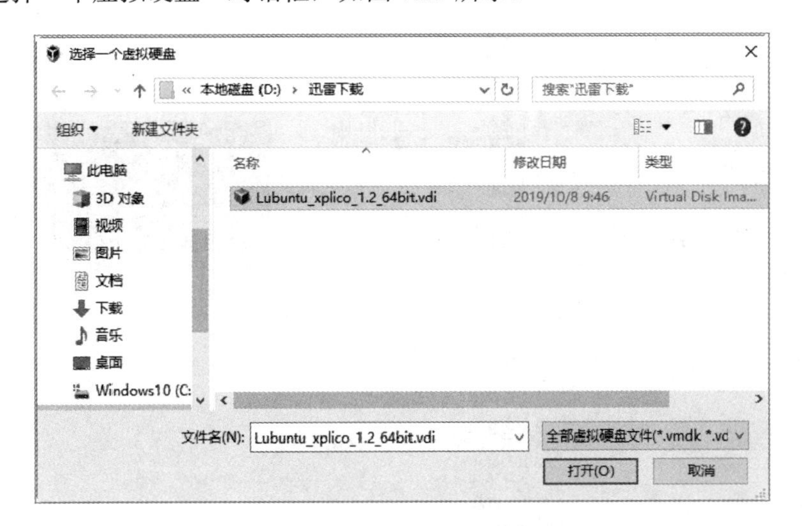

图 7.17　选择一个虚拟硬盘

（7）选择 Xplico 的镜像文件，然后单击“打开”按钮，即可看到加载的 Medium，如图 7.18 所示。

（8）选择刚才加载的 Xplico 镜像文件，并单击“选择”按钮，将回到“虚拟硬盘”对话框，如图 7.19 所示。

（9）从图 7.19 中可以看到，已选择了 Xplico 镜像文件，单击“创建”按钮即可看到创建的 Xplico 虚拟机，如图 7.20 所示。

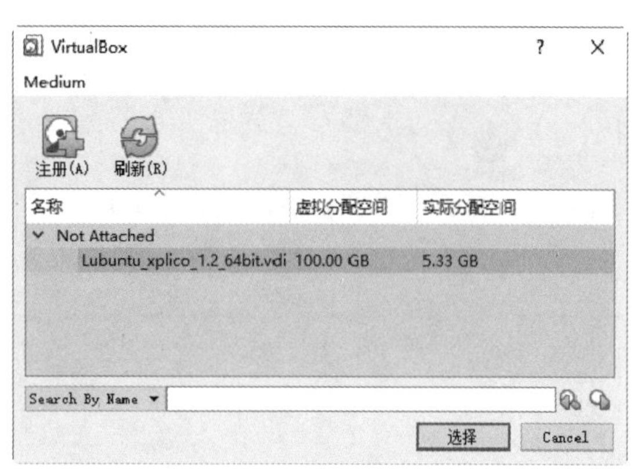

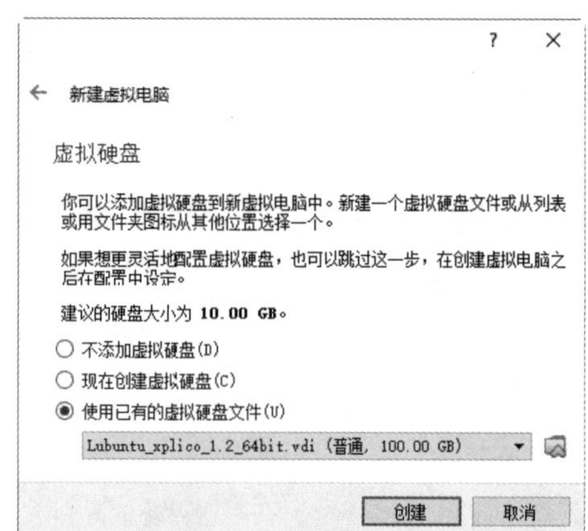

图 7.18　成功加载了 Medium　　　　图 7.19　选择虚拟硬盘文件

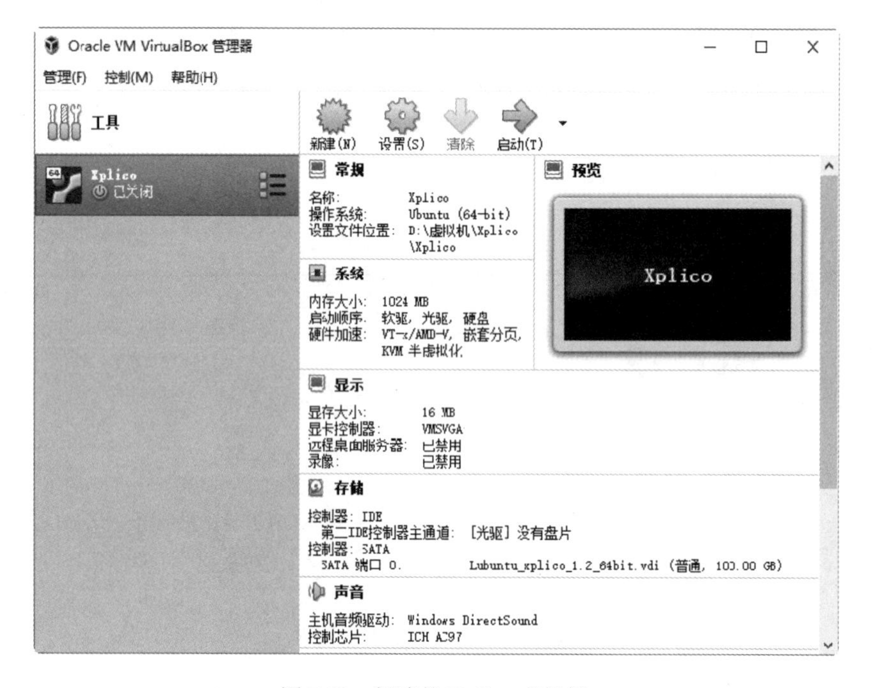

图 7.20　新建的 Xplico 虚拟机

（10）从该窗口中可以看到，新建了一个名为 Xplico 的虚拟机。目前，该虚拟机系统的状态为“已关闭”。单击“启动”按钮即可启动 Xplico 虚拟机系统，成功启动后，将弹出登录 Xplico 虚拟机界面，如图 7.21 所示。

（11）在登录 Xplico 虚拟机界面选择登录用户 Xplico，并单击 Log In 按钮，即可成功登录到 Xplico 虚拟机，如图 7.22 所示。

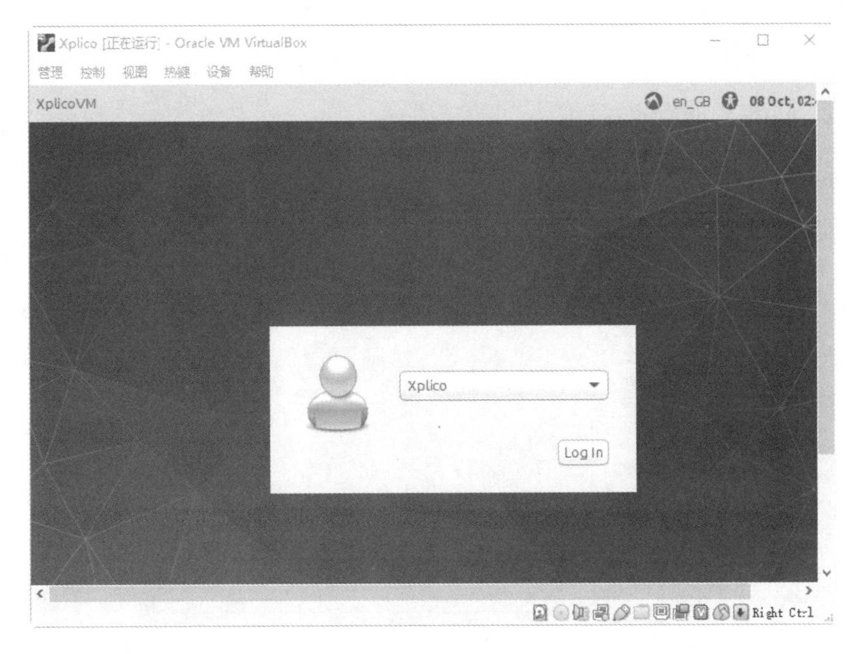

图 7.21　登录 Xplico 虚拟机

图 7.22　登录成功

接下来就可以使用 Xplico 工具了。

2. 运行ova格式的Xplico工具

使用 ova 格式启动的 Xplico 工具是文本模式。对于喜欢文本模式操作的用户，可以导入 ova 格式来运行 Xplico 工具。下面介绍如何运行 ova 格式的 Xplico 工具。

【实例 7-2】 在 VirtualBox 中导入 ova 格式的 Xplico 镜像文件。具体操作步骤如下：

（1）在菜单栏中依次选择“管理”|“导入虚拟电脑”命令，将显示“要导入的虚拟电脑”对话框，如图 7.23 所示。

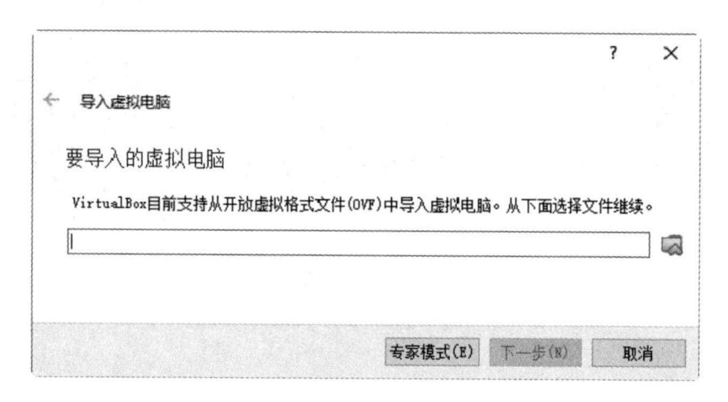

图 7.23 “要导入的虚拟电脑”对话框

（2）单击文件夹按钮，将显示“选择一个虚拟电脑文件导入”对话框，如图 7.24 所示。

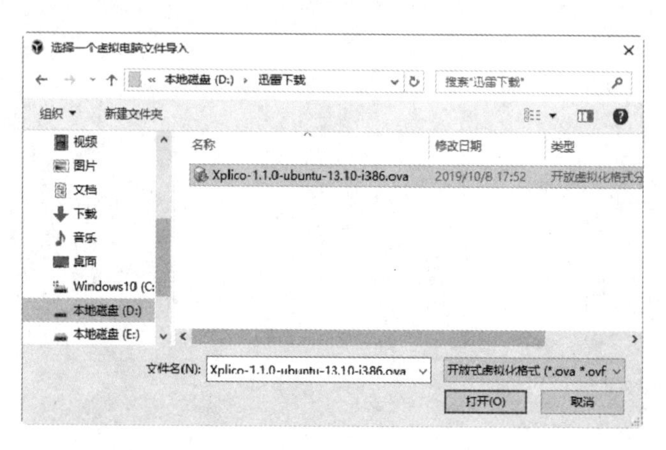

图 7.24 “选择一个虚拟电脑文件导入”对话框

（3）选择 ova 格式的镜像文件，并单击“打开”按钮，返回“要导入的虚拟电脑”对话框，如图 7.25 所示。

（4）单击“下一步”按钮，将显示“虚拟电脑导入设置”对话框，如图 7.26 所示。

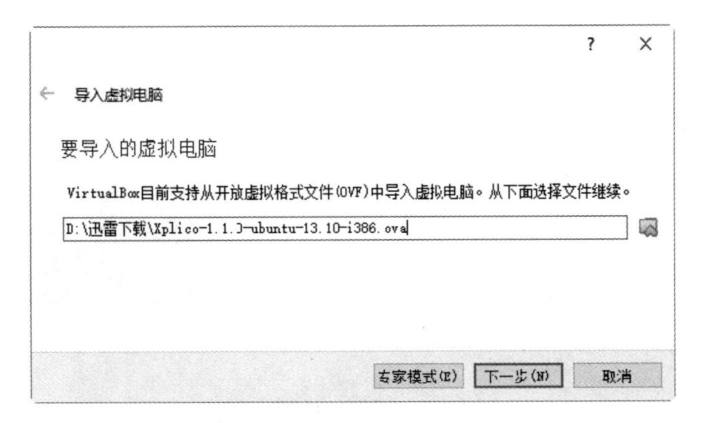

图 7.25　成功选择镜像文件

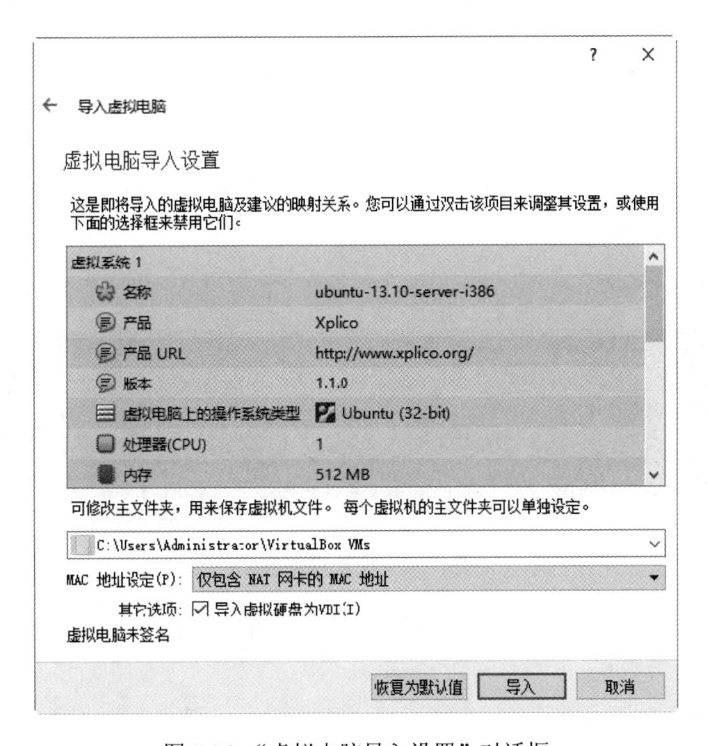

图 7.26 “虚拟电脑导入设置”对话框

（5）先对虚拟机系统进行相关设置，如名称、处理器和内存等，然后单击“导入”按钮导入虚拟电脑，如图 7.27 所示。从图中可以看到，正在导入虚拟电脑到 VirtualBox。导入成功后，将显示如图 7.28 所示的界面。

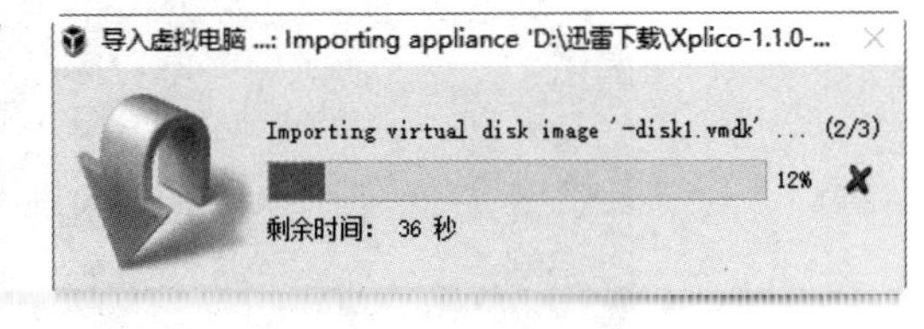

图 7.27　正在导入虚拟电脑

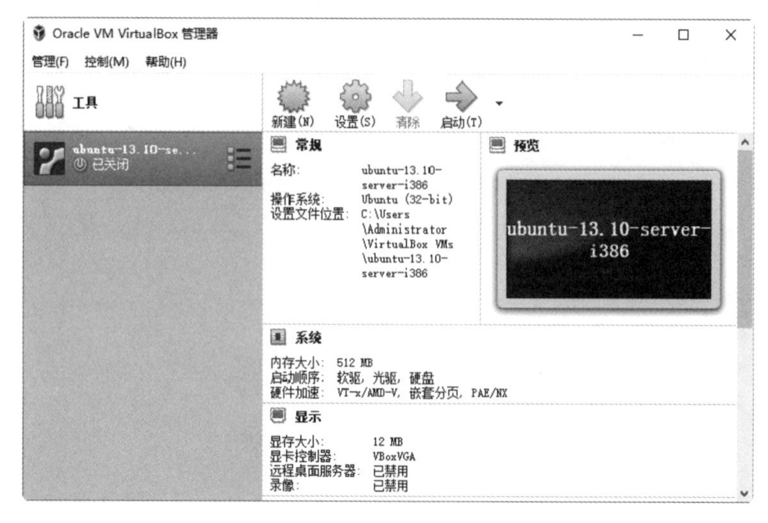

图 7.28　成功导入虚拟电脑

（6）从图 7.28 中可以看到，成功导入了虚拟电脑，其名称为 ubuntu-13.10-server-i386。此时，该虚拟系统状态为关闭。单击“启动”按钮，即可运行该虚拟电脑，成功启动后将显示用户登录界面，如图 7.29 所示。

图 7.29　用户登录界面

（7）在用户登录界面中输入用户名和密码，即可成功登录系统，如图 7.30 所示。其中，默认的用户名为 ubuntu，密码为 reverse。

图 7.30　成功登录虚拟电脑

接下来就可以使用 Xplico 工具了。

7.1.4　使用 Xplico 工具

当成功启动 Xplico 虚拟机系统后，默认已经启动了 Xplico 服务。其中，Xplico 服务默认监听的端口为 9876，用户可以使用 netstat 命令查看监听端口，以确定 Xplico 服务正常运行。执行命令如下：

```
ubuntu@ubuntu-server:~$ netstat -anptul
(No info could be read for "-p": geteuid()=1000 but you should be root.)
Active Internet connections (servers and established)
Proto Recv-Q Send-Q Local Address   Foreign Address State  PID/Program name
tcp   0      0      0.0.0.0:22      0.0.0.0:*       LISTEN -
tcp6  0      0      :::80           :::*            LISTEN -
tcp6  0      0      :::9876         :::*            LISTEN -
udp   0      0      0.0.0.0:48934   0.0.0.0:*              -
udp   0      0      0.0.0.0:68      0.0.0.0:*              -
udp6  0      0      :::15498        :::*                   -
```

从输出的信息中可以看到，当前计算机中开放的端口有 22、80 和 9876。由此可以说明，Xplico 服务已成功运行。另外，Xplico 工具是基于 Web 服务的，所以还需要启动 Apache 服务，即监听 80 端口。如果没有监听 9876 和 80 端口，则说明 Xplico 和 Apache 服务都没有运行，可通过执行如下命令启动服务：

```
xplico@XplicoVM:~$ service xplico start                  #启动 Xplico 服务
xplico@XplicoVM:~$ service apache2 start                 #启动 Apache 服务
```

接下来，用户就可以访问 Xplico 工具了。

【实例 7-3】访问 Xplico 工具。具体操作步骤如下：

（1）在浏览器中输入地址 http://IP:9876/。其中，IP 是指 Xplico 服务所在主机的 IP 地址。如果用户不确定，可以使用 ifconfig 命令查看。执行命令如下：

```
ubuntu@ubuntu-server:~$ ifconfig
eth0      Link encap:Ethernet  HWaddr 08:00:27:f5:73:ec
          inet addr:192.168.1.4  Bcast:192.168.1.255  Mask:255.255.255.0
          inet6 addr: fe80::a00:27ff:fef5:73ec/64 Scope:Link
          UP BROADCAST RUNNING MULTICAST  MTU:1500  Metric:1
          RX packets:267 errors:0 dropped:0 overruns:0 frame:0
          TX packets:107 errors:0 dropped:0 overruns:0 carrier:0
          collisions:0 txqueuelen:1000
          RX bytes:24814 (24.8 KB)  TX bytes:11970 (11.9 KB)
lo        Link encap:Local Loopback
          inet addr:127.0.0.1  Mask:255.0.0.0
          inet6 addr: ::1/128 Scope:Host
          UP LOOPBACK RUNNING  MTU:65536  Metric:1
          RX packets:32 errors:0 dropped:0 overruns:0 frame:0
          TX packets:32 errors:0 dropped:0 overruns:0 carrier:0
          collisions:0 txqueuelen:0
          RX bytes:2480 (2.4 KB)  TX bytes:2480 (2.4 KB)
```

从输出的信息中可以看到，当前主机的 IP 地址为 192.168.1.4。在浏览器中访问 http://192.168.1.4:9876，访问成功后将显示 Xplico 登录页面，如图 7.31 所示。

图 7.31 登录 Xplico 服务

（2）输入登录 Xplico 服务的用户名和密码（默认的用户名和密码都为 xplico），然后单击 Login 按钮，将显示案例列表页面，如图 7.32 所示。

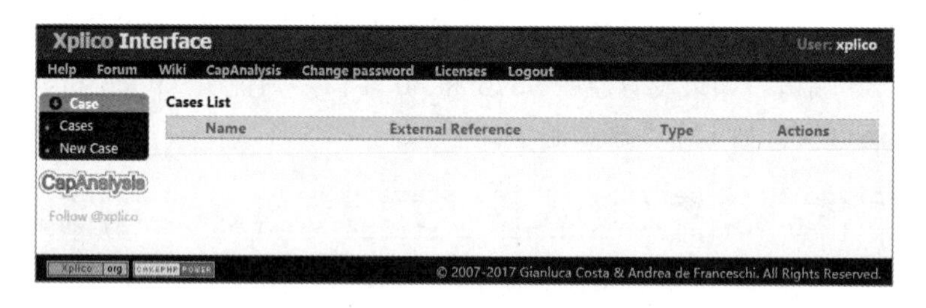

图 7.32 案例列表

（3）从案例列表页面中可以看到，默认没有创建任何案例及会话。用户需要创建案例及会话后才可以上传并解析 pcap 文件。在左侧列表中单击 New Case 命令，将显示新建案例页面，如图 7.33 所示。

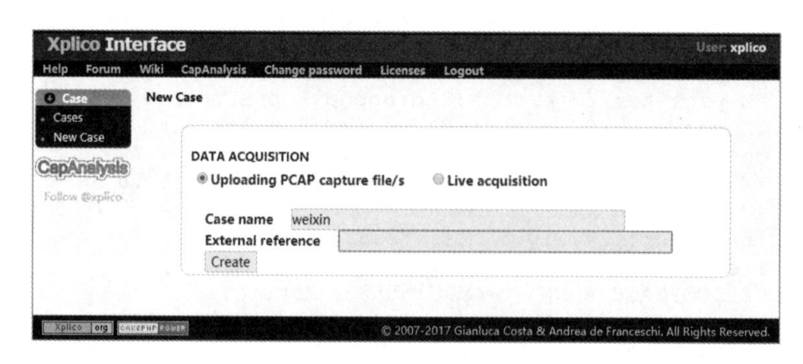

图 7.33 新建案例

（4）在新建案例页面选择获取数据的方式、案例名及外部接口。可以看到获取数据的方式有两种，分别是 Uploading PCAP capture file/s（上传 PCAP 捕获文件）和 Live acquisition（在线获取）。由于在前面已经有捕获好的文件，这里只进行分析，所以选中 Uploading PCAP capture file/s 单选按钮，然后在 Case name 文本框中指定案例名，这里将创建一个名为 weixin 的案例，单击 Create 按钮，案例创建成功，如图 7.34 所示。

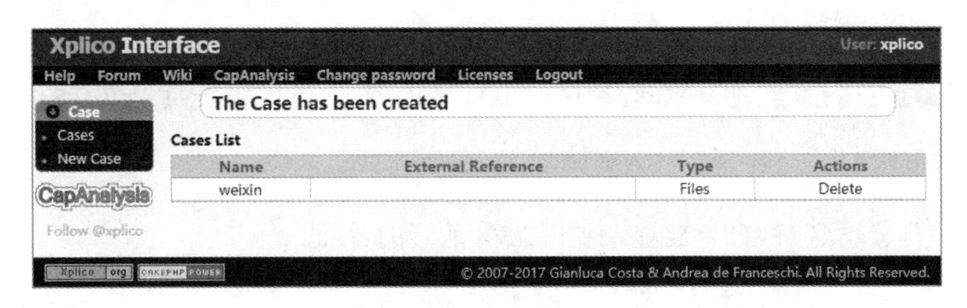

图 7.34　案例创建成功

（5）接下来将在该案例中创建会话列表。单击案例名 weixin，将打开该案例的会话列表页面，如图 7.35 所示。

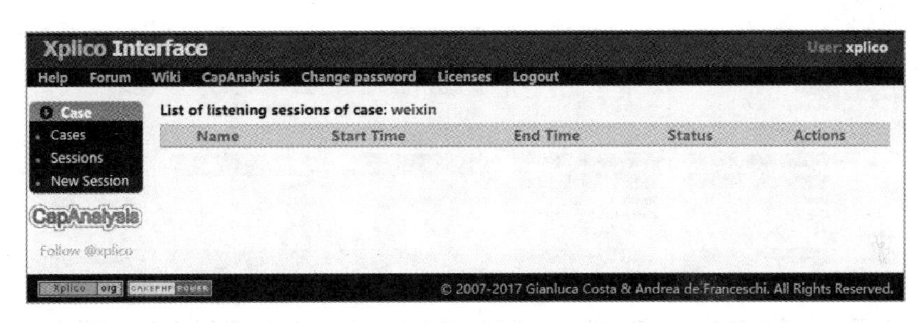

图 7.35　会话列表

（6）此时还没有创建任何会话，单击左侧列表中的 New Session 命令，将显示新建监听会话页面，如图 7.36 所示。

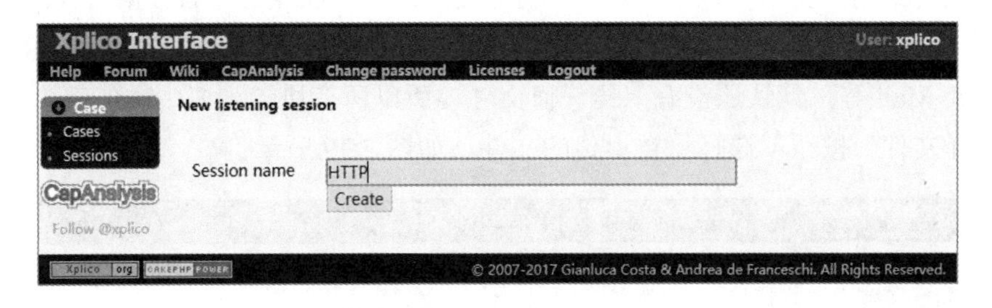

图 7.36　新建监听会话

（7）在新建监听会话页面指定会话名，并单击 Create 按钮即可创建对应的会话。这里创建一个名为 HTTP 的会话，创建成功后将显示如图 7.37 所示的页面。

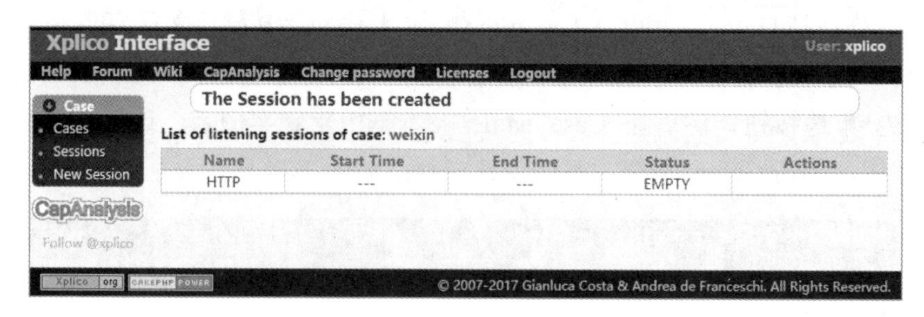

图 7.37　会话创建成功

（8）单击会话名 HTTP，将显示如图 7.38 所示的界面。

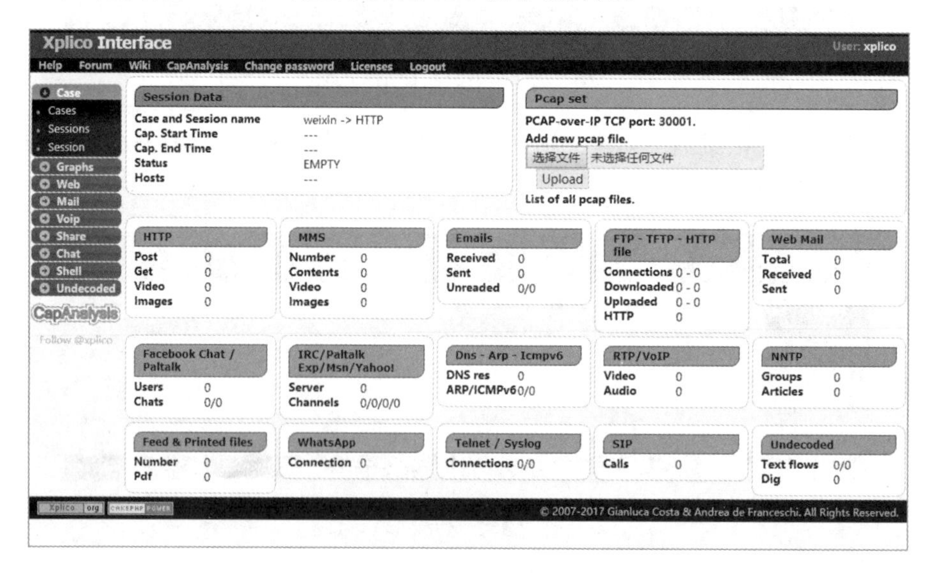

图 7.38　会话列表

（9）在会话列表页面中包括三部分，分别是 Session Data（会话数据）、Pcap set（捕获文件集）和解析的协议列表。其中，支持解析的协议共 15 种，如 HTTP、MMS、Emails、FTP 和 Web Mail 等，默认还没有上传任何文件，所以所有协议列表中的值都为 0。此时，单击“选择文件”按钮，选择将要上传的文件，如图 7.39 所示。

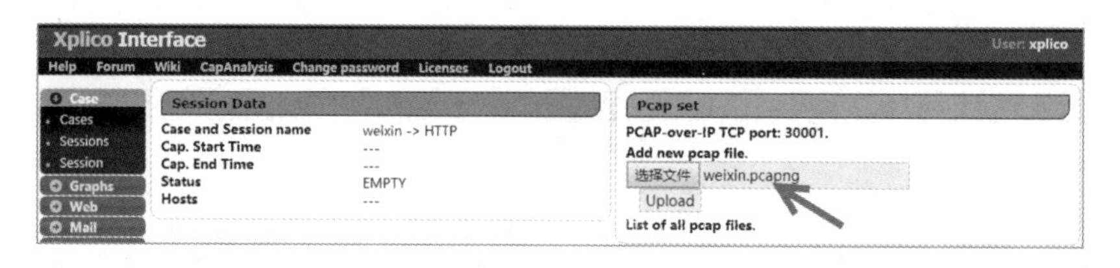

图 7.39　选择上传的文件

（10）从图 7.39 中可以看到，选择了一个名为 weixin.pcapng 的捕获文件，单击 Upload 按钮，将上传该捕获文件。当成功上传并解码该捕获文件后，显示页面如图 7.40 所示。

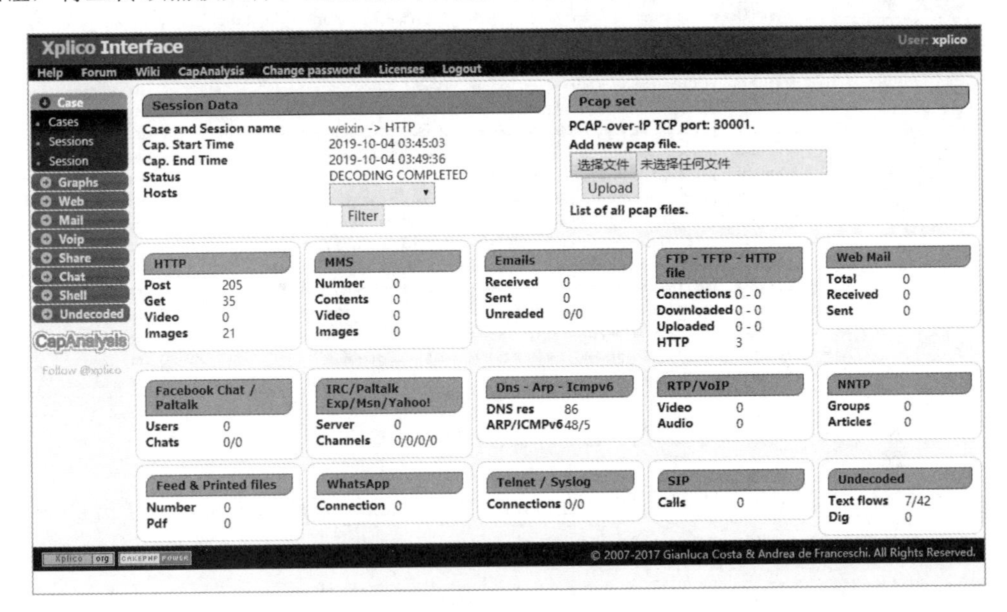

图 7.40　成功上传捕获文件

从 Session Data 部分可以看到捕获文件的起始时间、结束时间和状态信息，并且 Status 显示为 DECODING COMPLETED，即解码完成。而且从协议列表中也可以看到对应的数据数，例如，HTTP 中，Post 方式的数据有 205 个，Get 方式的数据有 35 个，Images（图片）共 21 个。接下来，即可快速找出用户请求的网址、图片及视频等信息。

7.2　分析数据包

当将数据包成功上传到 Xplico 工具后，即可使用该工具快速分析数据包。本节介绍如何使用 Xplico 工具分析数据包，以获取用户访问的网址、图片及视频。

7.2.1　获取网址

通过获取网址，即可知道用户请求了哪些网站。在 Xplico 的左侧列表中依次选择 Web|Site 选项，即可打开网址列表页面，如图 7.41 所示。

Xplico Interface　User: xplico

Help　Forum　Wiki　CapAnalysis　Change password　Licenses　Logout

Case　Graphs　Web　Site　Feed　Images　Mail　Voip　Share　Chat　Shell　Undecoded

For a complete view of html page set your browser to use Proxy, and point it to Web server.

Web URLs: Html　Image　Flash　Video　Audio　JSON　All

Search: baidu　Go

Date	Url	Size	Method	Info
2019-10-09 03:40:45	pos.baidu.com/bccm?conwid=432&conhei=100&rdid=4066232&dc=3&exps=	11953	GET	info.xml
2019-10-09 03:40:45	pos.baidu.com/xcxm?conwid=176&conhei=158&rdid=4066336&dc=3&exps=	5648	GET	info.xml
2019-10-09 03:40:45	pos.baidu.com/jctm?conwid=432&conhei=100&rdid=4066232&dc=3&exps=	11897	GET	info.xml
2019-10-09 03:40:45	pos.baidu.com/dcrm?conwid=273&conhei=71&rdid=3697617&dc=3&exps=1	11878	GET	info.xml
2019-10-09 03:40:45	pos.baidu.com/bcsm?conwid=176&conhei=158&rdid=4066336&dc=3&exps=	5649	GET	info.xml
2019-10-09 03:40:45	pos.baidu.com/xcdm?conwid=273&conhei=71&rdid=3697617&dc=3&exps=	11881	GET	info.xml
2019-10-09 03:40:45	pos.baidu.com/jcdm?conwid=273&conhei=71&rdid=3543110&dc=3&exps=1	11872	GET	info.xml
2019-10-09 03:40:45	pos.baidu.com/qcim?conwid=1180&conhei=150&rdid=3688392&dc=3&exps	6663	GET	info.xml
2019-10-09 03:40:45	pos.baidu.com/xcym?conwid=1180&conhei=150&rdid=3688391&dc=3&exps	7192	GET	info.xml
2019-10-09 03:40:45	show.f.mediav.com/s?type=1&of=4&newf=1&uid=1452033091570588844815	3355	GET	info.xml
2019-10-09 03:40:45	show.3.mediav.com/s?type=1&of=4&newf=1&uid=145203309157058884481	1268	GET	info.xml
2019-10-09 03:40:45	show.3.mediav.com/s?type=1&of=4&newf=1&uid=145203309157058884481	1457	GET	info.xml
2019-10-09 03:40:44	v.baidu.com/watch/8697178448636366874.html?fr=v.baidu.com/	37651	GET	info.xml
2019-10-09 03:39:46	v.baidu.com/topic/wmd70years	3973	GET	info.xml

图 7.41　请求的 HTML 网址

从图 7.41 中可以看到捕获文件中所有的网址。Xplico 将所有网址进行了分类，包括 Html（网页）、Image（图片）、Flash（动画）、Video（视频）、Audio（音频）、JSON 和 All（所有），默认显示了 Html 类的所有网址列表。在该列表中共包括 5 列，分别是 Date（日期）、Url（网址）、Size（大小）、Method（方法）和 Info（详细信息）。此时，单击 Url 列的网址即可查看网页内容，如图 7.42 所示。

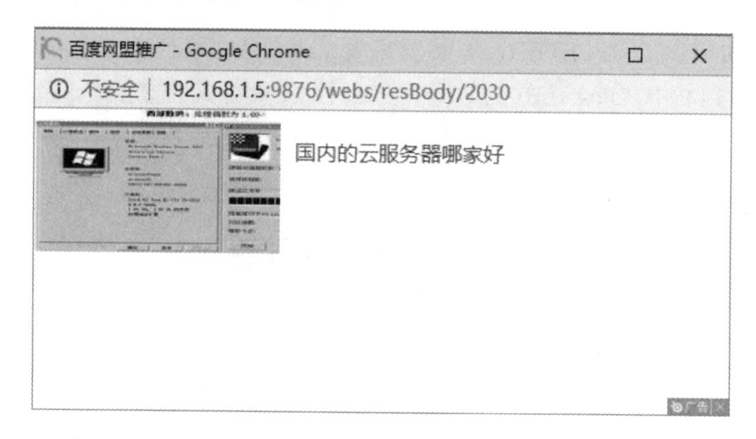

图 7.42　网页内容

如果想要查看网址的详细信息，则单击 Info 列中的 info.xml 文件，将显示对应网页的详细信息，如图 7.43 所示。

从该信息中可以看到包括 4 部分协议信息，分别是 eth、ip、tcp 和 http。从 ip 部分可以看到该数据包的源和目标地址；从 tcp 部分可以看到数据包的源和目标端口；从 http 部分可以看到用户的请求信息，如访问的主机地址、内容类型、用户代理等。

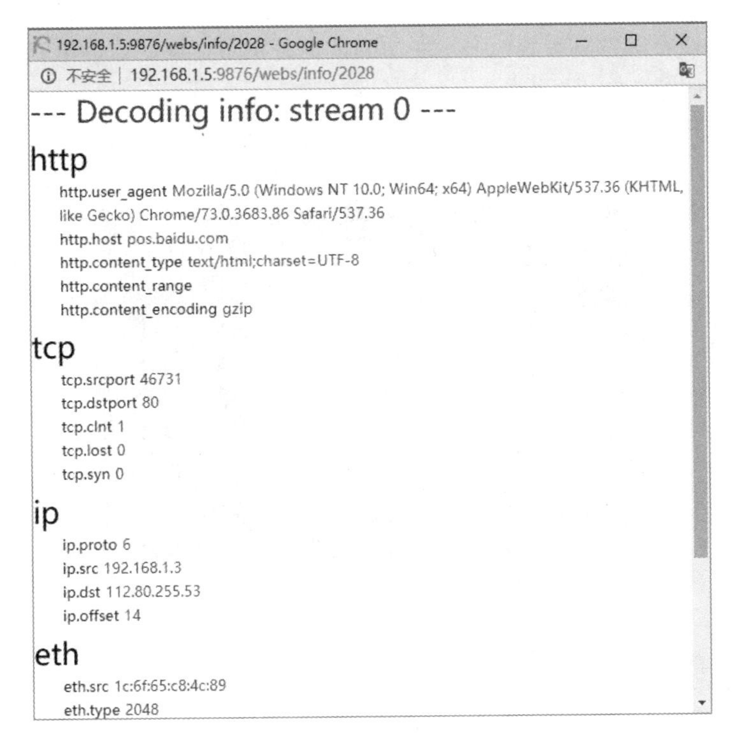

图 7.43　网页详细信息

7.2.2　获取图片

如果想要快速查看用户查看的图片，则选中 Image 单选按钮，并单击 Go 按钮，将显示所有图片的网址列表，如图 7.44 所示。

Xplico Interface　User: xplico

Help　Forum　Wiki　CapAnalysis　Change password　Licenses　Logout

Case　Graphs　Web　Site　Feed　Images　Mail　Voip　Share　Chat　Shell　Undecoded

For a complete view of html page set your browser to use Proxy, and point it to Web server.

Web URLs: Html　Image　Flash　Video　Audio　JSON　All

Search:　Go

Date	Url	Size	Method	Info
2019-10-04 03:49:30	puui.qpic.cn/vpic/0/l0879hcd3ql_1280_720_1.jpg/0?tp=sharp	68953	GET	info.xml
2019-10-04 03:49:30	inews.gtimg.com/newsapp_ls/0/348778467_200200/0	2108	GET	info.xml
2019-10-04 03:49:29	puui.qpic.cn/qqvideo_ori/0/w0908swnr10_1280_720/0?tp=sharp	51075	GET	info.xml
2019-10-04 03:49:29	inews.gtimg.com/newsapp_ls/0/5874220554_200200/0	10332	GET	info.xml
2019-10-04 03:49:28	puui.qpic.cn/tv/0/300360706_498280/0?tp=sharp	12096	GET	info.xml
2019-10-04 03:49:28	puui.qpic.cn/tv/0/301748471_498280/0?tp=sharp	10682	GET	info.xml
2019-10-04 03:49:28	puui.qpic.cn/media_img/0/promotion1557841924/0	650	GET	info.xml
2019-10-04 03:49:27	puui.qpic.cn/tv/0/300532317_498280/0?tp=sharp	16066	GET	info.xml
2019-10-04 03:49:25	puui.qpic.cn/tv/0/295228000_750422/0?tp=sharp	25240	GET	info.xml
2019-10-04 03:49:25	puui.qpic.cn/tv/0/301055124_750422/0?tp=sharp	27100	GET	info.xml
2019-10-04 03:49:25	pgdt.gtimg.cn/gdt/0/DAAdi_qAPAAIcABDBdiXDNC7rW_TvG.jpg/0?ck=50ea1cb43861e157c	69117	GET	info.xml
2019-10-04 03:49:21	pgdt.gtimg.cn/gdt/0/[illegible].jpg/0?ck=[illegible]	103113	GET	info.xml
2019-10-04 03:49:21	pgdt.gtimg.cn/gdt/0/DAApkWYAQ4AeAABUBdcH2QC4Tpw8vh.jpg/0?ck=821af17e0373fa8	86292	GET	info.xml

CapAnalysis　Follow @xplico

图 7.44　图片网址列表

在图片网址列表中可以看到已显示了所有的图片网址。此时，单击 Url 列的网址即可查看图片内容，如图 7.45 所示。

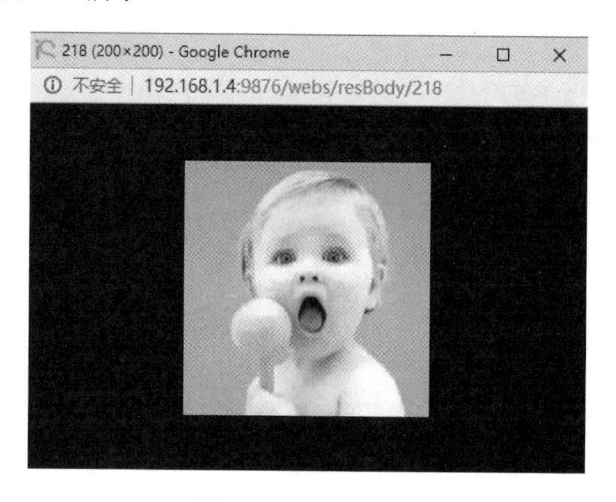

图 7.45　请求的图片

Xplico 工具还单独提供了一个图片查看功能。在左侧列表中依次选择 Web|Images 命令，即可查看所有图片信息，如图 7.46 所示。

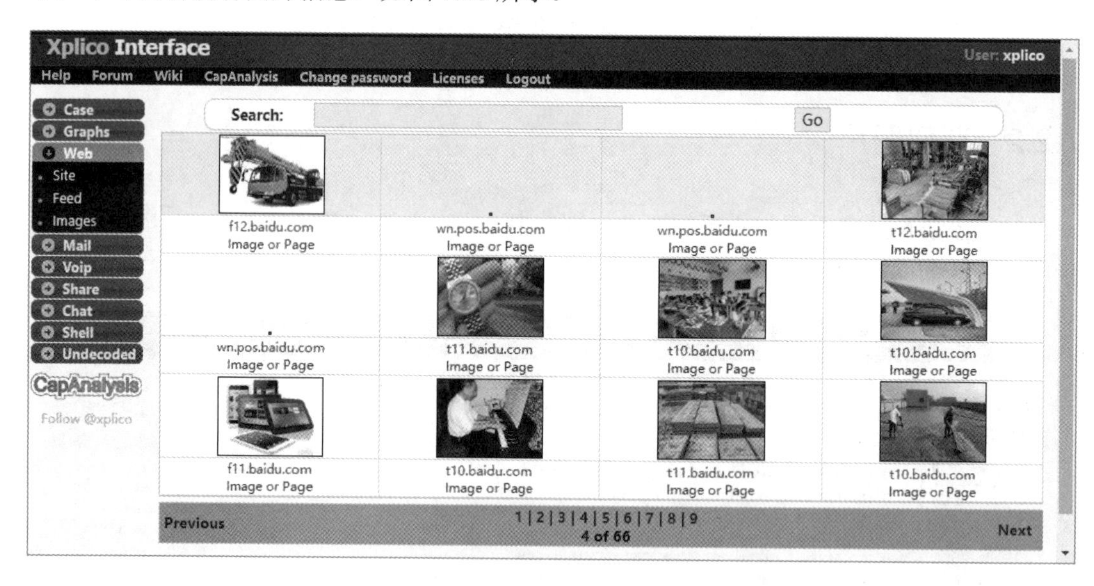

图 7.46　图片列表

在图片列表页面可以直观地看到访问过的图片，此时可以直接单击图片下方的 Image 或 Page 链接查看图片的详细信息。其中，单击 Image 显示的是图片，单击 Page 显示的是图片所在的网页，如图 7.47 和图 7.48 所示。

图 7.47　Image 信息

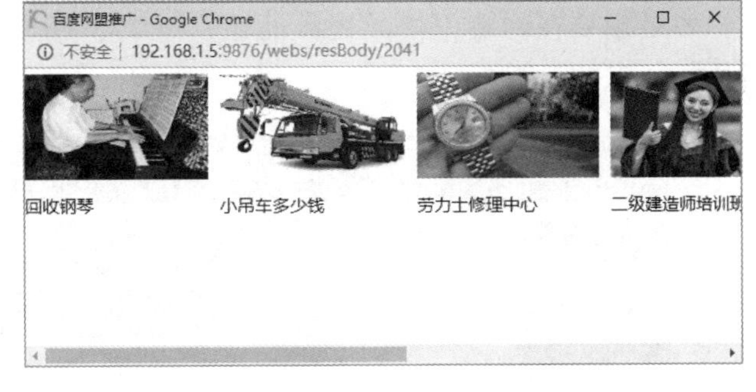

图 7.48　Page 信息

7.2.3　获取视频

在 Xplico 的网址列表中选中 Video 单选按钮，然后单击 Go 按钮，将显示所有的视频网址，如图 7.49 所示。

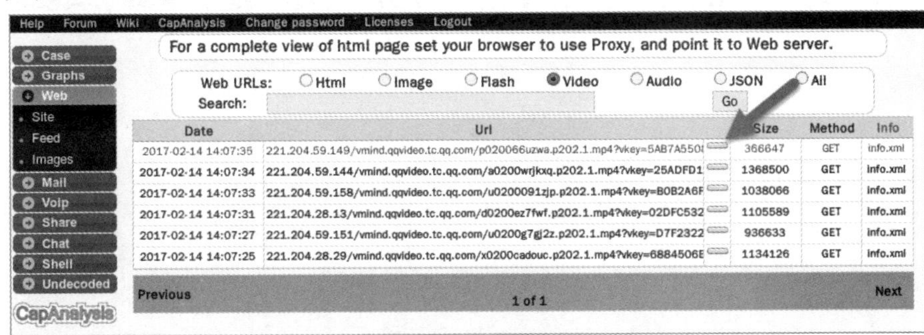

Date	Url	Size	Method	Info
2017-02-14 14:07:35	221.204.59.149/vmind.qqvideo.tc.qq.com/p020066uzwa.p202.1.mp4?vkey=5AB7A550	366647	GET	info.xml
2017-02-14 14:07:34	221.204.59.144/vmind.qqvideo.tc.qq.com/a0200wrjkxq.p202.1.mp4?vkey=25ADFD1	1368500	GET	info.xml
2017-02-14 14:07:33	221.204.59.158/vmind.qqvideo.tc.qq.com/u0200091zjp.p202.1.mp4?vkey=B0B2A6F	1038066	GET	info.xml
2017-02-14 14:07:31	221.204.28.13/vmind.qqvideo.tc.qq.com/d0200ez7fwf.p202.1.mp4?vkey=02DFC532	1105589	GET	info.xml
2017-02-14 14:07:27	221.204.59.151/vmind.qqvideo.tc.qq.com/u0200g7gj2z.p202.1.mp4?vkey=D7F2322	936633	GET	info.xml
2017-02-14 14:07:25	221.204.28.29/vmind.qqvideo.tc.qq.com/x0200cadouc.p202.1.mp4?vkey=6884506E	1134126	GET	info.xml

图 7.49　视频网址列表

如果想要播放某个视频，单击 Url 列中的播放按钮▭即可。例如，播放第一个视频，将显示如图 7.50 所示的界面。

图 7.50　播放的视频

如果想要在网页中播放视频的话，则单击 Url 列中的网址，播放成功后将显示如图 7.51 所示的页面。

图 7.51　在网页中播放视频

推荐阅读

从零开始
自己动手写
区块链

以太坊
智能合约开发实战

区块链与
金融大数据
整合实战

通证学

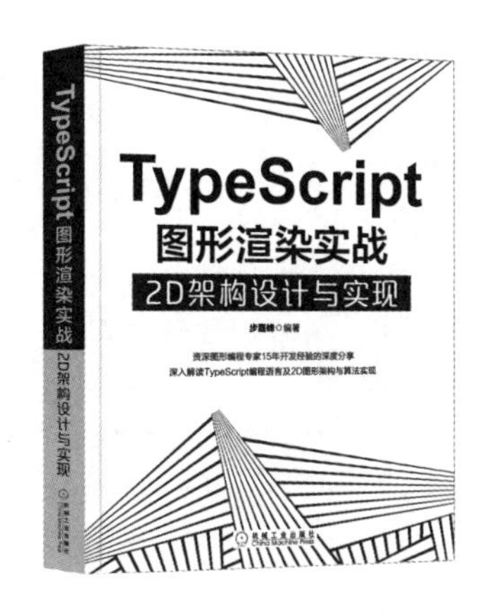
TypeScript
图形渲染实战
2D架构设计与实现

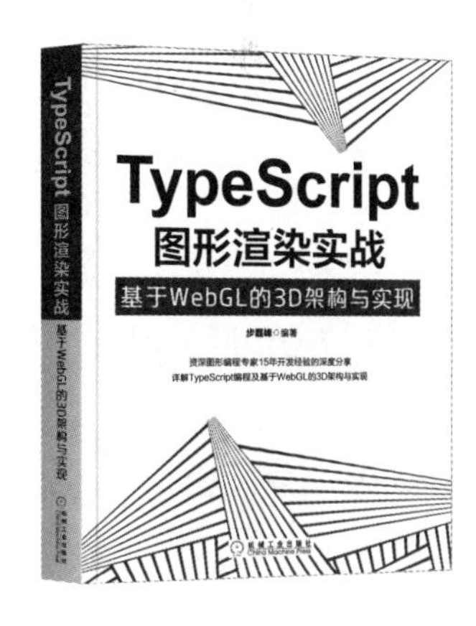
TypeScript
图形渲染实战
基于WebGL的3D架构与实现

Spring+Spring MVC
+MyBatis
整合开发实战

分布式中间件
技术实战
(Java版)

深入解析
Java编译器
源码剖析与实例详解

推荐阅读

Python编程
从0到1
（视频教学版）
张頔◎著
机械工业出版社

Python
开发技术大全
（50小时同步配套教学视频）
机械工业出版社

Python
金融大数据风控建模实战
基于机器学习
王青天 孔越◎编著
机械工业出版社

从零开始学
Python网络爬虫
机械工业出版社

从零开始学
Python数据分析
（视频教学版）
机械工业出版社

从零开始学
Scrapy网络爬虫
（视频教学版）
机械工业出版社

Python Flask
Web开发入门与项目实战
钱游◎编著
Flask
机械工业出版社

Python Django
Web典型模块开发实战
寇雪松◎编著
机械工业出版社

Python数据挖掘
与机器学习实战
机械工业出版社